U0200371

赤泥基地质聚合物胶凝材料
组成设计与工程实践

周 勇 李召峰 等 著

科 学 出 版 社

北 京

内 容 简 介

本书主要介绍赤泥的资源化利用情况，赤泥的理化特性，赤泥用作掺合料对传统硅酸盐水泥、硫铝酸盐水泥和磷酸镁水泥的作用机制，低钙型和高钙型赤泥基地质聚合物胶凝材料的制备，赤泥基地质聚合物胶凝材料水化机理及性能调控方法，赤泥基地质聚合物胶凝材料耐久性特征，赤泥基地质聚合物胶凝材料环境相容性，赤泥基地质聚合物胶凝材料在高速公路稳定碎石层中的应用等内容。本书对于提高赤泥高附加值大宗利用，推动赤泥基地质聚合物胶凝材料产业化具有重要意义。

本书可供固体废弃物资源化利用研究与生产应用、交通工程建设等领域的相关技术人员、培训人员和高等院校师生学习与参考。

图书在版编目(CIP)数据

赤泥基地质聚合物胶凝材料组成设计与工程实践/ 周勇等著.—北京：科学出版社，2023.4

ISBN 978-7-03-074680-1

Ⅰ. ①赤… Ⅱ. ①周… Ⅲ. ①赤泥-资源利用-研究 Ⅳ. ①TF821

中国国家版本馆CIP数据核字(2023)第005637号

责任编辑：刘宝莉　乔丽维 / 责任校对：任苗苗
责任印制：肖　兴 / 封面设计：蓝正设计

科学出版社 出版
北京东黄城根北街 16 号
邮政编码：100717
http://www.sciencep.com

三河市春园印刷有限公司 印刷
科学出版社发行　各地新华书店经销
*
2023 年 4 月第 一 版　开本：720 × 1000 1/16
2023 年 4 月第一次印刷　印张：16 1/2
字数：330 000
定价：198.00 元
(如有印装质量问题，我社负责调换)

前　　言

　　赤泥是提取 Al_2O_3 时产生的强碱性固体废弃物。全球每年赤泥产量为 1.7 亿 t，累计堆存量达 42 亿 t。中国是世界上最大的铝生产国，2022 年我国 Al_2O_3 产量为8186.2 万 t，产生赤泥量约 1 亿 t，累计堆存量约 13 亿 t。赤泥碱性强、盐分高，堆场占用大量土地，破坏植被，还严重污染周围土壤与水体，尤其在恶劣气候条件下易引发溃坝，严重威胁周边环境及居民生产生活安全。随着天然矿产资源日益枯竭和民众环保意识不断提高，固体废弃物资源化利用得到了广泛关注。赤泥在制备建材、提取重金属、环保等方面具有显著的应用价值，特别是利用赤泥制备交通工程材料因可大宗消纳赤泥，成为赤泥资源化利用的首选途径。

　　进入 21 世纪以来，我国基础设施工程建设持续高速发展，"十四五"期间国家规划新改建高速公路 2.5 万 km，建设改造国道 5 万 km，省道 4.5 万 km，农村公路 60 万 km。如此规模的交通工程建设需要巨量的水泥材料，然而传统硅酸盐水泥因能耗高、碳排放量大、矿山开采量大等原因严格限产，且价格上涨幅度大，导致交通工程建设成本急剧攀升，绿色低碳发展面临严峻挑战。这为赤泥基地质聚合物胶凝材料研发与应用提供了契机，也成为赤泥资源化利用和公路交通基础设施建设领域研究的重点和热点。

　　本书系统介绍作者及其团队在赤泥基地质聚合物胶凝材料研发与应用方面的研究进展，全面阐述赤泥基地质聚合物胶凝材料组成设计、水化硬化机理、性能调控方法、污染因子控制机制以及应用关键技术。

　　本书共 12 章。第 1 章主要概述目前赤泥的利用现状；第 2 章主要介绍我国不同产地赤泥的理化特性；第 3 章主要探讨赤泥用作掺合料对传统硅酸盐水泥、硫铝酸盐水泥和磷酸镁水泥的作用机制，提出赤泥粒径、活化温度等参数的调控方法；第 4 章提出赤泥协同粉煤灰、硅灰等低钙型固体废弃物制备赤泥基地质聚合物胶凝材料的组成设计方法；第 5 章提出赤泥协同矿渣、钢渣、脱硫石膏等高钙型固体废弃物制备赤泥基地质聚合物胶凝材料的组成设计方法；第 6 章探讨赤泥基地质聚合物胶凝材料水化过程的阶段性特征，提出其水化动力学模型；第 7章探究水灰比、减水剂、稳定剂等因素对赤泥基地质聚合物胶凝材料工作性能的作用规律，建立其工作性能动态调控方法；第 8 章揭示赤泥基地质聚合物胶凝材料在离子侵蚀作用下的性能变化规律及失稳破坏特征；第 9 章研究赤泥中碱性组分和重金属组分的赋存形态及浸出特性，建立赤泥基地质聚合物胶凝材料污染因子固化/稳定化方法；第 10～12 章主要依托济高高速公路工程现场，利用赤泥基地质聚合物胶凝材料全代替传统硅酸盐水泥进行高速公路稳定碎石层铺设工程试验。

　　本书撰写分工如下：周勇执笔第 1 章、第 6 章、第 10 章，李召峰执笔第 3 章、第 4 章、第 8 章，张健执笔第 2 章、第 5 章、第 9 章，左志武执笔第 7 章，王川执笔第 11 章，汲平执笔第 12 章。

　　本书不仅是作者及团队多年来在相关领域的研究与实践积累，也是参考国内外大量资料文献撰写而成的，撰写过程中得到了相关专家、学者、从业人员和研究机构的大量指导、帮助、建议和意见，在此一并表示感谢。

　　由于作者知识视野和学术水平有限，书中难免存在不足之处，恳请读者批评指正。

目　　录

第1章 绪 论

1.1 赤 泥 概 况

1. 赤泥产生及分类

赤泥(red mud，RM)是铝土矿提取 Al_2O_3 时产生的强碱性固体废弃物。因其 Fe_2O_3 含量高，外观与赤色泥土相似，而称为赤泥。部分赤泥因含 Fe_2O_3 较少而呈棕色，含有大量 CaO。中国是世界上最大的铝生产国，2022 年我国原铝产量为4021 万 t，Al_2O_3 产量为 8186.2 万 t[1]。中国氧化铝产能主要集中在山东、山西、河南、广西、贵州五省区[2]，每生产 1t Al_2O_3 将附带产生 0.8～1.5t 赤泥。图 1.1 为 2011～2022 年中国赤泥年产量情况。

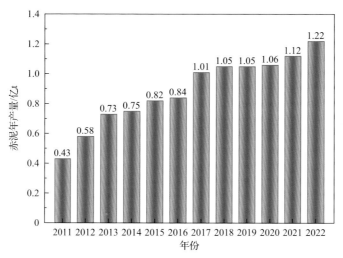

图 1.1　2011～2022 年中国赤泥年产量情况

赤泥根据氧化铝生产工艺的不同可划分为拜耳法赤泥、烧结法赤泥和拜耳-烧结联合法赤泥。其中，我国每年产生的拜耳法赤泥占赤泥产生总量的 90% 以上。赤泥的化学组成因生产工艺的不同而存在差异，但其主要组分是 SiO_2、CaO、Fe_2O_3、Al_2O_3、Na_2O、TiO_2、K_2O 等。

2. 赤泥的危害

当前我国较为常见的赤泥堆存方式主要有两种：一种是湿式堆存，将泥浆状的赤泥利用管道输送到堆存场地，沉降后的上清液引到氧化铝厂回用；另一种是干式堆存，将赤泥洗涤、过滤后添加增塑剂，降低赤泥浆液的黏度后进行堆存处理。

赤泥附液含 Na_2O 高达 3g/L，pH 可达 14，远超环境可接受度[3]。赤泥中重金属组分，尤其是 Cr 元素含量达到 754mg/kg，赤泥中 Na_2O 及少量 Pb、Cr 等重金属组分若处置不当，会对周边水体、大气和土壤造成污染，带来环境风险，制约了赤泥高附加值大宗利用。

此外，赤泥粒径较小，粒径分布在 75μm 以下的颗粒约占 74.31%，裸露赤泥形成的粉尘逸散至大气环境中，在风力等作用下，四处飞扬的赤泥粉尘不仅对环境造成严重危害，同时会进入人体的鼻咽区和肺泡区，损害人体健康[4]。图 1.2 为赤泥对生态环境的危害。除此之外，地质层中的放射性物质存在于铝土矿中使赤泥废渣具有一定的放射性危害，限制了其在建筑材料领域中的应用[5]。

(a) 占用土地　　　　　　　　　(b) 污染土壤

(c) 污染水源　　　　　　　　　(d) 破坏生态

图 1.2　赤泥对生态环境的危害

1.2　赤泥综合利用现状

随着天然矿产资源的日益枯竭以及社会环保意识的不断提高，固体废弃物资源化利用得到了人们的广泛关注。赤泥在制备建材、提取重金属、环境保护等方面具有潜在的应用价值，因而其资源化利用得到各个领域的系统研究，并取得了一些研究进展[6-8]。

1. 提取有价金属

赤泥中含有大量的 Fe、Al、Ti、稀土等可回收再利用的有价金属，综合回收利用赤泥中的有价金属可有助于实现赤泥的资源化，并减少环境污染。人们采用磁选、焙烧还原、酸浸出等方式提取赤泥中的 Fe_2O_3，通过优化工艺，Fe_2O_3 的回收率可达 75%以上。赤泥中 Ti 的提取主要是采用盐酸-硫酸浸出法，首先采用盐酸处理赤泥，得到富集 Ti 的残渣，进而采用硫酸溶解残渣，得到钛氧硫酸盐，通过水解和焙烧工艺得到 TiO_2，该方法对 Ti 的浸出率可达 60%以上，提取 Ti 的纯度可达 95%以上。近年来，人们分析发现微生物浸出赤泥中 Ti 等有价金属比无机酸浸出更加经济环保，并且能显著降低放射性金属和重金属含量。此外，Li 等[9]还从赤泥中提取了 Sc、La 和 Ce 等稀土金属。

2. 制备环境修复材料

赤泥颗粒表面反应活性较大，含有的 Al_2O_3、Fe_2O_3 等氧化物具有较好的吸附性能[10]，因此，赤泥可以用来制备环境修复材料，如脱硫剂、吸附剂、絮凝剂、催化剂等。Nie 等[11]采用赤泥与活性助剂等外加剂混合制备赤泥基脱硫剂，处理低浓度硫化氢气体的效率可达 100%，使用时长约 4 个周期，使用后的脱硫剂要进行综合回收利用。赤泥经过粉磨、酸活化、焙烧等工艺处理后，可制备污水处理剂，试验表明赤泥基污水处理剂对磷酸基团、Cr、Ni、Pb、有机污染物等有较高的吸附能力。赤泥经酸处理后，并辅以外加剂可制备用于处理污水的絮凝剂，试验表明赤泥基絮凝剂可以有效降低污水浊度及化学需氧量[12]。此外，赤泥中还含有农作物生长发育所必需的多种元素，利用其制备的硅肥可改善土壤，还可利用赤泥的碱性改良酸性土壤。

3. 制备建筑材料

拜耳-烧结联合法赤泥和烧结法赤泥的化学组成具有高钙、高硅、低铁的特点，拜耳法赤泥的化学组成具有高铝、高铁的特点，它们均具有制备水泥类胶凝材料的潜在活性。随着社会环保意识的增强和科学技术的进步，工业固体废弃物在新型建材领域中的资源化、减量化、无害化利用得到了快速发展，主要集中在泡沫多孔陶瓷、新型墙体材料、多孔吸声材料、微晶玻璃和路用材料等方面[13-15]。李丽霞等[16]通过赤泥、陶瓷废料与发泡剂制备了多孔陶瓷。王清涛等[17]利用赤泥为主要原料，通过添加建筑垃圾、抛光砖废料和黏土制备轻质高强保温装饰一体化建筑材料。研究结果表明，赤泥基墙体材料的气孔分布均匀，体积密度为 $0.26g/cm^3$，孔隙率为 73.28%，抗压强度为 7.83MPa。

虽然赤泥在提取有色金属、制备生态修复材料方面具有较高的应用价值，但是存在消纳量小的问题。因此，采用赤泥制备建筑材料不但能满足建筑及土木工程的需求，还能够实现赤泥高附加值大宗利用。

1.3　赤泥制备胶凝材料研究现状

1.3.1　赤泥制备水泥基胶凝材料

1. 用作辅助性胶凝材料

辅助性胶凝材料的掺入对水泥基胶凝材料工作性能具有明显的改善作用，并且可以大量节约施工成本[18]。目前被广泛应用于水泥辅助性掺合料的固体废弃物包括钢铁行业的高炉矿渣[19]和钢渣[20]、燃煤行业的粉煤灰[21]和炉渣，以及脱硫烟气产生的脱硫石膏[22]等。

随着对赤泥研究的不断深入，研究者在赤泥用作硅酸盐水泥(Portland cement, PC)辅助性胶凝材料方面开展了系统的研究工作。李绍纯等[23]研究了拜耳法赤泥的活化方式对水泥基材料凝结时间、安定性与力学性能的影响，研究结果表明，机械活化赤泥(superfine red mud, SRM)可缩短水泥浆体的初凝时间，热活化赤泥(thermal activation of red mud, TRM)则缩短了水泥浆体的初凝时间和终凝时间。Liu 等[24]研究了赤泥对自密实砂浆工作性能和收缩特性的影响，研究结果表明，掺入赤泥减少了砂浆的离析和泌水现象，并对结石体的力学强度和抗收缩能力具有提升作用。Tang 等[25]在混凝土中用赤泥代替粉煤灰，研究结果表明，混凝土的抗压强度随着赤泥掺量的增加而提高，粉煤灰混合料中 50%的赤泥替代物显示出较高的抗压强度和良好的改善效果，而且两种活化方式均可提升水泥基材料的力学强度。Anirudh 等[26]分析了赤泥对水泥砂浆的力学性能和微观结构性能的作用规律，研究结果表明，当赤泥掺量为 10%时，赤泥砂浆的微观结构更致密，表现出更高的耐久性。Sawant 等[27]研究了赤泥部分替代水泥对硅酸盐水泥的意义，研究结果表明，赤泥在水泥中的掺量不可超过 15%。Linora Metilda 等[28]研究了赤泥对硬化混凝土性能的影响，并与普通混凝土进行了对比，研究结果表明，赤泥在水泥中的最高掺量可达 25%。Nikbin 等[29]研究了赤泥对轻质混凝土的力学性能和整体环境影响，研究结果表明，水泥中的赤泥掺量不能超过 2%。

2. 用作煅烧水泥原料

生产硅酸盐水泥所需的石灰石、黏土等原料均为不可再生资源。2022 年，我国水泥熟料产量为 18.2 亿 t[30]。大量水泥的生产导致石灰石等资源趋向枯竭。采用固体废弃物作为水泥熟料的制备原料，可以大幅减少石灰石等天然资源的使用量，还可以消纳固体废弃物，减轻其对环境造成的污染，得到水泥工业的广泛关注[31,32]。赤泥中 Fe_2O_3 含量可达 40%，并富含 Al_2O_3，可以作为煅烧硅酸盐水泥熟料过程中的铁质组分校正料。Tsakiridis 等[33]使用赤泥作为校正料制备硅酸盐水泥熟料，并表明赤泥的使用不会对水泥产品质量产生负面影响。Gao 等[34]通过赤泥、高炉矿渣、脱硫石膏、电石渣等固体废弃物制备高贝利特硫铝酸盐水泥。Zhao 等[35]通过赤泥制备了贝利特铁铝酸盐水泥。王晓丽等[36]针对多种典型工业固体废弃物的理化特性和矿物组成特点，总结了粉煤灰、赤泥、矿渣等固体废弃物在制备高贝利特硫铝酸盐水泥的可行性研究及其对该熟料水化历程、矿物组成及力学性能的影响。Mao 等[37]以工业固体废弃物(煤矸石、赤泥、铝灰、脱硫石膏和煤灰)为原料，制备了硫铝酸盐水泥，并在此基础上，开发了 3D 打印材料、泡沫混凝土砌块和高水充填材料。

综上所述，赤泥在用作硅酸盐水泥掺合料和制备原料方面取得了显著的研究进展，但是现有技术存在利用量小，难以实现赤泥高附加值大宗利用的不足。

1.3.2 赤泥制备地质聚合物胶凝材料

地质聚合物胶凝材料具有比硅酸盐水泥更高的力学强度和耐久性。此外，地质聚合物胶凝材料制备能耗低，是可持续发展的绿色材料。由于水化产物及反应原料的差别，地质聚合物胶凝材料与广泛研究的碱激发胶凝材料为不同的胶凝材料，但两者激发手段相近，目前胶凝材料研发领域对地质聚合物胶凝材料和碱激发胶凝材料尚未形成通用性的区别办法。因此，本书使用地质聚合物胶凝材料作为两者的总称。

地质聚合物是由硅氧四面体、铝氧四面体等构成的非晶体的三维网络凝胶结构，它是一类新型的高性能无机聚合物材料，是碱激发胶凝材料中最具前途的一类[38]。因具有力学强度高、黏结强度高、耐火陶瓷性能好、耐侵蚀能力强等优异特性，地质聚合物被广泛应用于建筑材料、修复材料、防护涂料、污染防治材料以及多孔隔热材料等领域[39,40]。赤泥中含有一定量的 Al_2O_3、SiO_2、Na_2O，在地质聚合物胶凝材料制备领域的应用越来越受到重视。

1. 一元赤泥基胶凝体系

赤泥制备地质聚合物胶凝材料的主要障碍是其胶凝活性低，而且它还具有固有的碱性。Zaharaki 等[41]的研究结果表明，单纯使用原状赤泥制备地质聚合物胶凝材料的抗压强度仅为 2.5~5MPa，但是赤泥粒径小、比表面积大的特点对抗压强度具有提升作用。Lemougna 等[42]通过对赤泥进行活化处置，单一使用热活化赤泥可以制备抗压强度高达 55MPa 的赤泥基地质聚合物胶凝材料。

2. 二元赤泥基胶凝体系

为了提高赤泥基地质聚合物胶凝材料的工作性能，研究者将偏高岭土、粉煤灰、高炉矿渣等原料与赤泥复合，制备了二元体系的地质聚合物胶凝材料。

Zhang 等[43]通过 C 级粉煤灰与赤泥复合制备赤泥-粉煤灰基砂浆，采用无侧限压缩试验评估了赤泥掺量对最终产物赤泥基地质聚合物力学性能的影响，研究结果表明，赤泥的掺入导致砂浆 28d 抗压强度从 13MPa 下降到 7MPa，而结石体的延性随着赤泥的掺入而增加。Hajjaji 等[44]通过赤泥与偏高岭土制备赤泥-偏高岭土基胶凝材料，研究结果表明，赤泥的掺入导致结石体孔隙率增大，抗压强度降低。Kumar 等[45]系统研究了赤泥对粉煤灰基地质聚合物力学性能的作用规律，研究结果表明，当赤泥掺量为 5%～15%时，对粉煤灰基地质聚合物抗压强度具有提升作用，此外，赤泥中的碱性组分对硅铝质组分具有一定程度的浸出作用。Ascensão 等[46]开发了新型多孔赤泥基地质聚合物，并形成了赤泥基多孔材料碱溶出行为的控制办法。Lemougna 等[47]的研究结果表明，当赤泥掺量为 50%时，赤泥-高炉矿渣基胶凝材料 7d 抗压强度可达 54MPa。Hu 等[48,49]指出，仅用模数为 2.5 的 NaOH 活化的 C 级赤泥-粉煤灰基注浆材料 28d 抗压强度约为 15MPa，而 Na_2SiO_3 活化的抗压强度可达 30MPa。丁铸等[50]将拜耳法赤泥引入碱-矿渣体系中，制备的赤泥-矿渣基胶凝材料 28d 抗压强度可达 72.05MPa，高于赤泥和矿粉单独激发时的抗压强度，说明拜耳法赤泥与矿渣对相互的碱激发反应有促进作用。丁崧等[51]采用赤泥与高炉矿渣复合制备净水型透水混凝土，系统研究了赤泥掺量、碱激发剂模数及碱当量等因素对赤泥-矿渣基地质聚合物透水混凝土对重金属离子吸附性能的影响规律，研究结果表明，赤泥-高炉矿渣基透水混凝土对重金属离子的吸附性能随着赤泥掺量的增加而增加，而受碱激发剂模数和碱当量的影响不大。Kaya-Özkiper 等[52]系统研究了不同赤泥含量的赤泥-偏高岭土基胶凝材料的微观结构和力学性能，研究结果表明，赤泥会降低该胶凝体系的抗压强度，赤泥中的 Fe 组分是控制结构特征和机械性能演变的主要因素，赤铁矿在很大程度上降低了赤泥的反应活性。Liang 等[53]通过试验证明了赤泥-高炉矿渣基砂浆比传统硅酸盐水泥具有更高的抗 Cl⁻侵蚀性能。

3. 多元赤泥基胶凝体系

刘晓明等[54]以拜耳法赤泥、煤矸石和粉煤灰等工业固体废弃物为基本原料制备了一种公路路面基层材料，并研究了其力学性能、耐久性能和环境性能，研究结果表明，赤泥-煤矸石基路面基层材料赤泥和煤矸石掺量之和为 75%、固体废弃物总掺量为 97%时，7d 无侧限抗压强度达到 6MPa 以上，且具有良好的耐久性能。

其浸出试验结果显示,浸出液中 Na$^+$浓度均符合国家饮用水标准,同时浸出液中均未检测出 Zn、Hg、Cu、Pb、Ni 等重金属。Koshy 等[55]的研究结果表明,赤泥、粉煤灰、煤矸石制备的三元体系胶凝材料在 80℃养护时,抗压强度可达 5.7MPa,远高于赤泥与煤矸石制备的二元体系胶凝材料。Sas 等[56]通过赤泥、粉煤灰、高炉矿渣制备三元体系的地质聚合物类砂浆和混凝土,并通过试验证实了其放射性指标满足工程建设需求。李召峰等[57]通过赤泥、高炉矿渣、钢渣等制备赤泥基三元体系注浆材料,当水灰比为 1:1 时,28d 抗压强度可达 12.78MPa。

1.4 赤泥基地质聚合物胶凝材料制备与应用难题

近年来,我国的赤泥综合利用工作得到了高度重视,开展了跨学科、多领域的综合利用技术研究,但目前多处于研发阶段,还未实现大规模产业化。当前赤泥制备地质聚合物胶凝材料主要存在技术和产业推广两个方面的问题。

1. 赤泥基地质聚合物胶凝材料制备技术瓶颈

(1)赤泥的化学组成、矿物成分因产地、原料、工艺等因素的不同而存在很大差异,加之赤泥自身胶凝活性较低,这给赤泥基地质聚合物胶凝材料的研发带来了困难。因此,揭示赤泥胶凝活性提升方法,提出多类型固体废弃物协同互补的赤泥利用理念,建立多源固体废弃物协同利用的赤泥基地质聚合物胶凝材料制备理论,是实现赤泥从固体废弃物向胶凝材料转变的研究重点。

(2)胶凝材料服役环境复杂多变,对胶凝材料力学强度、凝结时间、流变特性等提出了不同的要求。因此,为提高赤泥基地质聚合物胶凝材料的工程适用性,亟需形成赤泥基地质聚合物胶凝材料工作性能的动态设计和稳定性评价方法。

(3)赤泥碱性高,且含有 Pb、Cr 等重金属组分,赤泥基地质聚合物胶凝材料对岩土体及地下水存在潜在的污染威胁。因此,对碱性组分及重金属进行有效固化,是实现赤泥基地质聚合物胶凝材料绿色环保应用的关键。

2. 赤泥基地质聚合物胶凝材料应用难题

(1)氧化铝企业建设初期对赤泥资源化利用考虑不足,缺乏综合利用顶层规划。赤泥综合利用是氧化铝企业的非主营业务,处于产业的末端,经济效益差,企业倾向于采取堆存的方式处置。赤泥堆存的环境风险和安全隐患具有长期性和隐蔽性,导致制铝企业和相关部门的重视程度不够。

(2)赤泥综合利用限制与支持政策双缺失。当前,已经开发出的部分赤泥综合利用产品,由于缺少国家标准或行业标准的支撑,如赤泥作建筑材料,只能参照其他同类产品标准，市场认可度低，造成产品应用受到限制，难以大规模推广。此外，我国缺乏针对赤泥利用的财税优惠扶持政策，企业利用赤泥的积极性不高。

（3）行业专业人才匮乏导致项目技术选型和市场研究分析不足。赤泥综合利用产业涉及产业链条长，专业知识面广，导致行业专业技术人员、产品销售人员、工程设计人员较为稀少，并且对赤泥成分波动、技术难度考虑不足，缺失工业化验证，导致项目在市场竞争力不足，大量项目建成即停产。

参 考 文 献

[1] 中华人民共和国工业和信息化部. 2022 年有色金属行业运行情况. https://wap.miit.gov.cn/gxsj/tjfx/yclgy/ys/art/2023/art_53a9e7f63b684d1c94cf3802d5930c32.html[2021-01-18].

[2] 工业固废网. 2020—2021 年中国大宗工业固体废弃物综合利用产业发展报告. 北京, 2022.

[3] 戚焕岭. 氧化铝赤泥处置方式浅谈. 有色冶金设计与研究, 2007, 28(S1): 121-125.

[4] 刘万超, 张校申, 江文琛, 等. 拜耳法赤泥粒径分级预处理的研究. 环境工程学报, 2011, 5(4): 921-924.

[5] 王春峰, 姚丹, 陈冠飞, 等. 赤泥重金属和放射性元素的毒性浸出和生物可给性. 环境科学研究, 2017, 30(5): 809-816.

[6] Khairul M A, Zanganeh J, Moghtaderi B. The composition, recycling and utilisation of Bayer red mud. Resources, Conservation and Recycling, 2019, 141: 483-498.

[7] Wang S H, Jin H X, Deng Y, et al. Comprehensive utilization status of red mud in China: A critical review. Journal of Cleaner Production, 2020, 289: 1-13.

[8] 柳佳建, 陈伟, 周康根, 等. 赤泥中铁的回收利用研究进展. 矿产保护与利用, 2021, 41(3): 70-75.

[9] Li S W, Pan J, Zhu D Q, et al. A new route for separation and recovery of Fe, Al and Ti from red mud. Resources, Conservation and Recycling, 2021, 168: 1-10.

[10] 刘钦, 周新涛, 黄静, 等. 赤泥吸附重金属离子性能及其机理研究进展. 化工进展, 2021, 40(6): 3455-3465.

[11] Nie Q K, Hu W, Huang B S, et al. Synergistic utilization of red mud for flue-gas desulfurization and fly ash based geopolymer preparation. Journal of Hazardous Materials, 2019, 369: 503-511.

[12] 袁晓晓, 夏雨昕, 李佳, 等. 赤泥基环境修复材料的研究与应用. 湖北理工学院学报, 2020, 36(6): 15-18, 56.

[13] 刘晓明, 唐彬文, 尹海峰, 等. 赤泥-煤矸石基公路路面基层材料的耐久与环境性能. 工程科学学报, 2018, 40(4): 438-445.

[14] Mukiza E, Zhang L L, Liu X M, et al. Utilization of red mud in road base and subgrade materials: A review. Resources, Conservation and Recycling, 2019, 141: 187-199.

[15] Li Y, Liu X M, Li Z P, et al. Preparation, characterization and application of red mud, fly ash and desulfurized gypsum based eco-friendly road base materials. Journal of Cleaner Production, 2021, 284: 1-16.

[16] 李丽霞, 逯鹏, 丁锐, 等. SiC@OCP 发泡剂用于制备以赤泥和瓷砖废料为原料的多孔陶瓷. 硅酸盐通报, 2015, 34(12): 3635-3640.

[17] 王清涛, 李森, 于华芹, 等. 利用赤泥制备轻质高强保温装饰一体化建筑材料. 硅酸盐通报, 2018, 37(4): 1393-1398.

[18] Samad S, Shah A. Role of binary cement including Supplementary Cementitious Material (SCM), in production of environmentally sustainable concrete: A critical review. International Journal of Sustainable Built Environment, 2017, 6(2): 663-674.

[19] Giergiczny Z. Fly ash and slag. Cement and Concrete Research, 2019, 124: 1-15.

[20] Jiang Y, Ling T C, Shi C Y, et al. Characteristics of steel slags and their use in cement and concrete—A review. Resources, Conservation and Recycling, 2018, 136: 187-197.

[21] Mo K H, Ling T C, Alengaram U J, et al. Overview of supplementary cementitious materials usage in lightweight aggregate concrete. Construction and Building Materials, 2017, 139: 403-418.

[22] Zhang Y J, Yu P, Pan F, et al. The synergistic effect of AFt enhancement and expansion in Portland cement-aluminate cement-FGD gypsum composite cementitious system. Construction and Building Materials, 2018, 190: 985-994.

[23] 李绍纯, 张国立, 赵铁军, 等. 拜耳法赤泥活化方式对水泥基材料性能的影响. 混凝土, 2013, (6): 29-32, 39.

[24] Liu R X, Poon C S. Effects of red mud on properties of self-compacting mortar. Journal of Cleaner Production, 2016, 135: 1170-1178.

[25] Tang W C, Wang Z, Donne S W, et al. Influence of red mud on mechanical and durability performance of self-compacting concrete. Journal of Hazardous Materials, 2019, 379: 1-9.

[26] Anirudh M, Rekha K S, Venkatesh C, et al. Characterization of red mud based cement mortar; mechanical and microstructure studies. Materials Today: Proceedings, 2021, 43(2): 1587-1591.

[27] Sawant A B, Kumthekar M B, Sawant S G. Utilization of neutralized red mud (industrial waste) in concrete. International Journal Inventive Engeering Science, 2013, 1(2): 9-13.

[28] Linora Metilda D, Selvamony C, Anandakumar R, et al. Investigations on optimum possibility of replacing cement partially by redmud in concrete. Scientific Research and Essays, 2015, 10(4): 137-143.

[29] Nikbin I M, Aliaghazadeh M, Charkhtab S, et al. Environmental impacts and mechanical properties of lightweight concrete containing bauxite residue (red mud). Journal of Cleaner Production, 2018, 172: 2683-2694.

[30] 中国水泥网. 2022 中国水泥熟料产能百强榜. https://www.ccement.com/news/content/22388466048745001.html[2023-01-01].

[31] Schneider M, Romer M, Tschudin M, et al. Sustainable cement production-present and future. Cement and Concrete Research, 2011, 41(7): 642-650.

[32] Xu D L, Cui Y S, Li H, et al. On the future of Chinese cement industry. Cement and Concrete Research, 2015, 78: 2-13.

[33] Tsakiridis P E, Agatzini-Leonardou S, Oustadakis P. Red mud addition in the raw meal for the production of Portland cement clinker. Journal of Hazardous Materials, 2004, 116(1-2): 103-110.

[34] Gao Y F, Li Z F, Zhang J, et al. Synergistic use of industrial solid wastes to prepare belite-rich sulphoaluminate cement and its feasibility use in repairing materials. Construction and Building Materials, 2020, 264: 1-13.

[35] Zhao Y R, Chen P, Wang S F, et al. Utilization of bayer red mud derived from bauxite for belite-ferroaluminate cement production. Journal of Renewable Materials, 2020, 8(11): 1531-1541.

[36] 王晓丽, 李秋义, 罗健林, 等. 利用工业废渣低温烧制高贝利特硫铝酸盐水泥熟料的研究进展. 混凝土, 2020, (8): 105-108, 116.

[37] Mao Y P, Wu H, Wang W L, et al. Pretreatment of municipal solid waste incineration fly ash and preparation of solid waste source sulphoaluminate cementitious material. Journal of Hazardous Materials, 2020, 385: 1-9.

[38] Davidovits J. Geopolymers and geopolymeric new materials.Journal of Thermal Analysis and Calorimetry, 1989, 35(2): 429-441.

[39] Gartner E, Sui T B. Alternative cement clinkers. Cement and Concrete Research, 2018, 114: 27-39.

[40] Shi C J, Jiménez A F, Palomo A. New cements for the 21st century: The pursuit of an alternative to Portland cement. Cement and Concrete Research, 2011, 41(7): 750-763.

[41] Zaharaki D, Galetakis M, Komnitsas K. Valorization of construction and demolition (C&D) and industrial wastes through alkali activation. Construction and Building Materials, 2016, 121: 686-693.

[42] Lemougna P N, Wang K T, Tang Q, et al. Synthesis and characterization of low temperature (<800℃) ceramics from red mud geopolymer precursor. Construction and Building Materials, 2017, 131: 564-573.

[43] Zhang G P, He J A, Gambrell R P. Synthesis, characterization, and mechanical properties of red mud-based geopolymers. Journal of the Transportation Research Record Board, 2010, 2167(1): 1-9.

[44] Hajjaji W, Andrejkovičová S, Zanelli C, et al. Composition and technological properties of geopolymers based on metakaolin and red mud. Materials & Design, 2013, 52: 648-654.

[45] Kumar A, Kumar S. Development of paving blocks from synergistic use of red mud and fly ash using geopolymerization. Construction and Building Materials, 2013, 38: 865-871.

[46] Ascensão G, Seabra M P, Aguiar J B, et al. Red mud-based geopolymers with tailored alkali diffusion properties and pH buffering ability. Journal of Cleaner Production, 2017, 148: 23-30.

[47] Lemougna P N, Wang K T, Tang Q, et al. Study on the development of inorganic polymers from red mud and slag system: Application in mortar and lightweight materials. Construction and Building Materials, 2017, 156: 486-495.

[48] Hu W, Nie Q K, Huang B S, et al. Mechanical and microstructural characterization of geopolymers derived from red mud and fly ashes. Journal of Cleaner Production, 2018, 186: 799-806.

[49] Hu W, Nie Q K, Huang B S, et al. Investigation of the strength development of cast-in-place geopolymer piles with heating systems. Journal of Cleaner Production, 2019, 215: 1481-1489.

[50] 丁铸, 洪鑫, 朱继翔, 等. 碱激发赤泥-矿渣地聚合物水泥的研究. 电子显微学报, 2018, 37(2): 145-153.

[51] 丁崧, 陈潇, 夏飞跃, 等. 净水型赤泥-矿渣基地聚合物透水混凝土的研究. 建筑材料学报, 2020, 23(1): 48-55.

[52] Kaya-Özkiper K, Uzun A, Soyer-Uzun S. Red mud- and metakaolin-based geopolymers for adsorption and photocatalytic degradation of methylene blue: Towards self-cleaning construction materials. Journal of Cleaner Production, 2021, 288: 1-11.

[53] Liang X Z, Ji Y S. Experimental study on durability of red mud-blast furnace slag geopolymer mortar. Construction and Building Materials, 2021, 267: 1-10.

[54] 刘晓明, 唐彬文, 尹海峰, 等. 赤泥-煤矸石基公路路面基层材料的耐久与环境性能. 工程科学学报, 2018, 40(4): 438-445.

[55] Koshy N, Dondrob K, Hu L M, et al. Synthesis and characterization of geopolymers derived from coal gangue, fly ash and red mud. Construction and Building Materials, 2019, 206: 287-296.

[56] Sas Z, Sha W, Soutsos M, et al. Radiological characterisation of alkali-activated construction materials containing red mud, fly ash and ground granulated blast-furnace slag. Science of the Total Environment, 2019, 659: 1496-1504.

[57] 李召峰, 刘超, 王川, 等. 赤泥-高炉矿渣-钢渣三元体系注浆材料试验研究. 工程科学与技术, 2021, 53(1): 203-211.

第 2 章　赤泥理化特性

随着铝工业的发展和铝土矿石品位的降低，赤泥产量将越来越大，其化学碱难以脱除且含量大，又含有 F、Al 及其他多种杂质，在堆放过程中除占用大量土地外，赤泥中的化学成分入渗土地易造成土地碱化、地下水污染，人们长期摄取该区域内的食物，必然会影响身体健康。同时，赤泥中 Pb、Cr、Cd、Cu、As[1]等重金属组分对生态环境存在潜在的污染风险。因此，了解赤泥理化特性是实现其资源化利用、掌握赤泥中污染因子化学行为原理和规律的前提，从而明确污染因子浸出特性的阶段性变化特征。

根据铝土矿品位的差异，氧化铝企业可采用烧结法、拜耳法和拜耳-烧结联合法生产工艺，其产生的赤泥分别为烧结法赤泥、拜耳法赤泥和拜耳-烧结联合法赤泥，生产工艺的不同导致赤泥的化学和矿物组成各有差异。

(1) 烧结法赤泥。烧结法主要针对 Al/Si 为 3～6 的低品位铝土矿，其原理是铝土矿与氧化物经高温烧结等过程获得氧化铝产品。铝土矿中的 Al_2O_3 经烧结后转变为易溶于水或稀碱的 $Na_2O \cdot Al_2O_3$，经溶解后溶出 $NaAlO_2$，而 Si、Fe 和 Ti 等杂质形成不溶物进入渣中作为烧结法赤泥排出。

(2) 拜耳法赤泥。拜耳法适用于高品位铝土矿，要求 Al/Si＞9，全世界采用拜耳法生产的氧化铝产品约占 90%。在高温高压氛围中，苛性钠与铝土矿中的 Al_2O_3 发生反应，生成 $NaO_2 \cdot Al_2O_3$，过滤分离、降温后加入晶种 $Al(OH)_3$ 溶液，搅拌后 $NaO_2 \cdot Al_2O_3$ 分解析出 $Al(OH)_3$，分离洗涤后的残渣即为拜耳法赤泥。

(3) 拜耳-烧结联合法赤泥。拜耳-烧结联合法是指将拜耳法和烧结法联合使用的方法，适宜处理 Al/Si 为 5～7 的铝土矿，以拜耳法为主、烧结法为辅，其排出的赤泥为拜耳-烧结联合法赤泥，兼具拜耳法赤泥和烧结法赤泥的特点。

2.1　物　理　特　性

赤泥颗粒粒径分布范围广，自然产出的赤泥粒径较小，经过压滤堆存后发生板结和团聚，导致赤泥中形成了较多粗大的颗粒，进而造成赤泥粒径分布范围较大。赤泥的物理性质指标主要包括相对密度、密度、孔隙比、含水量、界限含水

---

1) As 本身不属于重金属，但因其来源及危害都与重金属相似，故通常列入重金属类进行研究讨论。

量(塑限、液限、塑性指数和液性指数)、饱和度等。

1. 烧结法赤泥

烧结法赤泥表观呈赤褐色,颗粒度细小不匀,颗粒内部毛细网状结构十分发达,具有较高的比表面积,而且赤泥有很强的富水性能,吸湿性强,含水率高。烧结法赤泥具有塑性,阿提克尔法测试烧结法赤泥的塑性指数为16.8。烧结法赤泥熔体特征主要表现为熔点低,熔融体黏度小,从软化点至半球点温度区域狭窄。表2.1为烧结法赤泥的主要物理性质。表2.2为烧结法赤泥的土工力学指标。

表 2.1　烧结法赤泥的主要物理性质

干容重 /(kN/m^3)	相对密度	比表面积 /(m^2/g)	塑性指数 I_p	熔点 /℃	粒度比例/%		
					60 目	200 目	250 目
0.65~0.9	2.7~2.98	450~700	16.8	1220~1270	5~10	25~30	40~50

表 2.2　烧结法赤泥的土工力学指标

含水量 /%	孔隙比	液限 /%	塑限 /%	压缩系数 /MPa^{-1}	压缩模量 /MPa	黏聚力 /kPa	内摩擦角 /(°)	饱和容重 /(kN/m^3)
75.8	2.015	71.1	55.4	0.75	4.02	13.0	20.2	1.57

2. 拜耳法赤泥

拜耳法赤泥表观呈红褐色,为多孔结构,具有较大的比表面积。表2.3为拜耳法赤泥的主要物理性质。从表中可以看出,拜耳法赤泥密度为1.65g/cm³,比表面积为335m²/kg,不均匀系数 C_u 为34.6。表2.4为拜耳法赤泥的土工力学指标。表2.5为拜耳法赤泥物理性质指标[1]。

表 2.3　拜耳法赤泥的主要物理性质

密度 /(g/cm^3)	比表面积 /(m^2/kg)	含水率 /%	粒径特征	
			D50 粒径/μm	不均匀系数 C_u(D60/D10)
1.65	335	17	27	34.6

表 2.4　拜耳法赤泥的土工力学指标

含水量 /%	天然容重 /(kN/m^3)	干容重 /(kN/m^3)	孔隙比	液限 /%	塑限 /%	压缩系数 /MPa^{-1}	压缩模量 /MPa	黏聚力 /kPa	内摩擦角 /(°)	饱和容重 /(kN/m^2)
33.5	2.06	1.50	0.76	41.10	26.65	0.20	9.34	40.13	25.47	1.94

表 2.5　拜耳法赤泥物理性质指标[1]

指标		指标值	评价
相对密度		2.8 (2.7~2.89)	大于一般土
容重 /(kN/m³)	天然容重 γ	14.5 (14.2~15.1)	小于一般土
	干容重 γ_d	7.6 (6.6~8.11)	小于一般土
孔隙比 e		2.53~2.95	远大于一般土
含水量 w/%		80 (82.3~105.9)	远大于黏土
界限含水量	液限 W_1/%	70 (71~100)	大于黏土
	塑限 W_p/%	50 (44.5~81)	远大于黏土
	塑性指数 I_p	20 (17~30)	大于黏土
	液性指数 I_l	1.30 (0.92~3.37)	很大，流塑
饱和度 S_r/%		91.1~99.6	完全饱和

2.2　化学组成

受铝土矿石和生产工艺的影响，不同地区赤泥的成分有很大差异。赤泥的主要化学成分为 Al_2O_3、Fe_2O_3、SiO_2、CaO、Na_2O 和 TiO_2，还包含一些微量元素，如 K、Ba、Cu、Mn、Zn、S 等以及少量的稀土元素(rare earth elements, REE)。表 2.6 为不同类型赤泥的化学成分[2]。从表中可以看出，赤泥的化学成分根据生产工艺而有很大的变化。拜耳-烧结联合法赤泥和烧结法赤泥的化学成分相似，CaO 和 SiO_2 的含量较高，具有高钙低铝的特点，这是由于烧结法生产氧化铝的原料铝土矿 Al/Si 低，为提高 Al_2O_3 的溶出率、减少碱的消耗，高温烧结过程中通常加入高比例的石灰。拜耳法赤泥化学成分变化较大，其中，Fe_2O_3 和 Al_2O_3 含量较高，CaO 含量较少，Na_2O 含量高于烧结法赤泥和拜耳-烧结联合法赤泥，因此拜耳法赤泥碱性物质含量大，导致其资源化利用难度最大。

表 2.6　不同类型赤泥的化学成分[2]　　　　　　　(单位：%)

省区	工艺	SiO_2	Al_2O_3	Fe_2O_3	CaO	Na_2O	TiO_2	K_2O	MgO	总量
山东	拜耳法	22.30	18.32	37.11	1.57	5.20	2.87	0.17	0.10	87.64
	拜耳-烧结联合法	22.00	6.40	9.02	41.90	2.80	3.20	0.30	1.70	87.32
山西	拜耳法	17.44	23.60	4.18	20.24	8.57	6.94	—	—	80.97

续表

省区	工艺	SiO$_2$	Al$_2$O$_3$	Fe$_2$O$_3$	CaO	Na$_2$O	TiO$_2$	K$_2$O	MgO	总量
山西	烧结法	21.43	8.22	8.12	46.80	2.60	2.90	0.20	2.03	92.30
	拜耳-烧结联合法	20.63	9.20	8.10	45.63	3.15	2.89	0.20	2.05	91.85
河南	拜耳法	17.88	22.62	14.03	17.80	5.95	3.73	1.62	1.34	84.97
	拜耳-烧结联合法	20.50	7.00	8.10	44.10	2.40	7.30	0.50	2.00	91.90
广西	拜耳法	7.39	19.20	24.92	20.12	3.23	6.52	0.67	0.72	82.77
贵州	拜耳法	23.03	23.92	8.23	17.25	3.04	5.46	1.17	1.10	83.20
	烧结法	25.90	8.50	5.00	38.40	3.10	4.40	0.20	1.50	87.00
平均	拜耳法	17.61	21.53	17.69	15.39	5.19	5.10	0.90	0.81	84.22
	烧结法	23.11	7.71	7.38	42.37	2.83	3.50	0.23	1.74	88.87
	拜耳-烧结联合法	20.57	8.10	8.10	44.87	2.78	5.10	0.35	2.03	91.90

赤泥化学组成中除 Ca、Al、Si、Fe 等常见化学元素外，还有很少一部分稀土元素，如 Y、Sc、La 等，这些元素在赤泥中分布不均匀，处于分散的状态，以均质形式存在。但因铝土矿产地和氧化铝的生产方法不同，赤泥化学组成中稀土元素含量也大不相同。贵州铝厂拜耳法赤泥中 REE$_2$O$_3$ 含量（稀土元素总量）达 1400μg/g；烧结法赤泥中 REE$_2$O$_3$ 含量为 1320μg/g；河南铝厂赤泥中 REE$_2$O$_3$ 含量为 66μg/g；山西铝厂赤泥中 REE$_2$O$_3$ 含量为 355μg/g；山东铝厂赤泥中 REE$_2$O$_3$ 含量为 664μg/g。在氧化铝的生产过程中，强碱状态下稀土离子定量转变成稀土氢氧化物，脱水后便生成稀土氧化物凝胶，干燥后变成氧化物分散于赤泥中。

2.3　矿　物　组　成

赤泥矿物组成受原矿品位、生产方法、技术水平的不同而有较大差异。拜耳法赤泥实际上是低品位矾土，而烧结法赤泥因含有一定量的水硬性矿物和一些无定形铝硅酸盐物质，具有一定的自硬性。肖金凯[3]对赤泥中 Sc 和 REE 的物相进行了研究，结果表明，赤泥中的 Sc 和 REE 不是离子吸附型的，也不存在于新形成的铝硅酸盐矿物相中，主要以类质同相形式分散于铝土矿及其副矿物（如金红石、钛铁矿、锐钛石、锆英石、独居石等）中。

图 2.1 为烧结法赤泥和拜耳法赤泥的 X 射线衍射（X-ray diffraction, XRD）谱图。从图 2.1(a)可以看出，烧结法赤泥矿物组成以加藤石、硅酸二钙、方解石和钙霞石为主。从图 2.1(b)可以看出，拜耳法赤泥的主要矿物组成为赤铁矿、钙钛

矿、白云母、三水铝石、方解石和钙霞石。

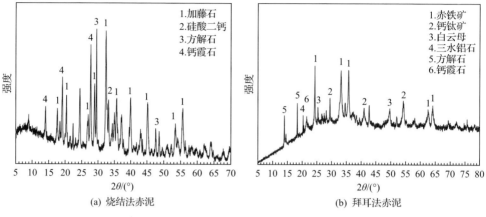

(a) 烧结法赤泥　　　　　　　　　　(b) 拜耳法赤泥

图 2.1　烧结法赤泥和拜耳法赤泥的 XRD 谱图

2.4　拜耳法赤泥中碱性组分和重金属离子赋存形态

拜耳法赤泥提取 Al_2O_3 的基本原理是用浓 NaOH 溶液将 Al_2O_3 转化为 $NaAlO_2$，因此赤泥具有高碱性，对土壤及地下水的酸碱度造成严重影响，并且赤泥中 Pb、Cr、Cd、Cu、As 等重金属组分对生态环境存在潜在的污染风险。

2.4.1　重金属离子

1. 潜在污染元素

按照《土壤和沉积物　12 种金属元素的测定　王水提取-电感耦合等离子体质谱法》(HJ 803—2016)[4]测试拜耳法赤泥中 Cu、Pb、Cd、Ni、Cr、As 含量，按照《土壤和沉积物　六价铬的测定　碱溶液提取-火焰原子吸收分光光度法》(HJ 1082—2019)[5]测试拜耳法赤泥中 Cr^{6+} 的含量。表 2.7 为拜耳法赤泥重金属组分含量分析。从表中可以看出，重金属组分含量由高到低为 Cr、Pb、Ni、Cu、As、Cd，分别为 754mg/kg、78.2mg/kg、41.8mg/kg、33.2mg/kg、15mg/kg、0.77mg/kg。将赤泥的重金属组分含量分别与《土壤环境质量　农用地土壤污染风险管控标准(试行)》(GB 15618—2018)[6]、《土壤环境质量　建设用地土壤污染风险管控标准(试行)》(GB 36600—2018)[7]风险筛选值对比可以看出，除 Cr 外，其他重金属组分含量均未超过风险管控标准值，其中 Cr 含量达 754mg/kg，Cr^{6+} 含量为 7.67mg/kg，远超标准值，因此 Cr 是赤泥中主要的污染物元素。

表 2.7　拜耳法赤泥重金属组分含量分析

检测项目	检测方法标准	检测结果 /(mg/kg)	农用地土壤污染风险值[6] /(mg/kg)	建设用地土壤污染风险值[7] /(mg/kg)
Cu	《土壤和沉积物　12 种金属元素的测定　王水提取-电感耦合等离子体质谱法》（HJ 803—2016）	33.2	100	2000
Pb		78.2	170	400
Cd		0.77	0.8	20
Ni		41.8	190	150
Cr		754	250	—
As		15	25	25
Cr(Ⅵ)	《土壤和沉积物　六价铬的测定　碱溶液提取-火焰原子吸收分光光度法》（HJ 1082—2019）	7.67	—	3.0
Cr(Ⅲ)	采用差减法，总铬含量减去六价铬含量	746.33	—	—

　　重金属组分的存在形态可划分为可交换态、碳酸盐结合态、铁锰氧化态、有机态和残渣态。其中，对环境变化敏感、易于迁移转化的重金属组分存在形态为可交换态和碳酸盐结合态。利用 Tessier 五步提取法测试拜耳法赤泥中 Cu、Pb、Cd、Ni、Cr、As 重金属组分的存在形态。表 2.8 为拜耳法赤泥重金属组分赋存形态。从表中可以看出，拜耳法赤泥中的重金属组分主要以残渣态形式存在，但 Cu、Pb、Cd、Cr、As、Ni 重金属组分的可交换态与碳酸盐结合态之和分别达到 7%、17%、8%、33%、12%、4%，仍存在环境风险。

表 2.8　拜耳法赤泥重金属组分赋存形态　　　（单位：mg/kg）

赋存形态	Cu	Pb	Cd	Cr	As	Ni
可交换态	0.40	4.92	0.02	250.27	1.82	0.27
碳酸盐结合态	1.66	3.14	0.09	65.01	2.70	1.49
铁锰氧化态	1.47	1.33	0.05	26.48	1.36	1.32
有机态	1.74	1.99	0.10	43.22	0.79	1.51
残渣态	24.01	35.28	1.19	560.67	30.93	37.74

2. 重金属风险评价

　　采用单因子指数法、内梅罗综合指数法、潜在生态危害指数法对赤泥中重金属组分污染水平和潜在风险进行评价。重金属组分 Cu、Pb、Cd、Ni、Cr 和 As 的毒性相应系数参照 Hakanson 计算的毒性系数 T_r，分别为 5、5、30、5、2 和 10。

表 2.9 为单因子指数(P)、内梅罗综合指数(P_N)与污染等级的对应关系。表 2.10 为潜在生态危害指数(RI)与污染程度的对应关系。

表 2.9 单因子指数(P)、内梅罗综合指数(P_N)与污染等级的对应关系

等级	P/P_N	污染等级
1	<0.7	安全
2	0.7～1	警戒线
3	1～2	轻污染
4	2～3	中污染
5	>3	重污染

表 2.10 潜在生态危害指数(RI)与污染程度的对应关系

等级	RI	污染程度
1	<150	潜在生态危害轻微
2	150～300	潜在生态危害中等
3	300～600	潜在生态危害较高
4	≥600	潜在生态危害高

(1)单因子指数的计算公式[8]:

$$P = C_r^i = \frac{C_{实测}^i}{C_n^i} \tag{2.1}$$

(2)内梅罗综合指数计算公式[9]:

$$P_N = \sqrt{\frac{\left(\frac{1}{n}\sum_{i=1}^{n}P_i\right)^2 + P_{max}^2}{2}} \tag{2.2}$$

(3)某一重金属的潜在生态危害指数计算公式[8]:

$$E_r^i = T_r^i C_r^i \tag{2.3}$$

(4)潜在生态危害指数计算公式[8]:

$$RI = \sum_{i=1}^{n} E_r^i = \sum_{i=1}^{n} T_r^i C_r^i \tag{2.4}$$

式中，$C_{实测}^{i}$ 为该元素的实测数据；C_{n}^{i} 为该元素的评价标准；T_{r}^{i} 为该元素的毒性系数。

内梅罗综合指数评价以《土壤环境质量　农用地土壤污染风险管控标准(试行)》(GB 15618—2018)[6]对应 pH 选择的风险值作为拜耳法赤泥参比值。表 2.11 为拜耳法赤泥污染指数。从表中可以看出，拜耳法赤泥的 6 种重金属单因子指数排序为 Cr(3.016)＞Cd(0.9625)＞As(0.6)＞Pb(0.46)＞Cu(0.332)＞Ni(0.22)，即 Cr 表现为重污染，其次是 Cd 污染达到警戒线，其他 4 种重金属含量均未超标，为安全等级。拜耳法赤泥的内梅罗综合指数为 2.23，达中度污染水平，Cr 为首要污染因子。

潜在生态危害指数法综合考虑了重金属组分的生物毒性效应。以山东省土壤背景元素作为参比标准[10]，运用潜在生态危害指数法对拜耳法赤泥的潜在生态风险和生态风险指数进行评价。从表 2.11 可以看出，拜耳法赤泥的潜在生态危害指数为 248.39，该数值是通过拜耳法赤泥中 6 种主要重金属组分按式 (2.4) 进行加权求和所得，根据潜在生态危害指数与污染程度的对应关系，得出拜耳法赤泥生态风险程度为中等潜在生态危害。

表 2.11　拜耳法赤泥污染指数

重金属组分	单因子指数	内梅罗综合指数	潜在生态危害指数
Cu	0.332		
Pb	0.46		
Cd	0.9625		
Ni	0.22	2.23	248.39
Cr	3.016		
As	0.6		

单因子指数法、内梅罗综合指数法和潜在生态风险评价的结果较为一致，Cr 在单因子指数法和内梅罗综合指数法中分别表现为重污染和中度污染水平。基于两种综合评价方法，拜耳法赤泥中重金属污染水平为中度污染，潜在生态危害等级为中等。

2.4.2　碱性组分

1. 碱性组分赋存形态

拜耳法赤泥滤液中 Na_2O、碳酸钠等碱性组分含量达到 26348mg/L，过量的 Na^+ 使得土壤发生盐碱化作用并且严重破坏地下水资源。通过 XRD、离子色谱仪等分析技术，并结合滴定试验研究了拜耳法赤泥中碱性组分的赋存形态。图 2.2 为拜耳法赤泥红外光谱图。从图中可以看出，3413.88cm^{-1} 处为—OH 的特征峰，

1637.69cm^{-1} 处为水分子中—OH 的伸缩振动峰，1000.99cm^{-1} 处为 Si—O 键、Ca—O 键、Al—O 键的振动峰，1423.47cm^{-1} 处为—OH 的特征峰。初步判断赤泥的主要碱性来源为 Na 质组分。

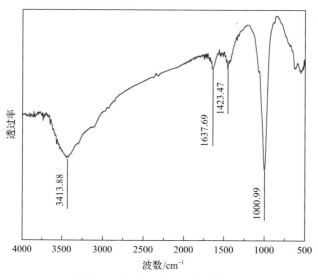

图 2.2　拜耳法赤泥红外光谱图

图 2.3 为拜耳法赤泥基于 Rietveld 方法的定量矿物组成分析。表 2.12 为拜耳法赤泥基于 Rietveld 方法的定量矿物学分析结果。从表中可以看出，拜耳法赤泥中 Fe 元素以针铁矿、赤铁矿的矿物形式存在，含量分别为 39.57%、24.83%，Al 元素以方钠石、三水铝石、一水软铝石的矿物形式存在，含量为 11.80%、3.42%、

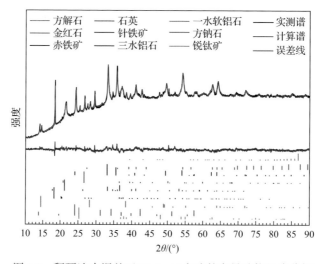

图 2.3　拜耳法赤泥基于 Rietveld 方法的定量矿物组成分析

表 2.12　拜耳法赤泥基于 Rietveld 方法的定量矿物学分析结果

矿物相	化学式	PDF 卡片号	含量/%
方解石	$CaCO_3$	72-1650	5.49
金红石	TiO_2	21-1276	1.76
赤铁矿	Fe_2O_3	33-0664	24.83
石英	SiO_2	46-1045	3.21
针铁矿	$FeOOH$	29-0713	39.57
三水铝石	$Al(OH)_3$	07-0324	3.42
一水软铝石	$AlOOH$	21-1307	8.39
方钠石	$Na_8(AlSiO_4)_6Cl_2$	02-0339	11.80
锐钛矿	TiO_2	21-1272	1.52

8.39%，Si 元素以石英和方钠石的形式存在，含量为 3.21%、11.80%，Na 元素主要以方钠石的形式存在，含量达到 11.80%。通过 XRD 定量矿物组成分析可以进一步证明，拜耳法赤泥中的 Na 元素主要以非可溶态的硅铝酸钠的形式存在。

　　将拜耳法赤泥按照水灰比约 5000：1 的比例均匀混合，利用离子色谱仪与滴定测试分析拜耳法赤泥中可溶态 Na 质组分的赋存状态。图 2.4 为拜耳法赤泥稀释约 5000 倍的阳离子谱图。表 2.13 为拜耳法赤泥阳离子谱图分析。图 2.5 为拜耳法赤泥稀释约 5000 倍的阴离子谱图。表 2.14 为拜耳法赤泥阴离子谱图分析。表 2.15 为滴定试验测试拜耳法赤泥 CO_3^{2-} 和 HCO_3^- 含量。从表 2.13 可以看出，拜耳法赤泥中含量最高的阳离子为 Na^+，达到 25427.69mg/kg，其次为 K^+，含量为 2393.47mg/kg。

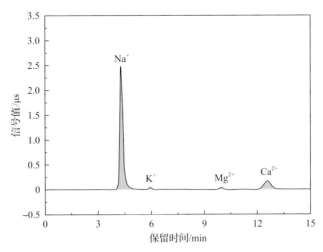

图 2.4　拜耳法赤泥稀释约 5000 倍的阳离子谱图

表 2.13　拜耳法赤泥阳离子谱图分析

时间/min	峰值元素	稀释倍数	测试溶液元素浓度/(mg/L)	元素含量/(mg/kg)
4.19	Na^+		4.794	25427.69
5.80	K^+		0.451	2393.47
9.74	Mg^{2+}	5304.6	—	—
12.34	Ca^{2+}		—	—

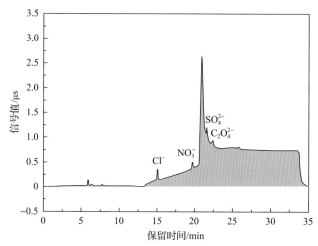

图 2.5　拜耳法赤泥稀释约 5000 倍的阴离子谱图

表 2.14　拜耳法赤泥阴离子谱图分析

时间/min	峰值元素	稀释倍数	测试溶液元素浓度/(mg/L)	元素含量/(mg/kg)
14.94	Cl^-		0.073	368.39
19.64	NO_3^-	5015.1	0.372	1865.45
21.56	SO_4^{2-}		0.387	1941.52
22.29	$C_2O_4^{2-}$		0.231	1158.97

表 2.15　滴定试验测试拜耳法赤泥 CO_3^{2-} 和 HCO_3^- 含量

滴定项目	滴定次数	称量质量/g	酚酞滴定消耗盐酸体积/mL	甲基橙消耗盐酸体积/mL	盐酸浓度/(mol/L)	每100g中离子含量/(mg/kg)	平均值/(mg/kg)	离子含量/(mg/kg)
CO_3^{2-}	1	0.6832	0.21	0.75	0.4942	0.0150	0.0144	8640
	2	0.7429	0.21	0.83	0.4942	0.0139		
HCO_3^-	1	0.6832	0.21	0.75	0.4942	0.0390	0.0402	24522
	2	0.7429	0.21	0.83	0.4942	0.0413		

从表 2.14 和表 2.15 可以看出，拜耳法赤泥中含量最高的阴离子为 HCO_3^-，达到 24522mg/kg，其次为 CO_3^{2-}，含量为 8640mg/kg，而 SO_4^{2-}、NO_3^-、$C_2O_4^{2-}$、Cl^- 含量均较低，分别为 1941.52mg/kg、1865.45mg/kg、1158.97mg/kg、368.39mg/kg。从图 2.4、图 2.5 和表 2.15 可以看出，拜耳法赤泥中的主要碱性组分为 Na 质组分，且 Na 元素绝大部分以不可溶态的硅铝酸钠形式存在，占拜耳法赤泥的 32.5%～33.5%。少部分 Na 元素以可溶态的 $NaHCO_3$ 和 Na_2CO_3 形式存在，含量分别为 0.357～0.476mol/kg 和 0.113～0.160mol/kg，占拜耳法赤泥的 3.0%～4.0%和 1.2%～1.7%。

2. 碱性组分溶解规律

拜耳法赤泥中金属元素多以不可溶态的硅铝酸钠、钙霞石、赤铁矿等形式存在，选用浓度为 36%～38%的盐酸溶液配制 pH=0～6 的酸性溶液，选用固体 KOH（分析纯）配制 pH=8～14 的碱性溶液，分析不同酸碱度条件下拜耳法赤泥中主要元素 Na、Al、Si、Fe 浸出含量的变化规律。

图 2.6 为不同酸碱度条件下拜耳法赤泥中 Na^+ 浸出特性。从图 2.6 可以看出：

（1）随着浸出液酸性的增强，Na^+ 浸出浓度逐渐升高，且当 pH<1 时，Na^+ 浸出浓度增长幅度尤为显著。这是因为随着浸出液酸性的增强，拜耳法赤泥中稳定态 Na 组分与酸发生中和反应，生成了可溶性的 Na^+，浸出液酸性越强，越容易发生中和反应，因而 Na^+ 浸出浓度随着浸出液酸性的增强呈逐渐升高的趋势。

（2）随着浸出液碱性的增强，Na^+ 浸出浓度呈逐渐升高的趋势，且当 pH>12 时，Na^+ 浸出浓度增长幅度显著增加。当浸出液碱性增强时，溶液中的 OH^- 会破坏拜耳法赤泥中硅铝质组分的 Al—O 键和 Si—O 键，在硅铝质组分发生解聚反应的同时，与它们伴生存在于钙霞石等矿物中的 Na 组分以离子的形式存在于溶液中，因而 Na^+ 浸出浓度随着浸出液碱性的增强呈逐渐升高的趋势。

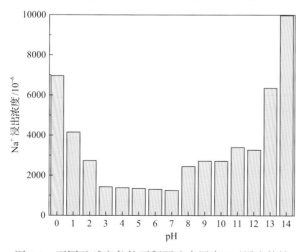

图 2.6　不同酸碱度条件下拜耳法赤泥中 Na^+ 浸出特性

图 2.7 为不同酸碱度条件下拜耳法赤泥中 Fe^{3+} 浸出特性。从图 2.7 可以看出：

(1)随着浸出液酸性的增强，Fe^{3+} 浸出浓度逐渐升高，且当 pH<3 时，Fe^{3+} 浸出浓度显著升高。随着酸性的增强，拜耳法赤泥中的赤铁矿与酸发生中和反应，生成了可溶性的 Fe^{3+}，因此 Fe^{3+} 浸出浓度随着浸出液酸性的增强呈逐渐升高的趋势。

(2)随着浸出液碱性的增强，Fe^{3+} 浸出浓度整体逐渐升高，且当 pH>11 时，Fe^{3+} 浸出浓度增长幅度显著增加。当浸出液碱性增强时，溶液中的 OH^- 会破坏拜耳法赤泥中赤铁矿的 Fe—O 键，因而 Fe^{3+} 浸出浓度随着浸出液碱性的增强呈逐渐升高的趋势。

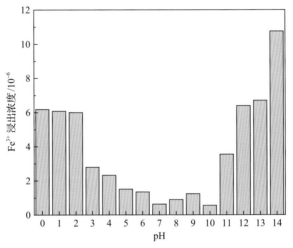

图 2.7　不同酸碱度条件下拜耳法赤泥中 Fe^{3+} 浸出特性

图 2.8 为不同酸碱度条件下拜耳法赤泥中 Si^{4+} 浸出特性。从图 2.8 可以看出：

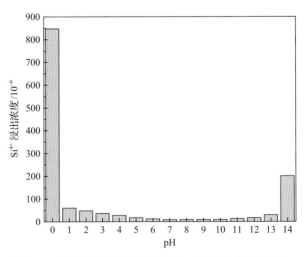

图 2.8　不同酸碱度条件下拜耳法赤泥中 Si^{4+} 浸出特性

（1）当 pH=1～7 时，Si^{4+}浸出浓度随着 pH 的变化幅度较小；当 pH=0 时，Si^{4+}浸出浓度显著升高。这是因为拜耳法赤泥中的硅质组分在酸性条件下较为稳定，只有当酸性达到一定强度后，才会发生浸出反应。

（2）随着浸出液碱性的增强，Si^{4+}浸出浓度呈逐渐升高的趋势，当 pH=14 时，Si^{4+}浸出浓度增幅显著增加。当浸出液碱性增强时，溶液中 OH^- 会破坏拜耳法赤泥中硅质组分的 Si—O 键，因而 Si^{4+}浸出浓度随着浸出液碱性的增强呈逐渐升高的趋势。

图 2.9 为不同酸碱度条件下拜耳法赤泥中 Al^{3+}浸出特性。从图 2.9 可以看出：

（1）当 pH=1～7 时，随着酸性的增强，Al^{3+}浸出浓度逐渐增大但变化幅度较小；当 pH=0 时，Al^{3+}浸出浓度显著升高。这表明只有当酸性达到一定强度后，拜耳法赤泥中的铝质组分才会发生浸出反应。

（2）随着浸出液碱性的增强，Al^{3+}浸出浓度呈逐渐升高的趋势，且当 pH>12 时，Al^{3+}浸出浓度增长幅度显著增加，表明浸出液中的 OH^- 会破坏拜耳法赤泥中铝质组分的 Al—O 键，因而 Al^{3+}浸出浓度随着浸出液碱性的增强呈逐渐升高的趋势。

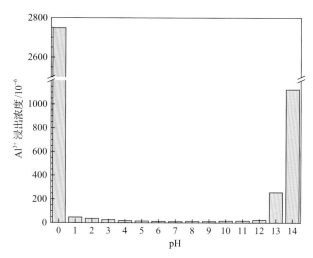

图 2.9　不同酸碱度条件下拜耳法赤泥中 Al^{3+}浸出特性

参 考 文 献

[1] 景英仁, 杨奇, 景英勤. 赤泥的基本性质及工程特性. 山西建筑, 2001, 27(3): 80-81, 108.

[2] 杜根杰. 中国工业固体废弃物综合利用产业发展报告(2018—2019 年度). 北京: 中循新科技环保科技(北京)有限公司, 2019.

[3] 肖金凯. 工业废渣赤泥中钪的分布特征. 地质地球化学, 1996, (2): 82-86.

[4] 中华人民共和国环境保护部. 土壤和沉积物　12 种金属元素的测定　王水提取-电感耦合等离子体质谱法(HJ 803—2016). 北京: 中国环境科学出版社, 2016.

[5] 中华人民共和国生态环境部. 土壤和沉积物　六价铬的测定　碱溶液提取-火焰原子吸收分光光度法(HJ 1082—2019). 北京: 中国环境出版集团, 2019.

[6] 中华人民共和国生态环境部, 国家市场监督管理总局. 土壤环境质量　农用地土壤污染风险管控标准(试行)(GB 15618—2018). 北京: 中国标准出版社, 2018.

[7] 中华人民共和国生态环境部, 国家市场监督管理总局. 土壤环境质量　建设用地土壤污染风险管控标准(试行)(GB 36600—2018). 北京: 中国标准出版社, 2018.

[8] Hakanson L. An ecological risk index for aquatic pollution control. A Sedimentological Approach, Water Research, 1980, 14: 975-1001.

[9] 陈怀满. 环境土壤学. 北京: 科学出版社, 2005: 522-523.

[10] 庞绪贵, 代杰瑞, 胡雪平, 等. 山东省土壤地球化学背景值. 山东国土资源, 2018, 34(1): 39-43.

第3章 赤泥-水泥基胶凝材料作用机制

水泥工业作为传统基础行业，是资源、能源消耗和碳排放大户，特别是我国正处于基础建设的高峰期，水泥产量和需求量巨大且逐年增长。另外，我国各种工业固体废弃物年排放量超过 20 亿 t，大量工业废渣不仅占用土地、污染环境，同时也是一种巨大的资源浪费。粉煤灰、炉渣和冶金渣等废渣含有胶凝性矿物或玻璃态(CaO-SiO_2-Al_2O_3)物质，在适当条件下可获得较好的胶凝活性，可作为水泥和混凝土的辅助性胶凝材料[1]。赤泥比表面积大且细颗粒含量高，制备胶结剂时可以提高充填材料的保水性能和抗离析性能并降低分层度和泌水率[2]。利用辅助性胶凝材料生产复合水泥，既减少了水泥生产过程中资源、能源消耗和 CO_2 排放量，又降低了水泥的生产成本，同时消除了由废渣堆积和处理过程造成的环境污染，节约了废渣处理和堆积费用，减少了废渣堆积所占用的大量土地。

3.1 赤泥-硅酸盐水泥体系

赤泥的高碱性、大堆存量造成了相当严峻的环境问题。本节采用差热分析 (differential thermal analysis，DTA)、XRD、傅里叶变换红外光谱(Fourier transform infrared spectrometer，FT-IR)、等温量热仪和扫描电子显微镜(scanning electron microscope，SEM)等研究赤泥改性水泥基胶凝材料的矿物组成、水化历程和微观结构，分别总结了热活化及机械活化后的赤泥对水泥基胶凝材料力学性能的作用机制。热活化赤泥掺量分别为 10%、20%、30%、40%、50%、60%、70%、80%、90%，其样品写为 "TRM-赤泥掺量"。机械活化赤泥掺量分别为 10%、20%、30%、40%、50%、60%、70%、80%、90%，其样品写为 "SRM-赤泥掺量"。结果表明，少量赤泥、机械活化赤泥、热活化赤泥均能提高水泥基胶凝材料结石体早期强度，且热活化赤泥效果最佳。而赤泥会降低结石体后期强度，机械活化赤泥、热活化赤泥仍对结石体强度起到促进作用，TRM-80 和 SRM-80 的结石体强度均满足胶凝工程的要求；赤泥、机械活化赤泥、热活化赤泥不会改变赤泥改性水泥基胶凝材料水化物相，赤铁矿和钙霞石主要在材料体系中起到填充作用；少量赤泥、机械活化赤泥、热活化赤泥能够促进复合硅酸盐水泥(硅酸盐水泥)水化，过量赤泥、机械活化赤泥、热活化赤泥则延缓硅酸盐水泥水化，且在水化放热 15h 之前，赤泥、机械活化赤泥、热活化赤泥均能够加快水化诱导前期的反应速率，与赤泥活化方式和掺量无关。其中，SRM-20 和 TRM-20 促进水化效果最佳。微观结构分析表明，赤泥、机械活化赤泥、热活化赤泥主要通过微填充作用提高赤泥改性水泥基胶凝材料的力学性能，机械活化和热活化均能够提高赤泥的活性，热活化赤泥效果更明显。

1. 热活化与机械活化对赤泥的影响

图 3.1 为赤泥热重(thermogravimetry，TG)分析。从热重曲线可以看出，从室温到 1000℃的升温过程中，总质量损失为 19.304%。0～96.84℃的质量损失为 3.28%，在 DTA 曲线上相应的吸热峰为 77.13℃，这是由赤泥中吸附的水蒸发所致。96.84～356.45℃的质量损失为 6.149%，在 DTA 曲线上相应的吸热峰为 279.03℃，主要是由赤泥中三水铝石和针铁矿结构水的脱除引起的。356.45～629.73℃的质量损失为 3.881%，在 DTA 曲线上相应的吸热峰为 596.95℃，这是因为在 600℃活化温度之前，主要是赤泥脱除其中的吸附水和结晶水所致，颗粒边缘出现了很多毛细网状结构，颗粒变得非常松散，生成差结晶度的 Ca_2SiO_4，此时赤泥的胶结性能最好[3]。629.73～1000℃的质量损失为 5.994%，在 DTA 曲线上相应的吸热峰为 789.11℃，主要由碳酸钙热分解导致的，但此过程中大量铝硅酸盐类物质由无定形向晶态发生转变，体系发生烧结反应，赤泥颗粒出现团聚现象，致使此温度下赤泥活性较差[4]。

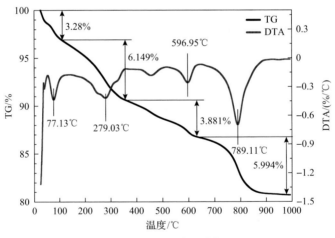

图 3.1　赤泥热重分析

图 3.2 为经过不同处理方法后赤泥的矿物组成。从图中可以看出，赤泥与机械活化赤泥的矿物组成成分一致，由赤铁矿、钙钛矿、白云母、三水铝石、碳酸钙、钙霞石、铁橄榄石和针铁矿构成，表明机械研磨并不改变赤泥的矿物组成。而与赤泥、机械活化赤泥相比，经过 600℃高温热处理的热活化赤泥矿物组成发生了明显变化。衍射角 14.64°、28.19°处的钙霞石衍射峰，18.41°处的碳酸钙衍射峰以及 21.67°处的三水铝石衍射峰均完全消失，反应方程式为

$$Na_6Ca_2Al_6Si_6O_{24}(CO_3)_2 \cdot 2H_2O \longrightarrow Na_6Ca_2Al_6Si_6O_{24}(CO_3)_2 + 2H_2O \quad (3.1)$$

$$CaCO_3 \longrightarrow CaO+CO_2 \qquad\qquad (3.2)$$

$$2Al(OH)_3 \longrightarrow Al_2O_3+3H_2O \qquad\qquad (3.3)$$

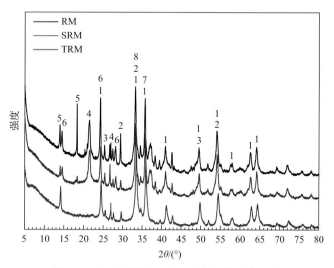

图 3.2　经过不同处理方法后赤泥的矿物组成

1. 赤铁矿；2. 钙钛矿；3. 白云母；4. 三水铝石；5. 碳酸钙；6. 钙霞石；7. 铁橄榄石；8. 针铁矿

　　图 3.3 为经过不同处理方法后赤泥的粒径分布特征。从图中可以看出，热活化与机械活化均可减小赤泥粒径，改变其孔径分布。赤泥、热活化赤泥、机械活化赤泥的粒径分布曲线依次整体向左移动，热活化赤泥、机械活化赤泥粒径明显较小，分布范围窄，而赤泥粒径较大，分布范围广，赤泥、机械活化赤泥和热活化赤泥粒径不超过 1μm 的分别占总量的 4.52%、47.03%和 27.2%。由此可知，经

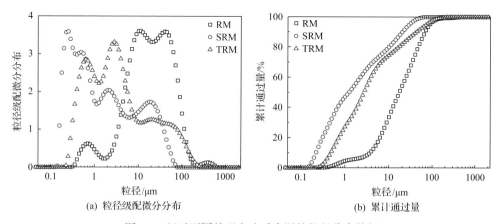

(a) 粒径级配微分分布　　　　　　　　　　(b) 累计通过量

图 3.3　经过不同处理方法后赤泥的粒径分布特征

过不同处理方法后赤泥粒径差异较大，这是由于在机械活化过程中，矿物在机械力作用下会产生晶格畸变和局部破坏，直接导致其粒径减小。而在热处理活化过程中，赤泥中含吸附水和结晶水的矿物发生脱水使粒径减小。

2. 抗压强度

通过净浆结石体强度来评价热活化和机械活化后赤泥的活性。图3.4为不同赤泥掺量作用下赤泥改性水泥基胶凝材料抗压强度。从图中可以看出，在掺量相同的情况下，经过热活化和机械活化后的赤泥结石体的抗压强度均有一定程度的提高，且总体上热活化效果最佳。这是因为赤泥在热活化过程中，除了脱除一些吸附水和结晶水，还能够破坏赤泥中一些相对稳定的硅氧四面体和铝氧八面体结构，在结构中形成了一定断裂键和活化点，形成亚稳结构，从而使得结石体抗压强度升高。而机械活化赤泥促使结石体抗压强度升高的原因在于赤泥中各矿物成分在机械力作用下会产生晶格畸变和局部破坏，形成各种缺陷，增大了赤泥内能，增强了其反应活性，从而对结石体强度起到促进作用。

从图3.4(a)可以看出，在养护龄期3d时，赤泥、机械活化赤泥结石体抗压强度随着赤泥掺量的增加而降低，当掺量为10%时，赤泥、机械活化赤泥结石体抗压强度达到最大值，分别为17.39MPa、19.98MPa，比硅酸盐水泥结石体抗压强度(16.29MPa)分别提高了6.75%、22.65%。这是由于未处理的赤泥活性较弱，在赤泥掺量较小时，赤泥在材料体系中起到微填充的作用，从而使得结石体抗压强度升高。而机械活化赤泥结石体抗压强度的升高除上述原因外，还因为机械活化致使赤泥原有结构被破坏，活性增加，因此机械活化作用效果远高于未处理的赤泥。随着赤泥掺量的增加，结石体抗压强度均有所降低，归因于材料体系内硅酸盐水泥含量减少，水化活性降低。相对于赤泥、机械活化赤泥，热活化赤泥结石体抗压强度随着赤泥掺量的增加呈先升高后降低的趋势。当赤泥掺量为20%时，结石体抗压强度达到最大值26.73MPa，比硅酸盐水泥结石体抗压强度提高了64.09%。一方面是由于在赤泥掺量较少的情况下，可以通过发挥其水化作用和物理填充作用提高材料体系的致密度，减小强度损失；另一方面是热活化破坏了赤泥原有结构中的Si—O键和Al—O键，形成亚稳结构，从而使得结石体抗压强度升高。

从图3.4(b)可以看出，在养护龄期28d时，当赤泥掺量为10%时，赤泥结石体抗压强度达到最大值25.71MPa，比硅酸盐水泥结石体抗压强度(30.41MPa)降低了15.46%，表明未活化赤泥会降低材料后期强度。而机械活化和热活化后的赤泥仍对材料强度起到促进作用，这主要是由于活化方式激发了赤泥的活性。当机械活化赤泥、热活化赤泥掺量为80%时，结石体抗压强度分别为5.1MPa、6.84MPa，比赤泥结石体抗压强度分别提高了57.89%、111.76%，均能满足工程要求。

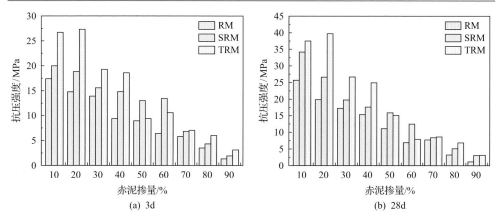

图 3.4　不同赤泥掺量作用下赤泥改性水泥基胶凝材料抗压强度

3. 矿物组成

图 3.5 为赤泥改性水泥基胶凝材料矿物组成。从图中可以看出，不同处理方法后的赤泥改性水泥基胶凝材料主要相为氢氧化钙、赤铁矿、钙霞石、钙矾石、硅酸二钙、水化铝酸钙、单硅钙石和水化硅铝酸钙。其中，赤铁矿和钙霞石是赤泥的原相，主要在材料体系中起到填充作用。因此，28d 水化产物主要为氢氧化钙、钙矾石、硅酸二钙、水化铝酸钙、单硅钙石和水化硅铝酸钙。

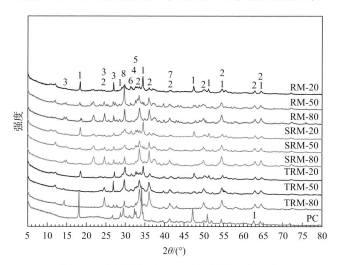

图 3.5　赤泥改性水泥基胶凝材料矿物组成

1. 氢氧化钙；2. 赤铁矿；3. 钙霞石；4. 钙矾石；5. 硅酸二钙；6. 水化铝酸钙；7. 单硅钙石；8. 水化硅铝酸钙

同一活化方式下，随着赤泥掺量的增加，处于 18.33°、47.50°、51.14°的氢氧化钙衍射峰强度减弱，水化铝酸钙与之规律一致。相对于硅酸盐水泥水化产物，氢氧化钙和硅酸二钙衍射峰强度较弱，水化硅铝酸钙和单硅钙石的衍射峰强度增强。这是由于赤泥取代水泥后，材料体系活性物质减少，造成氢氧化钙、水化铝酸钙生成量和硅酸二钙晶体数量相应减少。同时，水泥所具有的碱性环境能够激发赤泥的水化反应活性，也包括赤泥与氢氧化钙的火山灰反应，消耗了体系水化生成的氢氧化钙，促进了体系水化硅铝酸钙和单硅钙石的生成。而由于赤泥本身存在赤铁矿和钙霞石，其衍射峰强度随着赤泥掺量的增加逐渐增强。

4. 水化历程

图 3.6 为赤泥改性水泥基胶凝材料水化历程。从图 3.6(a) 可以看出，未掺赤泥的水泥基胶凝材料水化总放热量为 239.91J/g，且在水化放热 15h 之前及赤泥低掺量时，赤泥改性水泥基胶凝材料的水化总放热量高于水泥基胶凝材料，这表明少量赤泥能够促进水泥水化。从图 3.6(a) 还可以看出，同一活化方式下，赤泥改性水泥基胶凝材料水化总放热量随着赤泥掺量的增加而逐渐减弱。掺入 20%、50%、80%赤泥的赤泥改性水泥基胶凝材料 72h 总放热量分别为 269.20J/g、133.45J/g、90.01J/g，掺入 20%、50%、80%机械活化赤泥的赤泥改性水泥基胶凝材料水化总放热量分别为 287.81J/g、192.63J/g、89.53J/g，掺入 20%、50%、80%热活化赤泥的赤泥改性水泥基胶凝材料 72h 水化总放热量分别为 286.80J/g、194.32J/g、107.91J/g。各材料体系 72h 总放热量的大小排序为 TRM-20≈SRM-20＞RM-20＞PC＞TRM-50≈SRM-50＞RM-50＞TRM-80＞RM-80≈SRM-80，表明少量赤泥能够加强水泥水化，水化产物生成量增多，结石体变致密，导致其抗压强度升高。这是由于水泥本身的碱性环境激发了赤泥的水化反应活性以及赤泥的微集料作用强化了材料体系水化，有助于水化反应的发展和微观结构的形成[5]。但当赤泥过量时，材料体系水泥活性物质减少，延缓了水化反应过程。同时，在同等掺量下，热活化和机械活化方式均能提高赤泥活性，且当掺量较小时，热活化和机械活化两种方式对赤泥改性水泥基胶凝材料的作用效果相当，当掺量较大时，热活化具有一定的作用效果，机械活化无明显作用效果。

从图 3.6(b) 可以看出，硅酸盐水泥水化过程分为五个过程：诱导前期（Ⅰ区，出现第一个峰值）、诱导期（Ⅱ区，反应缓慢，持续几个小时）、加速期（Ⅲ区，反应加快，达到第二个峰值，持续几个小时）、减速期（Ⅳ区，反应速率下降，水化减慢）和稳定期（Ⅴ区，反应速率低，反应基本稳定）。赤泥、机械活化赤泥、热活化赤泥的掺入均能够加快赤泥改性水泥基胶凝材料诱导前期的反应速率，C_3S 粒子表面释放 Ca^{2+}速度加快，且第一个峰值基本保持不变，这说明诱导前期的反应速率与赤泥活化方式和掺量无关。相对于硅酸盐水泥水化过程，掺赤泥、机械活化赤泥、热活化赤泥的赤泥改性水泥基胶凝材料的诱导期、加速期、减速期和稳定期的反应时间均提前了，这表明赤泥、机械活化赤泥、热活化赤泥的掺入均能够促进赤泥改性水泥基胶凝材料水化反应，其中，SRM-20 和 TRM-20 的第二个峰值高于硅酸盐水泥，水化产物多，结石体致密，这与抗压强度分析结果相对应。此外，同一活化方式下，随着赤泥掺量的增加，第二个峰值逐渐减小，这是由于过量的赤泥延缓了浆体水化历程，解释了结石体抗压强度随着赤泥掺量增加而降低的原因。

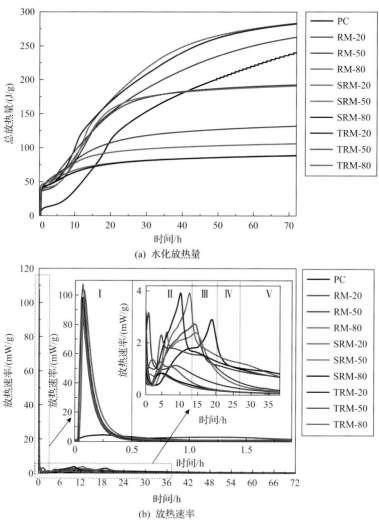

(a) 水化放热量

(b) 放热速率

图 3.6　赤泥改性水泥基胶凝材料水化历程

5. 微观结构

图 3.7 为赤泥改性水泥基胶凝材料水化硬化结石体微观形貌。从图中可以看

出，随着赤泥、机械活化赤泥掺量的增多，水泥基胶凝材料水化产物中凝胶体、钙钒石和氢氧化钙的数量减少，这是由于材料体系中硅酸盐水泥的含量减少，赤泥的含量增多，延缓了浆体水化历程。当材料体系含量以赤泥、机械活化赤泥为主时，水化产物主要为未反应的赤泥颗粒，出现一定的团聚现象，导致微观形貌变得致密，表明赤泥的掺入可以对水泥起到微填充的作用，这也是 TRM-20 抗压强度提高及大掺量赤泥下水泥基胶凝材料结石体仍具有一定强度的原因。同时，氢氧化钙的微观形貌发生改变，这是赤泥与氢氧化钙发生火山灰反应，改变了体系水化生成的氢氧化钙微观形态。然而，SRM-80 微观形貌具有显著区别，未反应的赤泥颗粒存在两种形式，小颗粒为团聚状态，大颗粒被水化产物包裹，与周围的凝胶紧密结合，表明赤泥具有微集料效应。同时，能够清晰观察到凝胶，说明热活化能够提高赤泥颗粒的活性，促进硅酸盐水泥水化反应生成凝胶，在大掺量情况下，热活化作用效果更明显。

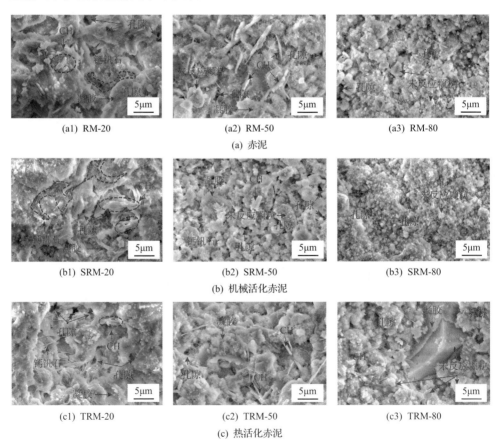

(a1) RM-20　　　　　　　(a2) RM-50　　　　　　　(a3) RM-80

(a) 赤泥

(b1) SRM-20　　　　　　　(b2) SRM-50　　　　　　　(b3) SRM-80

(b) 机械活化赤泥

(c1) TRM-20　　　　　　　(c2) TRM-50　　　　　　　(c3) TRM-80

(c) 热活化赤泥

图 3.7　赤泥改性水泥基胶凝材料水化硬化结石体微观形貌

3.2　赤泥-硫铝酸盐水泥体系

硫铝酸盐水泥是以石灰石、矾土、石膏等为原料，经低温煅烧形成的以无水硫铝酸钙(C_4A_3S)和硅酸二钙(C_2S)为主要矿物的熟料，再通过添加适量石膏及混合材共同粉磨制成的具有快硬、早强、低碱性、抗冻、抗渗、耐腐蚀等优良性能的水硬性胶凝材料。与硅酸盐水泥生产工艺相比，生产硫铝酸盐水泥熟料具有烧结温度低(1250～1350℃)、石灰石用量少(45%～50%)、易粉磨等环保优势，已逐步被建筑工程行业所认可，并被成功应用于建筑工程、冬季施工、海港工程、地下工程等众多领域。

硫铝酸盐水泥按矿物组成可分为快硬硫铝酸盐水泥、低碱性硫铝酸盐水泥和自应力硫铝酸盐水泥，其中快硬硫铝酸盐水泥应用较广泛。快硬硫铝酸盐水泥的矿物组成主要包含无水硫铝酸钙、硫酸钙和硅酸二钙，遇水发生水化反应生成钙矾石、单硫型水化硫铝酸钙、水铝黄长石、氢氧化铝和 C-S-H 等水化产物，水化产物与未水化水泥颗粒之间相互搭接共同形成硫铝酸盐水泥结石体的微观结构，最终决定硫铝酸盐水泥的性能。在硫铝酸盐水泥的水化产物中，钙矾石生成量较多，对硫铝酸盐水泥的物理力学性能起着决定性作用[6]。

本节以赤泥为主体材料，以硫铝酸盐水泥为胶结剂制备路基充填材料，制备了绿色、高性能、低成本的路基充填材料。采用压汞仪(mercury intrusion porosimetry，MIP)、SEM 等设备获取了赤泥-硫铝酸盐水泥结石体的孔隙特征和微观结构，分析赤泥与硫铝酸盐水泥的协同作用机理，为路基充填治理材料的选择提供技术支撑。

1. 凝结时间

充填材料的凝结时间决定其可泵性及工程实用性，较短的凝结时间可以缩短施工工期，提高施工效率。图 3.8 为赤泥基路基充填材料凝结时间。从图中可以看出，随着赤泥掺量的增加，路基充填材料凝结时间先缩短后延长，说明当赤泥掺量小于 20%时，赤泥对硫铝酸盐水泥的水化具有促进作用。当赤泥掺量大于 20%时，硫铝酸盐水泥初凝时间和终凝时间逐渐延长，这是因为赤泥中含有大量的 Na_2O，其对硫铝酸盐水泥的水化具有抑制作用，另一方面，随着赤泥掺量的增加，硫铝酸盐水泥逐渐减少，生成的水化产物逐渐减少，初凝时间和终凝时间也逐渐延长。实际充填工程中，在保证材料性能的条件下，为了大量消耗赤泥，赤泥掺量不应小于 50%。

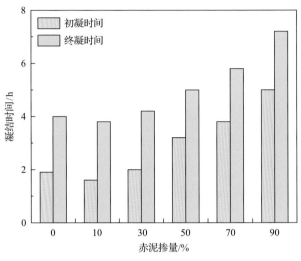

图 3.8　赤泥基路基充填材料凝结时间

2. 流动度

流变特性决定了胶凝材料的流动特性和可泵送性，是路基充填工程中一个重要的工艺技术参数。图 3.9 为赤泥基路基充填材料流变特性。从图中可以看出，随着赤泥掺量的增加，赤泥基路基充填材料流动度先增大后减小。这是因为赤泥粒径较小，在浆体中具有的"滚珠效应"可以提升充填材料的流动度。而当赤泥掺量大于30%时，赤泥基路基充填材料流动度逐渐减小，这是因为赤泥需水量大，相同水灰比条件下浆体中的自由水数量减少。当赤泥掺量大于50%时，充填材料浆体为 Bingham 流体，而当赤泥掺量增至70%时，充填材料浆体为 Herschel-Bulkley

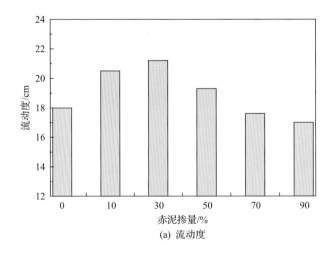

(a) 流动度

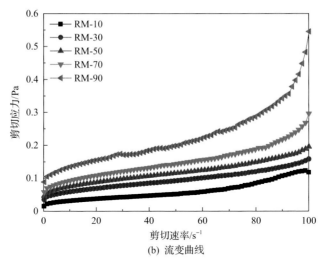

(b) 流变曲线

图 3.9　赤泥基路基充填材料流变特性

流体。这是因为赤泥的掺入改变了原有硫铝酸盐水泥颗粒之间的范德瓦尔斯力等作用力。此外，随着赤泥掺量的增加，浆体的屈服应力也逐渐增大。

3. 抗压强度

充填材料的抗压强度直接影响材料的加固能力和路基的长期稳定性。图 3.10 为赤泥基路基充填材料抗压强度。从图中可以看出，随着赤泥掺量的增加，充填材料的抗压强度逐渐降低。这是因为：一方面，赤泥自身胶凝活性低，其碱性成分 Na_2O 会阻碍水化产物钙矾石的生成，从而抗压强度降低；另一方面，随着赤泥掺

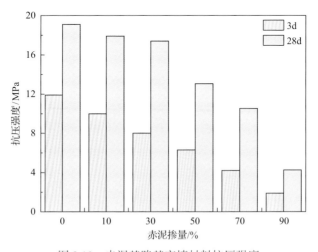

图 3.10　赤泥基路基充填材料抗压强度

量的增加，硫铝酸盐水泥的掺入量减小，生成的水化产物减少，从而降低了抗压强度。但是，当赤泥掺量小于50%时，充填材料的抗压强度下降幅度较小，区域处于稳定状态，这说明赤泥在硫铝酸盐水化过程中具有一定的促进作用。这是因为赤泥粒径较小，在充填材料水化过程中具有微集料作用，从而减小了充填材料抗压强度的下降幅度。

4. 微观分析

图 3.11 为赤泥基路基充填材料红外光谱图。从图中可以看出，1646cm^{-1} 处为水分子中—OH 的伸缩振动峰，1423cm^{-1} 和 873cm^{-1} 处为 CO_3^{2-} 的伸缩振动峰，表明水化产物 $Ca(OH)_2$ 发生碳化反应生成 $CaCO_3$，此外，赤泥中的碱性氧化物与空气中的 CO_2 反应生成了碳酸盐类矿物。1110cm^{-1} 处为水化硅酸钙和钙矾石的伸缩振动峰，998cm^{-1} 处为 Si—O 键的振动峰。426cm^{-1} 处为 Fe—O 键的振动峰，这是因为赤泥中存在赤铁矿。红外光谱分析结果表明，赤泥的掺入并没有改变硫铝酸盐水泥的水化产物，这说明赤泥没有参与反应，进一步说明赤泥在水化过程中只存在微集料效应和充填效应。

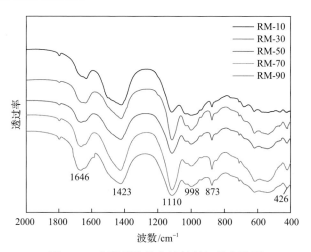

图 3.11　赤泥基路基充填材料红外光谱图

5. 结论

本节通过赤泥与硫铝酸盐水泥制备了赤泥基路基充填材料，研究了赤泥掺量对充填材料凝结时间、流变特性、抗压强度的作用关系，并通过红外光谱分析了赤泥与硫铝酸盐水泥的作用机理。制备的赤泥基路基充填材料满足其充填工程需求，并可以大宗量利用赤泥，为基础交通工程建设和赤泥资源化利用提供了技术支撑。

3.3　赤泥-磷酸镁水泥体系

磷酸镁水泥属于酸碱反应硬化的水泥类材料，由于其凝结硬化后具有某些烧结陶瓷的性能，又被称为化学结合陶瓷材料。磷酸镁水泥是近年来胶凝材料的研究热点之一。磷酸镁水泥与普通硅酸盐水泥相比，具有凝结速度快、早期强度高、收缩率低、抗渗透性和耐久性好、可以在低温条件下硬化、节能环保等优点，因此其在建筑、道路快速修补、重金属和有毒废弃物固化、生物医学、防火涂料等方面应用广泛。

磷酸镁水泥主要由重烧氧化镁和磷酸盐组成。以前的磷酸镁水泥中所用的磷酸盐主要是磷酸二氢铵（$NH_4H_2PO_4$），由于 $NH_4H_2PO_4$ 在反应过程中会产生氨气，造成环境污染。因此，目前也采用磷酸二氢钾（KH_2PO_4）代替 $NH_4H_2PO_4$ 制备磷酸镁水泥。由于 NH_4^+（0.143nm）和 K^+（0.138nm）的离子半径非常接近，在磷酸镁水泥水化硬化过程中，其水化产物都以磷酸铵镁的形态存在。具体反应方程式为

$$MgO + NH_4H_2PO_4 + 5H_2O \longrightarrow MgNH_4PO_4 \cdot 6H_2O \tag{3.4}$$

$$MgO + KH_2PO_4 + 5H_2O \longrightarrow MgKPO_4 \cdot 6H_2O \tag{3.5}$$

本节制备一种赤泥与磷酸镁水泥复合的胶凝材料，并研究该胶凝材料的工作性能、力学性能及微观结构，其中赤泥掺量为 0、30%、50%、70% 和 90%。赤泥在磷酸镁水泥-赤泥复合材料中具有反应活性及骨料充填作用。掺入赤泥可显著缩短磷酸镁水泥的凝结时间，在一定掺量范围内，赤泥的掺入可提高复合材料的抗压强度。微观分析表明，浆材中钾镁石（$MgKPO_4 \cdot 6H_2O$）是主要的水化产物。

1. 凝结时间

胶凝材料的凝结时间决定其泵送时间及工程实用性。图 3.12 为磷酸镁水泥-赤泥基胶凝材料凝结时间。从图中可以看出，磷酸镁水泥-赤泥基胶凝材料的凝结时间随着赤泥掺量的增加而逐渐升高。这是由于随着赤泥掺量的增加，浆体中重烧氧化镁的数量被稀释，从而导致凝结时间延长。但是，当赤泥掺量小于50%时，磷酸镁水泥-赤泥基胶凝材料的凝结时间增长缓慢；当赤泥掺量大于 50%时，磷酸镁水泥-赤泥基胶凝材料的凝结时间骤增。这是因为赤泥中含有 Na_2O、Fe_2O_3、Al_2O_3 等碱性金属氧化物的活性较低，当赤泥掺量过大时，凝结时间显著延长。

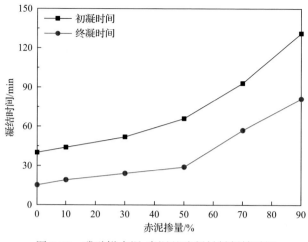

图 3.12　磷酸镁水泥-赤泥基胶凝材料凝结时间

2. 流动度

胶凝材料的流动度决定其可泵性及可注性。图 3.13 为磷酸镁水泥-赤泥基胶凝材料流动度。从图中可以看出，随着赤泥掺量的增加，磷酸镁水泥-赤泥基胶凝材料流动度逐渐升高。当赤泥掺量大于 50% 时，胶凝材料流动度增幅较小，逐渐平稳。这是由于：一方面，当赤泥掺量过小时，胶凝材料凝结时间短，在搅拌和流动过程中体系发生水化反应，导致流动度过小；另一方面，赤泥颗粒较细，微观颗粒多呈椭圆状和球状，在磷酸镁水泥-赤泥基胶凝材料中具有润滑作用，因而可以提高浆体的流动性。但是随着赤泥掺量的增加，自身需水量增大，对流动性的提高具有负作用，因此，胶凝材料流动度逐渐平缓。

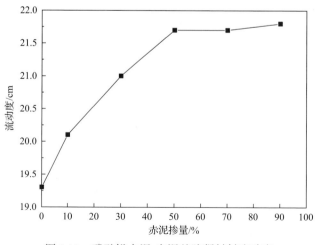

图 3.13　磷酸镁水泥-赤泥基胶凝材料流动度

3. 抗压强度

图 3.14 为磷酸镁水泥-赤泥基胶凝材料抗压强度。从图中可以看出,随着赤泥掺量的增加,磷酸镁水泥-赤泥基胶凝材料抗压强度呈先升高后降低的趋势。当赤泥掺量为 30%时抗压强度达到最大,而当赤泥掺量超过 50%时,赤泥掺量 70%和90%的抗压强度低于对照组赤泥掺量 0。这表明赤泥的掺入有益于提高磷酸镁水泥基胶凝材料的抗压强度。这是由于赤泥粒径较小,在磷酸镁水泥体系中具有微集料充填作用,此外,赤泥中含有一定量的碱金属氧化物及碱土金属氧化物(Na_2O、Fe_2O_3、Al_2O_3 等),这些金属氧化物可以与 KH_2PO_4 在酸性条件下发生反应,生成的产物致使结石体更为致密。因此,赤泥的掺入可以提高磷酸镁水泥的抗压强度。但随着赤泥掺量的增加,体系中重烧氧化镁的含量过少,导致结石体结构疏松,抗压强度降低。

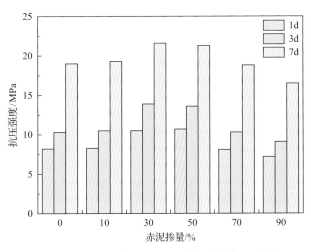

图 3.14 磷酸镁水泥-赤泥基胶凝材料抗压强度

4. 微观分析

图 3.15 为 RM-50 的 XRD 谱图。从图中可以看出,在 RM-50 的结石体中,赤泥中的钙矾石、赤铁矿的衍射峰几乎消失了。由图 3.16 可知,这一现象是因为 CaO、Al_2O_3、Na_2O 等金属氧化物与 KH_2PO_4 反应,生成了一些新的水化产物,化学方程式为

$$MgO + KH_2PO_4 + 5H_2O \longrightarrow MgKPO_4 \cdot 6H_2O \tag{3.6}$$

$$Al^{3+} + H_2PO_4^- + HPO_4^{2-} + H_2O \longrightarrow AlH_3(PO_4)_2 \cdot H_2O \tag{3.7}$$

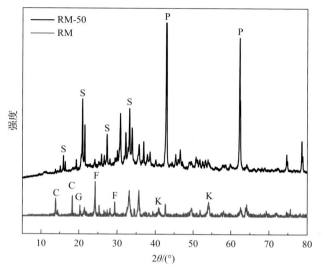

图 3.15 RM-50 的 XRD 谱图

C. 钙霞石；F. 赤铁矿；G. 三水铝石；K. 卡托石；P. 方镁石；S. 磷酸铵镁

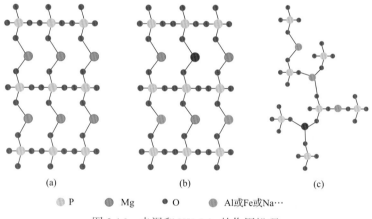

图 3.16 赤泥和 KH₂PO₄ 的作用机理

    图 3.17 为磷酸镁水泥-赤泥基胶凝材料的 XRD 谱图。从图中可以看出，掺赤泥的磷酸镁水泥的水化产物与纯磷酸镁水泥几乎相同，主要水化产物为磷酸铵镁和方镁石。随着赤泥掺量的增加，磷酸铵镁和方镁石的衍射峰强度均减弱。这一现象说明赤泥在磷酸镁水泥中起到的是填充作用，当赤泥掺量增加时，MgO 与 KH₂PO₄ 的反应减少。然而，当赤泥加入磷酸镁水泥中时，赤泥中的钙矾石、赤铁矿衍射峰数量减少，没有出现新的衍射峰，是因为新的水化产物的结构类似于 $MgKPO_4 \cdot 6H_2O$，或者 $MgKPO_4 \cdot 6H_2O$ 的结构中掺杂了 Al、Ca 原子。

    图 3.18 为磷酸镁水泥-赤泥基胶凝材料的红外光谱图。从图中可以看出，$3700cm^{-1}$ 处为 Mg—O 键的振动峰。$2963cm^{-1}$ 处为水化产物晶体中水的 H—O—H

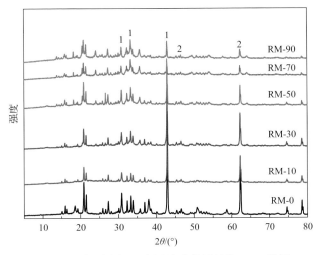

图 3.17　磷酸镁水泥-赤泥基胶凝材料的 XRD 谱图

1. 磷酸铵镁；2. 方镁石

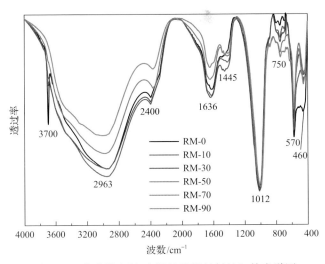

图 3.18　磷酸镁水泥-赤泥基胶凝材料的红外光谱图

键的拉伸振动，而 2400cm^{-1} 处为水化产物晶体中水的 H—O—H 键的拉伸振动，1636cm^{-1} 处为水化产物晶体中水的 H—O—H 键的弯曲振动。750cm^{-1} 处为络合物中 12 个配位水和 M—O 键(M 为金属)的非平面摇摆振动峰。1012cm^{-1} 处为磷酸铵镁钾晶体中 PO$_4$ 单元的不对称拉伸振动峰，而 570cm^{-1} 处为 PO$_4$ 单元的弯曲振动峰。所有这些特性都属于磷酸镁水泥体系。此外，460cm^{-1} 处为赤泥中 Si—O 键的弯曲振动峰。磷酸镁水泥-赤泥基胶凝材料中没有新的吸收峰，表明赤泥和磷酸镁水泥组分之间发生反应。

3700cm^{-1} 处的吸收峰表明，RM-0、RM-10 和 RM-30 试样中存在未反应的完全煅烧氧化镁，且其含量随着赤泥掺量的增加而减少。这是因为当赤泥取代完全煅烧氧化镁时，少量的完全煅烧氧化镁与一定量的 KH_2PO_4 参与了水化反应。随着赤泥掺量的增加，自由水和结晶水的含量降低。这是因为磷酸镁水泥-赤泥基胶凝材料的凝结时间随着赤泥掺量的增加先增加后减少，更多的水分子在凝结时间较短的情况下被锁定在水化产物中。这也与胶凝材料反应所需水量有关。

图 3.19 为磷酸镁水泥-赤泥基胶凝材料微观形貌。从图中可以看出，所有试样中均存在具有棱柱状磷酸铵镁钾晶体的水化产物和嵌入水化产物中的赤泥。从试样 RM-0 到试样 RM-70，微观结构越来越紧密，孔隙更少，这是由于赤泥的微集料效应。当赤泥掺量从 70%增至 90%时，赤泥的微观结构变得疏松，这是因为生成的水化产物较少，而参与水化反应的完全煅烧氧化镁也较少。

(a) RM-0	(b) RM-10	(c) RM-30
(d) RM-50	(e) RM-70	(f) RM-90

图 3.19　磷酸镁水泥-赤泥基胶凝材料微观形貌

图 3.20 为不同养护龄期磷酸镁水泥-赤泥基胶凝材料微观形貌。从图中可以

(a) RM-50-1d	(b) RM-70-3d	(c) RM-90-7d

图 3.20　不同养护龄期磷酸镁水泥-赤泥基胶凝材料微观形貌

看出，磷酸铵镁钾的数量和大小随着养护龄期的增加而增加，并且赤泥嵌入，形成更致密的结构。在 7d 的养护龄期内，出现了大量新的水化产物，这是由于赤泥会与 KH_2PO_4 发生反应。

图 3.21 为磷酸镁水泥-赤泥基胶凝材料的孔径分布和孔隙率。从图中可以看出：

（1）随着赤泥掺量的增加，孔隙率先减小后增大。这是因为赤泥的颗粒比完全煅烧氧化镁砂细。赤泥在磷酸镁水泥的水化过程中起着微集料效应。随着赤泥掺量从 0 增至 50%，孔隙率逐渐降低。

（2）当赤泥掺量超过 50% 时，孔隙率开始增加。这是因为尽管赤泥可以与 KH_2PO_4 反应，但 RM-70 和 RM-90 试样中参与水化反应的完全煅烧氧化镁较少，生成水化产物，孔隙率增加。

（3）在不同赤泥掺合料的结石体孔径分布中，大多数孔的孔径小于 1μm。通过调整赤泥掺合料，可以减少大孔比例。这进一步证明了赤泥在磷酸镁水泥水化过程中具有微集料效应。

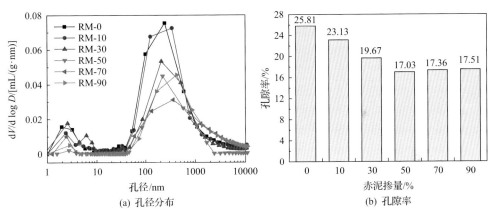

(a) 孔径分布　　　　(b) 孔隙率

图 3.21　磷酸镁水泥-赤泥基胶凝材料的孔径分布和孔隙率

D. 胶凝材料孔径，nm；*V.* 进汞体积，mL

5. 结论

为了减少普通硅酸盐水泥的使用，解决赤泥对环境的污染问题，本节研制了一种由赤泥和磷酸镁水泥组成的胶凝材料，研究赤泥对磷酸镁水泥的作用机理，还研究了赤泥掺量分别为 30%、50%、70% 和 90% 的水泥浆的工作性能、力学性能和微观结构。主要结论如下：

（1）试验结果表明，赤泥能与 KH_2PO_4 反应，改善磷酸镁水泥的性能，在磷酸镁水泥中可以起到微集料效应。

（2）在一定的掺量范围内添加赤泥，可以缩短磷酸镁水泥的凝结时间，提高其抗压强度。

（3）微观分析结果表明，$MgKPO_4 \cdot 6H_2O$ 是水泥浆的主要水化产物，赤泥可以降低磷酸镁水泥的孔隙率。

参 考 文 献

[1] 张同生, 刘向阳, 韦江雄, 等. 水泥熟料与辅助性胶凝材料优化匹配的基础研究进展(I)：物理效应. 水泥, 2014, (7)：7-13.

[2] 马旭明, 倪文, 徐东. 工业固体废弃物制备充填胶结剂的研究进展. 金属矿山, 2018, (4)：11-17.

[3] 张彦娜, 潘志华. 不同温度下赤泥的物理化学特征分析. 济南大学学报(自然科学版), 2005, 19(4)：293-297.

[4] 冯向鹏, 刘晓明, 孙恒虎, 等. 赤泥大掺量用于胶凝材料的研究. 矿产综合利用, 2007, (4)：35-38.

[5] Romano R C O, Bernardo H M, Maciel M H, et al. Hydration of Portland cement with red mud as mineral addition. Journal of Thermal Analysis and Calorimetry, 2018, 131(3)：2477-2490.

[6] 李林. 水化硫铝酸盐水泥粉体对硫铝酸盐水泥自身水化进程的影响. 新型建筑材料, 2022, 49(1)：18-23.

第4章 低钙型赤泥基地质聚合物胶凝材料

地质聚合物是以粉煤灰和赤泥等大宗工业固体废弃物为原料，采用碱激发、物理激发等方式制备的胶凝材料。与硅酸盐水泥相比，地质聚合物具有价格低、能耗低、耐腐蚀等优点，并且可以大量消耗工业固体废弃物，改善环境。因此，探索利用地质聚合物替代传统硅酸盐水泥制备建筑材料，可以降低能耗、提高耐腐蚀性和耐久性。

地质聚合物凝胶反应产物以硅铝四面体结构形成的无定形 N-S-A-H(Na_2O-SiO_2-Al_2O_3-H_2O)凝胶为主。地质聚合物胶凝材料的水化反应实质是硅铝质原料在强碱溶液的作用下，发生 Si—O 和 Al—O 共价键的断裂，形成铝氧四面体和硅氧四面体，进而聚合生成三维网状结构的过程。Davidovit 提出了地质聚合物缩聚大分子的结构通式为[1]

$$M_n[-(SiO_2)_z - AlO_2]_n \cdot wH_2O \tag{4.1}$$

式中，M 代表阳离子，如 Na^+、K^+；n 为缩聚度；z 为硅铝比，其值取 1、2、3；w 为化学结合水数目。

图4.1 为单硅铝地聚物(poly(sialate)，PS)、双硅铝地聚物(poly(sialate-siloxo)，PSS)、三硅铝地聚物(poly(sialate disiloxo)，PSDS)、多硅铝地聚物(poly(sialate multisiloxo)，PSMS)的地质聚合物凝胶简式。

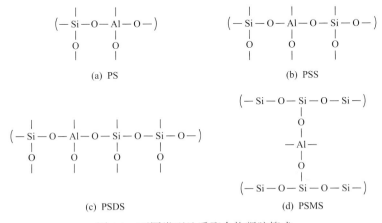

图 4.1 不同类型地质聚合物凝胶简式

当向硅铝质原料体系中加入钙质组分后，胶凝材料体系会变成 N-C-S-A-H(Na_2O-CaO-SiO_2-Al_2O_3-H_2O)凝胶，钙质组分将促进水化反应历程，提高胶凝体系的力学强度。根据含钙量的不同，胶凝材料体系可分为高钙体系和低钙体系，低钙体系水化产物一般为水化硅铝酸钠(N-A-S-H)凝胶。本章分析赤泥掺量、激发剂用量等因素对水化产物类型及抗压强度的作用规律，提出低钙型赤泥基地质聚合物胶凝材料配合比设计方法，实现低钙型赤泥基地质聚合物胶凝材料的高性能制备。

4.1　赤泥-粉煤灰基胶凝材料

Skvára 等[2]测试了 150 个冻融循环后粉煤灰基地质聚合物砂浆的抗冻性能，砂浆的质量损失率极小，但强度损失率超过 25%。Slavik 等[3]研究了经过 50 次冻融循环后不同掺量粉煤灰基地质聚合物净浆的抗压强度，以强度损失率为抗冻性能主要评价指标，研究结果表明，经过 50 次冻融循环后，粉煤灰基地质聚合物净浆抗压强度损失小于 20%，满足规定的强度损失率小于 25%的要求。王春苗等[4]在地质聚合物材料中添加微硅粉，28d 抗压强度提高了约 30%，达到 57MPa，抗折强度提高了约 50%，为 9.5MPa。

本节介绍不同赤泥掺量及不同激发剂类型对赤泥-粉煤灰基胶凝材料抗压强度的影响，通过 XRD、FT-IR、扫描电子显微镜-能谱(scanning electron microscopy-energy dispersive spectroscopy, SEM-EDS)等方法分析不同条件下赤泥-粉煤灰基胶凝材料的水化产物类型，并提出对应的组成配比的设计方法。其中，赤泥掺量分别为 10%、20%、30%、40%、50%，激发剂为 NaOH 与水玻璃的混合溶液，激发剂模数分别为 1.5、1.8、2.1、2.4 和 2.7。

4.1.1　抗压强度

图 4.2 为赤泥-粉煤灰基胶凝材料抗压强度。从图 4.2(a)可以看出，随着赤泥掺量的增加，结石体抗压强度呈下降趋势，这是因为粉煤灰矿物组成主要为玻璃态的硅铝质组分，在激发剂作用下反应活性高，而赤泥的矿物组成以钙霞石和赤铁矿为主，硅铝质组分含量少，且活性低于粉煤灰，因此随着赤泥掺量的增加，赤泥-粉煤灰基胶凝材料抗压强度呈降低趋势。当赤泥掺量小于 30%时，赤泥-粉煤灰基胶凝材料抗压强度下降幅度较小，而当赤泥掺量大于 30%时，赤泥-粉煤灰基胶凝材料抗压强度下降幅度显著增加。这是因为赤泥中的 SiO_2、Al_2O_3 可以浸出 Si^{4+}、Al^{3+}，进而参与地质聚合反应。此外，赤泥中含有的 Na_2O 可以平衡 AlO_4^-，与粉煤灰具有协同作用，减缓了其抗压强度的下降幅度。

从图 4.2(b)可以看出，赤泥-粉煤灰基胶凝材料的抗压强度随着激发剂模数的增加呈先升高后降低的趋势。当激发剂模数为 2.1 时，结石体的抗压强度最大。胶凝材料中生成的 N-A-S-H 凝胶含量越多，结石体的抗压强度越高，随着激发剂模数的逐渐提高，聚合程度增大，反应产物 N-A-S-H 凝胶含量逐渐增多，结石体的抗压强度升高。当激发剂模数超过 2.1 后，随着激发剂模数的继续增加，激发剂溶液的黏度增大，试样制备过程中引入的气泡难以排出，从而导致结石体密实程度降低，因此赤泥-粉煤灰基胶凝材料抗压强度降低。

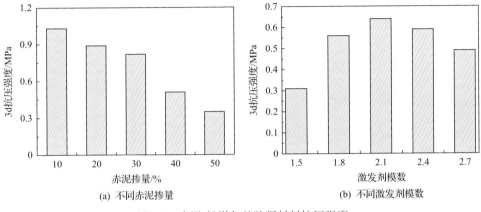

(a) 不同赤泥掺量   (b) 不同激发剂模数

图 4.2   赤泥-粉煤灰基胶凝材料抗压强度

4.1.2   微观结构分析

图 4.3 为赤泥-粉煤灰基胶凝材料的水化产物红外光谱图。从图 4.3(b)可以看出，770cm^{-1}处为 Na—O 键的特征峰，1111cm^{-1}处为 Si—O 键、Al—O 键的伸缩振动吸收峰，1364cm^{-1}处为 O—H 键的伸缩振动吸收峰，1610cm^{-1}处为水分子的剪切振动吸收峰。通过分析可知，赤泥、粉煤灰两种原料中的硅铝质原料均参与了地质聚合反应，但赤泥掺量对水化产物类型的影响较小。

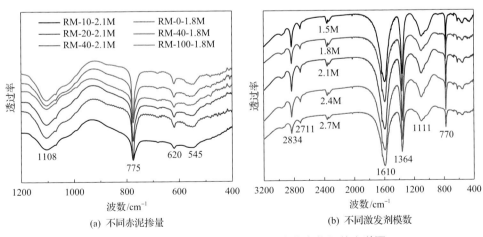

(a) 不同赤泥掺量   (b) 不同激发剂模数

图 4.3   赤泥-粉煤灰基胶凝材料的水化产物红外光谱图

图 4.4 为赤泥-粉煤灰基胶凝材料的 XRD 谱图。从图中可以看出，20°～30°

的弥散峰为形成的 N-S-A-H 凝胶的衍射峰。此外，结石体中还含有石英、钙霞石、赤铁矿等未反应物质。从图 4.4(a)可以看出，随着赤泥掺量的增加，N-S-A-H 凝胶衍射峰强度逐渐减弱，当赤泥掺量大于 30%时，衍射峰强度显著减弱。从图 4.4(b)可以看出，当激发剂模数为 2.1 时，20°～30°的弥散峰最明显，说明模数为 2.1 的激发剂对赤泥-粉煤灰基胶凝材料的激发效果最好。

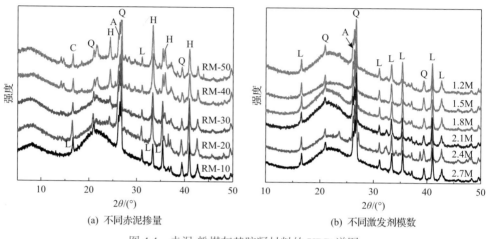

| (a) 不同赤泥掺量 | (b) 不同激发剂模数 |

图 4.4　赤泥-粉煤灰基胶凝材料的 XRD 谱图

A. 文石；C. 钙霞石；H. 赤铁矿；L. 莫来石；Q. 石英

图 4.5～图 4.9 为不同激发剂模数下赤泥-粉煤灰基胶凝材料的 SEM-EDS 分析。表 4.1～表 4.5 为不同激发剂模数下赤泥-粉煤灰基胶凝材料的能谱数据。从图 4.5～图 4.9 可以看出，当激发剂模数为 1.8～2.7 时，赤泥-粉煤灰基胶凝材料结石体较为致密，形成了均一的水化产物。这表明激发剂模数处于 1.8～2.7 时，对赤泥-粉煤灰体系具有较好的激发效果。

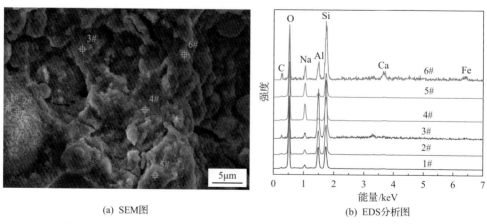

| (a) SEM图 | (b) EDS分析图 |

图 4.5　赤泥-粉煤灰基胶凝材料的 SEM-EDS 分析(激发剂模数为 2.7)

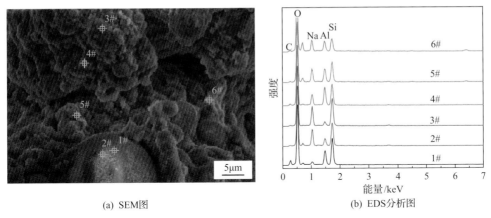

(a) SEM图　　　　　　　　(b) EDS分析图

图 4.6　赤泥-粉煤灰基胶凝材料的 SEM-EDS 分析(激发剂模数为 2.4)

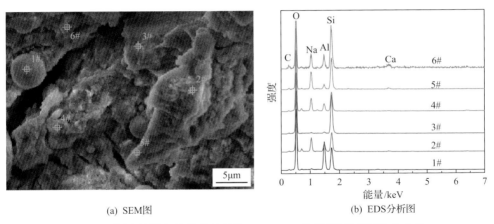

(a) SEM图　　　　　　　　(b) EDS分析图

图 4.7　赤泥-粉煤灰基胶凝材料的 SEM-EDS 分析(激发剂模数为 2.1)

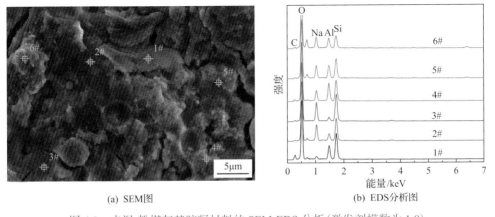

(a) SEM图　　　　　　　　(b) EDS分析图

图 4.8　赤泥-粉煤灰基胶凝材料的 SEM-EDS 分析(激发剂模数为 1.8)

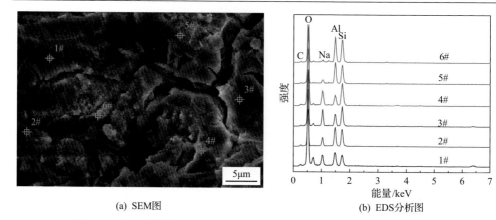

(a) SEM图　　　　　　　　　　　　　　(b) EDS分析图

图 4.9　赤泥-粉煤灰基胶凝材料的 SEM-EDS 分析(激发剂模数为 1.5)

表 4.1　赤泥-粉煤灰基胶凝材料的能谱数据(激发剂模数为 2.7)　　(单位：%)

位置	O	Na	Al	Si	Ca
1#	65.14	1.99	13.06	17.21	0.52
2#	60.86	2.20	13.04	20.52	0.64
3#	37.29	1.84	20.77	34.87	0
4#	66.01	12.19	1.07	18.67	1.20
5#	65.83	10.07	2.92	18.86	0.99
6#	47.49	4.04	6.30	26.32	8.93

表 4.2　赤泥-粉煤灰基胶凝材料的能谱数据(激发剂模数为 2.4)　　(单位：%)

位置	O	Na	Mg	Al	Si	Ca	Fe
1#	69.16	1.44	0.28	5.89	20.35	0.79	0
2#	67.50	0.27	0	14.02	15.11	0.33	0
3#	63.65	9.39	0	9.59	12.08	0.29	0
4#	64.34	9.69	0	4.24	18.12	0.80	0
5#	60.82	9.36	0	5.93	12.72	0	9.33
6#	59.11	4.86	0	5.51	17.30	13.22	0

注：本书只考虑水化产物组成元素，其余组成元素未做分析，下同。

表 4.3　赤泥-粉煤灰基胶凝材料的能谱数据(激发剂模数为 2.1)　　(单位：%)

位置	O	Na	Mg	Al	Si	Ca	Fe
1#	64.70	1.32	0	16.26	16.61	0	0
2#	63.74	10.14	0	5.54	14.64	0.91	3.17
3#	69.49	0.48	0	0.70	28.13	0	0
4#	64.23	9.94	0.73	5.06	15.25	0.58	3.32
5#	61.68	11.14	0	2.12	20.78	1.90	0
6#	56.58	6.42	0	5.04	22.69	4.14	0

表 4.4　赤泥-粉煤灰基胶凝材料的能谱数据(激发剂模数为 1.8)　　(单位：%)

位置	O	Na	Mg	Al	Si	Ca	Fe
1#	65.51	1.76	0	7.40	16.12	0	0
2#	65.16	10.81	0.38	4.02	15.25	1.14	0
3#	65.05	12.11	0	1.98	18.36	1.07	0
4#	64.86	7.14	0	10.36	14.35	0.54	0
5#	60.66	8.90	0	7.48	12.38	0.93	7.29
6#	59.05	8.67	0	5.97	8.75	0.32	14.97

表 4.5　赤泥-粉煤灰基胶凝材料的能谱数据(激发剂模数为 1.5)　　(单位：%)

位置	O	Na	Mg	Al	Si	Ca	Fe
1#	59.30	8.35	0	8.24	7.35	0.52	13.91
2#	64.53	6.14	0	12.51	14.05	0.47	0
3#	60.41	11.23	0	7.49	13.88	0.60	3.99
4#	64.67	11.49	0.21	3.18	16.16	1.30	0
5#	65.10	9.61	0.36	5.62	14.48	1.15	0
6#	62.00	2.19	0.77	14.71	17.68	0	1.33

结合 XRD、FT-IR 和 SEM-EDS 的分析结果可以看出，赤泥-粉煤灰基胶凝材料的主要水化产物为 N-S-A-H 凝胶，粉煤灰中少量的钙质组分参与反应生成了 N-C-S-A-H 凝胶。此外，从能谱数据可以看出，在激发剂作用下，赤泥和粉煤灰中的铁质组分可以参与地质聚合反应，生成了 N-S-A-(Fe)-H 凝胶。

4.1.3　组成设计方法

根据 SEM-EDS 的分析结果，量化赤泥-粉煤灰基胶凝材料水化产物的元素组成，并进一步计算 Na/Al 与 Si/Al 的原子比。通过与赤泥、粉煤灰原料的原始 Na/Al 与 Si/Al 进行比对，可以确定地质聚合物胶凝材料的类型(PS、PSS、PSDS、PSMS)和反应产物的相结构(无定形的或结晶的)。

图 4.10 为赤泥-粉煤灰基胶凝材料原料组成设计图。从图中可以看出，赤泥-粉煤灰基胶凝材料的水化产物主要为低钙型的 N-S-A-H 凝胶，赤泥和粉煤灰中含有少量的钙质组分，结石体中含有少量的 N-S-A-H 凝胶或 N-C-S-A-H 凝胶。

图 4.11 为赤泥-粉煤灰基胶凝材料中的原子比。从图 4.11(a)可以看出，赤泥-粉煤灰基胶凝材料水化产物的 Si/Al 较低，这表明在该体系的水化过程中，Al^{3+} 取代硅酸盐四面体网络中的 Si^{4+}，更倾向于生成 PS 和 PSS 类型的三维网络聚合物。随着 Na/Al 比值的升高，赤泥-粉煤灰基胶凝材料的水化产物逐渐向 PSS、PSDS 和 PSMS 类型转换[1]。此外，理论上 Na/Al 应为 0.6~1。赤泥-粉煤

灰基胶凝材料的 Na/Al 在 0～2 均有分布，这是由于胶凝体系中少量的 Ca²⁺或 K⁺参与水化反应，平衡了铝氧四面体的负电荷。此外，也可能是因为反应生成的 N-S-A-H 凝胶与未反应的赤泥、粉煤灰颗粒混合造成的测试误差，因为在高水灰比条件下，赤泥-粉煤灰基胶凝材料中激发剂掺量降低，导致硅铝质组分浸出效率降低。

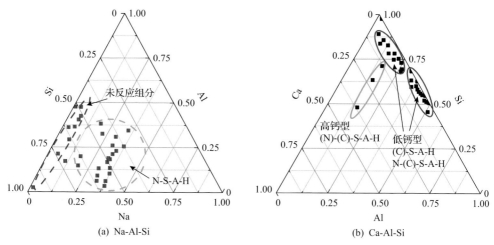

(a) Na-Al-Si　　　　　　　　　　　(b) Ca-Al-Si

图 4.10　赤泥-粉煤灰基胶凝材料原料组成设计图

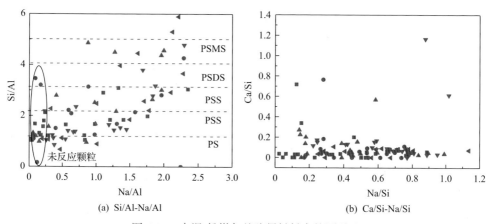

(a) Si/Al-Na/Al　　　　　　　　　　(b) Ca/Si-Na/Si

图 4.11　赤泥-粉煤灰基胶凝材料中的原子比

从图 4.11(b)可以看出，对于低钙型赤泥-粉煤灰基胶凝材料，其水化产物中 Ca/Si 多集中在 0～0.1，部分在 0.1～0.2，只有个别情况的比值大于 0.2，这是因为在低钙型赤泥基地质聚合物胶凝材料中，水化产物多为 N-S-A-H 凝胶，但是赤泥及粉煤灰中含有少量的钙质组分，在激发剂作用下会参与到地质聚合反应过程中，进而形成 N-C-S-A-H 凝胶。

为了保证原料中硅铝质组分最大程度地参与水化反应，赤泥-粉煤灰基胶凝材料中 Na/Al 应为 0.5～2.5，Si/Al 应为 1～4，激发剂模数应为 1.5～2.1。体系中钙质组分较少，且赤泥-粉煤灰为低钙型固体废弃物材料体系，因此其钙质组分含量不参与配比设计过程。

4.2　赤泥-硅灰基胶凝材料

Ambily 等[5]使用 76%矿渣和 24%硅灰，以 0.32 的水胶比制备了高强地质聚合物，结合标准砂等生产了超高性能地质聚合物混凝土，对其抗压强度进行研究，研究结果表明，钢纤维增强的混凝土 28d 抗压强度达 175MPa。Okoye 等[6]通过调整硅灰的掺量，对粉煤灰基地质聚合物混凝土的抗压强度和抗腐蚀性进行试验研究，研究结果表明，硅灰掺量小于 6%可以提高地质聚合物混凝土的抗压强度，在抗腐蚀能力上，地质聚合物混凝土表现优异。刘翼纬等[7]以矿渣、粉煤灰和硅灰为原材料制备高强地聚物，研究结果表明，细颗粒的硅灰可以填充到矿渣和粉煤灰的堆积孔隙中，改善了固体颗粒表面的碱激发剂胶结物的厚度，提升了浆体的流动性，降低了浆体的屈服应力、黏结塑性和触变性。

本节介绍不同赤泥掺量及不同激发剂模数对赤泥-硅灰基胶凝材料抗压强度的影响，并采用 XRD、FT-IR、SEM-EDS 等方法分析不同条件下赤泥-硅灰基胶凝材料的水化产物类型，提出对应的组成配比的设计方法。其中，赤泥掺量分别为 55%、60%、65%、70%，激发剂为 NaOH 水溶液，模数分别为 0.75、1、1.25 和 1.5。

4.2.1　抗压强度

图 4.12 为赤泥-硅灰基胶凝材料抗压强度。从图 4.12（a）可以看出，随着赤泥掺量的增加，结石体抗压强度呈先升高后降低的趋势。这是因为硅灰为胶凝材料提供了大量硅源，赤泥铝质组分含量多，随着硅灰掺量的增加，硅灰中的硅质组分与赤泥中的铝质组分充分反应，产生了较多的水化产物，使得抗压强度升高。然而，当硅灰掺量为 45%时，抗压强度又出现降低趋势，是因为硅灰掺量过大提供的硅源过多，赤泥中的铝质组分无法与其对应发生充分反应，使得生成的水化产物减少，从而抗压强度降低。当赤泥掺量小于 60%时，赤泥-硅灰基胶凝材料抗压强度呈升高趋势，而当赤泥掺量大于 60%时，胶凝材料抗压强度呈降低趋势。这是因为赤泥中的 SiO_2、Al_2O_3 可以浸出 Si^{4+}、Al^{3+}，进而参与地质聚合反应，此外，赤泥中含有的 Na_2O 可以平衡 AlO_4，与硅灰具有协同作用，减缓了其抗压强度的下降幅度。

从图4.12(b)可以看出，赤泥-硅灰基胶凝材料的抗压强度随着激发剂模数的增加呈先升高后降低的趋势。当激发剂模数为1时，抗压强度最大。胶凝材料中生成的N-A-S-H凝胶含量越多，结石体的抗压强度越高，随着激发剂模数的逐渐提高，聚合程度增大，反应产物N-A-S-H凝胶含量逐渐增多，抗压强度升高。当激发剂模数超过1后，随着模数的继续增加，激发剂溶液的黏度增大，试样制备过程中引入的气泡难以排出，从而导致结石体密实程度降低，因此赤泥-硅灰基胶凝材料抗压强度降低。

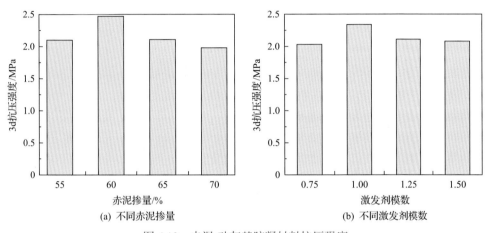

图4.12 赤泥-硅灰基胶凝材料抗压强度

4.2.2 微观结构分析

图4.13为赤泥-硅灰基胶凝材料的水化产物红外光谱图。从图中可以看出，

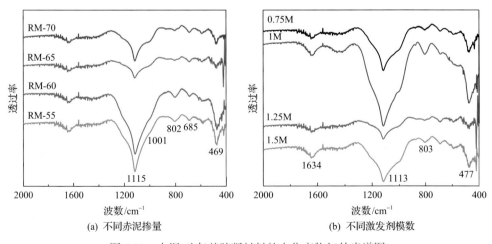

图4.13 赤泥-硅灰基胶凝材料的水化产物红外光谱图

1115cm⁻¹ 处为 Si—O 键、Al—O 键的伸缩振动吸收峰。通过分析可知，赤泥、硅灰两种原料中的硅铝质原料均参与了地质聚合反应，1115cm⁻¹ 处的吸收峰强度随着硅灰掺量的增加而增强，1001cm⁻¹ 处为地质聚合物凝胶中 Si—O—T(T 为 Si 或 Al) 键的特征峰，其强度随着硅灰掺量的增加呈增强的趋势。从图 4.13(b) 可以看出，当激发剂模数为 1 时，1113cm⁻¹ 处的吸收峰最大，这表明当激发剂模数为 1 时，结石体中生成的 N-A-S-H 凝胶含量最多。

图 4.14 为赤泥-硅灰基胶凝材料的 XRD 谱图。从图中可以看出，20°～30°的弥散峰为形成的 N-S-A-H 凝胶的衍射峰。此外，结石体中还含有钙霞石、赤铁矿等未反应物质。从图 4.14(a) 可以看出，当赤泥掺量大于 60%时，衍射峰强度显著减弱。这是因为赤泥中除含有较高含量的惰性赤铁矿外，还含有 20%～25%的 Al₂O₃ 和 SiO₂，硅灰中的主要化学成分是 SiO₂，当赤泥掺量减少时，赤泥-硅灰体系中的铝质组分减少，导致生成的 N-S-A-H 凝胶含量减少。

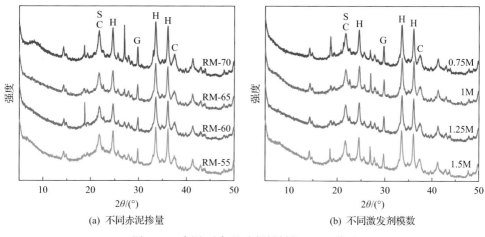

(a) 不同赤泥掺量　　　　　　　(b) 不同激发剂模数

图 4.14　赤泥-硅灰基胶凝材料的 XRD 谱图

C. 钙霞石；H. 赤铁矿；G. 钙铝石；S. 方石英

从图 4.14(b) 可以看出，随着激发剂模数的提高，赤泥-硅灰基胶凝材料生成的 N-S-A-H 凝胶含量呈先升高后降低的趋势，这是因为随着激发剂模数的增加，体系中硅铝质组分的浸出量逐渐增加，进而使 N-S-A-H 凝胶生成量增多，从而提升了结石体抗压强度。而当激发剂模数继续增加时，过高的激发剂模数提升了体系中地质聚合反应的反应速率，从而使结石体中的 N-S-A-H 凝胶多以低聚合度的产物形式存在，导致抗压强度降低。

图 4.15～图 4.21 为不同赤泥掺量和激发剂模数下赤泥-硅灰基胶凝材料的 SEM-EDS 分析。表 4.6～表 4.12 为赤泥-硅灰基胶凝材料的能谱数据。当激发剂模数为 1 时，赤泥-硅灰基胶凝材料结石体较为致密，形成了均一的水化产物，

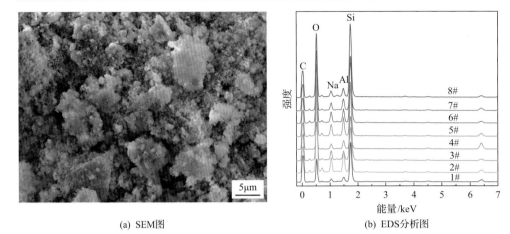

(a) SEM图　　　　　　　　　　　(b) EDS分析图

图 4.15　赤泥-硅灰基胶凝材料的 SEM-EDS 分析（RM-70，激发剂模数为 1.25）

表 4.6　赤泥-硅灰基胶凝材料的能谱数据（RM-70，激发剂模数为 1.25）　　（单位：%）

位置	C	O	Na	Mg	Al	Si	S	K	Ca	Ti	Fe
1#	6.85	50.98	2.89	0.49	2.9	29.2	0	0	0.83	0.65	5.2
2#	8.85	45.51	4.68	0	5.42	24.26	0	0	0.49	0.95	9.84
3#	8.03	51.01	4.83	0.25	4.56	25.1	0	0	0.28	0.61	5.33
4#	6.52	48.2	6.26	0	6.9	20.56	0.32	0.21	0.51	0.90	9.61
5#	2.72	32.52	4.78	0	5.35	22.5	0	0	0.51	1.76	29.86
6#	7.44	52.22	4.13	0.27	2.74	27.92	0	0	0.39	0.68	4.21
7#	7.7	51.17	6.73	0	7.22	16.98	0.38	0	0.69	0.97	8.17
8#	4.92	39.94	3.04	0	3.35	32.3	0	0	0.78	1.53	14.14

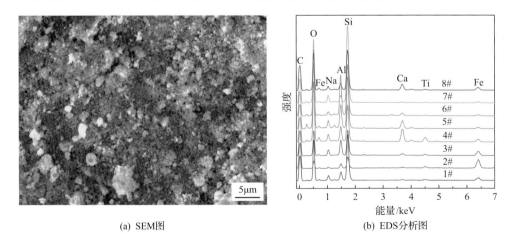

(a) SEM图　　　　　　　　　　　(b) EDS分析图

图 4.16　赤泥-硅灰基胶凝材料的 SEM-EDS 分析（RM-65，激发剂模数为 0.75）

表 4.7 赤泥-硅灰基胶凝材料的能谱数据（RM-65，激发剂模数为 0.75） （单位：%）

位置	C	O	Na	Mg	Al	Si	S	Ca	Ti	Fe
1#	4.48	45.23	3.58	0	4.54	26.50	0	0.85	1.64	13.17
2#	0	13.75	1.88	0	5.12	12.52	0	1.21	3.99	61.53
3#	3.93	34.49	5.26	0	10.39	18.25	0.55	2.27	2.33	22.54
4#	4.99	51.56	3.16	0	4.86	12.53	0.17	9.61	5.51	7.61
5#	11.92	53.02	2.68	0.68	6.68	15.76	0.20	0.28	5.26	0.35
6#	7.74	46.19	1.70	0.29	14.87	21.83	0.92	2.36	0.62	3.48
7#	7.88	50.66	3.51	0	2.36	30.77	0	0.64	0.45	3.73
8#	5.07	46.16	2.73	0	3.29	22.00	0	7.01	1.14	12.59

(a) SEM图

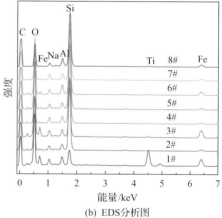

(b) EDS分析图

图 4.17 赤泥-硅灰基胶凝材料的 SEM-EDS 分析（RM-65，激发剂模数为 1）

表 4.8 赤泥-硅灰基胶凝材料的能谱数据（RM-65，激发剂模数为 1） （单位：%）

位置	C	O	Na	Mg	Al	Si	S	Ca	Ti	Fe
1#	4.42	46.04	3.31	0	2.98	5.61	0	0.33	17.80	19.51
2#	6.98	49.53	2.50	0.35	2.33	32.46	0	0.52	0.55	4.78
3#	9.23	45.92	3.11	0	2.37	17.16	0	0.37	0.83	21.01
4#	7.55	48.85	2.91	0.24	2.43	32.84	0	0.43	0.76	3.99
5#	6.97	50.35	2.27	0	2.01	32.89	0	0.53	0.45	4.52
6#	7.82	46.15	3.13	0	4.04	24.18	0	0.68	1.17	12.82
7#	6.94	46.82	3.78	0.30	2.98	30.13	0.4	0.59	0.96	7.10
8#	3.46	35.49	2.89	0	4.77	38.48	0	0.56	1.24	13.11

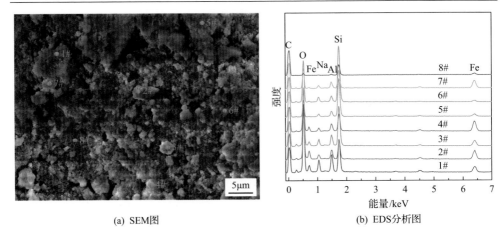

(a) SEM图　　　　　　　　(b) EDS分析图

图 4.18　赤泥-硅灰基胶凝材料的 SEM-EDS 分析（RM-65，激发剂模数为 1.25）

表 4.9　赤泥-硅灰基胶凝材料的能谱数据（RM-65，激发剂模数为 1.25） 　　　（单位：%）

位置	C	O	Na	Mg	Al	Si	S	Ca	Ti	Fe
1#	8.67	45.88	6.31	0	6.65	12.62	0.33	0.59	2.03	16.91
2#	5.17	40.18	3.70	0	5.02	9.91	0	0.39	2.26	33.36
3#	3.70	35.12	3.01	0	4.24	9.69	0	0.42	2.04	41.78
4#	8.54	44.87	3.82	0	4.59	17.56	0	0.57	1.16	18.89
5#	4.86	33.52	3.07	0	4.56	34.95	0	1.13	1.58	16.32
6#	6.72	47.3	3.30	0.34	2.88	31.64	0	0.74	0.63	6.45
7#	5.45	26.23	3.33	0	4.76	13.96	0	0.94	2.33	43.00
8#	0	14.48	1.44	0	2.83	37.99	0	1.96	2.51	38.79

(a) SEM图　　　　　　　　(b) EDS分析图

图 4.19　赤泥-硅灰基胶凝材料的 SEM-EDS 分析（RM-65，激发剂模数为 1.5）

表 4.10 赤泥-硅灰基胶凝材料的能谱数据（RM-65，激发剂模数为 1.5） （单位：%）

位置	C	O	Na	Mg	Al	Si	S	Ca	Ti	Fe
1#	4.59	27.37	3.41	0	8.43	18.37	0.60	0.98	2.66	33.61
2#	3.33	23.28	2.62	0	3.22	9.52	0	0.45	3.31	54.26
3#	8.75	46.18	5.32	0	6.73	16.99	0.20	0.77	1.55	13.51
4#	11.24	52.17	3.42	0	4.39	22.11	0	0.28	0.75	5.62
5#	6.41	45.61	4.88	0	6.81	21.17	0	1.12	1.98	12.02
6#	6.94	46.23	4.26	0.31	4.73	27.28	0	2.17	1.10	7.00
7#	6.93	41.93	3.46	0	1.60	12.06	0	0.31	0.81	32.92
8#	6.00	42.05	3.53	0	7.60	28.45	0	0.57	1.27	10.53

(a) SEM图

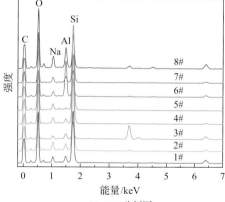

(b) EDS分析图

图 4.20 赤泥-硅灰基胶凝材料的 SEM-EDS 分析（RM-60，激发剂模数为 1.25）

表 4.11 赤泥-硅灰基胶凝材料的能谱数据（RM-60，激发剂模数为 1.25） （单位：%）

位置	C	O	Na	Mg	Al	Si	Ca	Ti	Fe
1#	6.45	46.71	6.52	0	8.10	14.09	2.05	2.00	14.08
2#	5.37	45.31	4.30	0.35	3.62	33.66	0.45	0.73	6.21
3#	6.61	53.21	2.88	0	16.04	13.64	0.49	0.69	6.43
4#	9.43	52.64	2.82	0.34	0.37	33.60	0	0	0.81
5#	8.45	50.06	3.30	0.29	1.76	31.19	0.62	0.42	3.91
6#	6.39	39.25	3.03	0	3.27	11.43	20.05	1.53	15.04
7#	10.21	50.50	3.89	0.30	2.23	27.53	0.53	0.43	4.37
8#	10.61	46.35	3.47	0	2.57	24.32	0.34	0.70	11.64

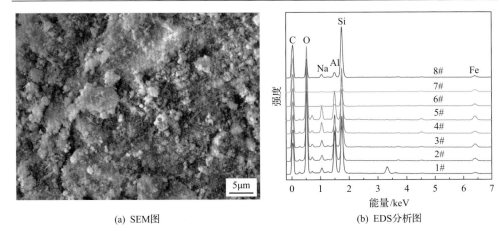

(a) SEM图　　　　　　　　　　　　　　(b) EDS分析图

图 4.21　赤泥-硅灰基胶凝材料的 SEM-EDS 分析(RM-55，激发剂模数为 1.25)

表 4.12　赤泥-硅灰基胶凝材料的能谱数据(RM-55，激发剂模数为 1.25)　　　(单位：%)

位置	C	O	Na	Mg	Al	Si	S	K	Ca	Ti	Fe
1#	4.45	54.11	1.99	0	12.69	19.39	0	4.27	0	0.31	2.79
2#	4.92	54.88	2.36	0	15.64	13.28	0	0	0.70	0.79	7.43
3#	5.82	49.26	3.17	0.34	2.91	31.10	0	0	0.72	0.67	9.85
4#	6.59	51.34	5.00	0	3.83	24.66	0	0	0.38	1.64	6.55
5#	4.27	49.11	7.10	0	11.27	12.73	0	0	0.48	1.80	13.24
6#	0	15.61	2.56	0	3.77	38.20	0.80	0	1.44	2.56	35.07
7#	0	17.67	2.89	0	2.61	20.66	0	0	1.88	4.47	49.83
8#	0	35.88	3.52	0	3.97	43.94	0	0	0.77	0.85	11.08

当激发剂模数为 1.25 和 1.5 时，结石体中未反应的硅灰颗粒增多，且结构变得疏松。这表明激发剂模数为 1 时，对赤泥-硅灰体系具有较好的激发效果。结合 XRD、FT-IR 以及 SEM-EDS 的分析结果可知，赤泥-硅灰基胶凝材料的主要水化产物为N-S-A-H 凝胶，赤泥中少量的钙质组分参与反应生成了 N-C-S-A-H 凝胶。

4.2.3　组成设计方法

根据 SEM-EDS 的分析结果，量化赤泥-硅灰基胶凝材料水化产物的元素组成，并进一步计算 Na/Al 与 Si/Al 的原子比。通过与赤泥、硅灰原料的原始 Na/Al 与Si/Al 进行比对，可以确定地质聚合物胶凝材料类型(PS、PSS、PSDS、PSMS)和反应产物的相结构(无定形的或结晶的)。

图 4.22 为赤泥-硅灰基胶凝材料原料组成设计图。从图中可以看出，赤泥-硅灰基胶凝材料的水化产物主要为低钙型的 N-S-A-H 凝胶，赤泥中含有少量的钙质组

分, 因此从能谱分析中可以看到, 结石体中含有少量的 N-S-A-H 凝胶或 N-C-S-A-H 凝胶。

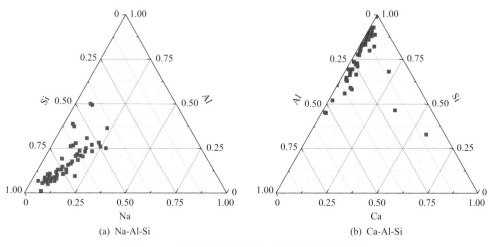

(a) Na-Al-Si

(b) Ca-Al-Si

图 4.22 赤泥-硅灰基胶凝材料原料组成设计图

图 4.23 为赤泥-硅灰基胶凝材料中的原子比。从图 4.23 (a) 可以看出, 赤泥-硅灰基胶凝材料水化产物的 Si/Al 多为 1～4。此外, 理论上 Na/Al 应为 0.6～1, 而从图 4.23 (a) 可以看出, 赤泥-硅灰基胶凝材料的 Na/Al 在 0～2 均有分布, 这是由于胶凝体系中少量的 Ca^{2+} 或 K^+ 参与水化反应, 平衡了铝氧四面体的负电荷。此外, 也可能是因为反应生成的 N-S-A-H 凝胶与未反应的赤泥、硅灰颗粒混合造成的测试误差, 赤泥-硅灰基胶凝材料中激发剂掺量降低, 导致硅铝质组分浸出效率降低。

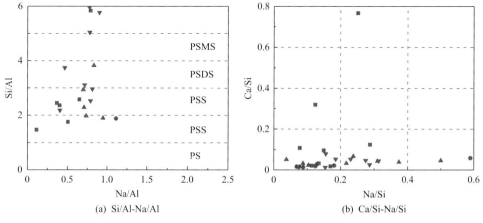

(a) Si/Al-Na/Al

(b) Ca/Si-Na/Si

图 4.23 赤泥-硅灰基胶凝材料中的原子比

　　从图 4.23(b)可以看出，对于低钙型赤泥-硅灰基胶凝材料而言，其水化产物中 Ca/Si 多集中在 0～0.1，部分在 0.1～0.2，只有个别情况的比值大于 0.2，这是因为在低钙型赤泥基地质聚合物胶凝材料中，水化产物多为 N-S-A-H 凝胶，但是赤泥及硅灰中含有少量的钙质组分，在激发剂作用下会参与到地质聚合反应过程中，进而形成 N-C-S-A-H 凝胶。

<h2 style="text-align:center">参 考 文 献</h2>

[1] Davidovits J. Geopolymers and geopolymeric new materials. Journal of Thermal Analysis, 1989, 35: 429-441.

[2] Skvára F J, Jilek T, Kopecky L. Geopolymer materials based on fly ash. Ceramics Silikaty, 2005, 49(3): 195-204.

[3] Slavik R, Bednarik V, Vondruska M, et al. Preparation of geopolymer from fluidized bed combustion bottom ash. Journal of Materials Processing Technology, 2008, 200(1-3): 265-270.

[4] 王春苗, 魏连启, 仉小猛, 等. 硅微粉对高炉渣矿物聚合材料性能的影响. 材料导报, 2012, 26(51): 324-327, 347.

[5] Ambily P, Ravisankar S, Umarani C, et al. Development of ultra-high-performance geopolymer concrete. Magazine of Concrete Research, 2013, 66(2): 82-89.

[6] Okoye F N, Durgaprasad J, Singh N B. Effect of silica fume on the mechanical properties of fly ash based -geopolymer concrete. Ceramics International, 2016, 42(2): 3000-3006.

[7] 刘翼纬, 张祖华, 史才军, 等. 硅灰对高强地聚物胶凝材料性能的影响. 硅酸盐学报, 2020, 48(11): 1689-1699.

第5章　高钙型赤泥基地质聚合物胶凝材料

低钙型胶凝材料具有常温条件下水化反应速率慢、早期抗压强度低等缺点。Ca^{2+}可以作为胶凝材料中电荷平衡 AlO_4^- 的阳离子，也可以参与反应生成 N-C-S-A-H（Na_2O-CaO-SiO_2-Al_2O_3-H_2O）凝胶。此外，高活性的钙质组分还可以反应生成 C-S-H 凝胶，进而缩短胶凝材料的凝结时间，提高抗压强度。本章选用高炉矿渣、钢渣和脱硫石膏作为高钙型工业固体废弃物，分析各类高钙型工业固体废弃物与赤泥复合后胶凝材料的力学性能及水化产物类型。表 5.1 为高钙型固体废弃物化学分析。

表 5.1　高钙型固体废弃物化学分析

名称	组分	含量/%
高炉矿渣	玻璃态钙质组分	57.1
钢渣	C_2S、f-CaO、C_3A、C_2F	43.4
脱硫石膏	$CaSO_4$	96.4

5.1　赤泥-矿渣基胶凝材料

本节分析赤泥-矿渣基胶凝材料的水化产物类型及配合比设计方法，其中赤泥掺量分别为 10%、20%、30%、40%、50%、60%、70%、80% 和 90%，激发剂为 NaOH 与水玻璃的混合溶液，激发剂模数分别为 1、1.2、1.4、1.6、1.8 和 2，胶凝材料水灰比为 0.6，搅拌均匀后浇入 40mm×40mm×40mm 模具，24h 后脱模，并放入（20±1）℃的水中养护，测试 3d 抗压强度，并取样进行 XRD、FT-IR、SEM-EDS 等微观分析。

5.1.1　抗压强度

图 5.1 为不同掺量赤泥-矿渣基胶凝材料抗压强度。从图 5.1(a) 可以看出，随着激发剂模数的增高，赤泥-矿渣基胶凝材料抗压强度呈先升高后降低的趋势。这是因为当激发剂模数升高时，更多的 Si^{4+} 参与了地质聚合反应，生成了更多的地质聚合物凝胶，因而抗压强度随着激发剂模数的增高而升高；当激发剂模数为 1.4 时，抗压强度最高。但是，当激发剂模数大于 1.4 时，过多的 Si^{4+} 破坏了地质聚合反应的化学平衡，当激发剂模数大于 2 时出现了胶凝材料不硬化的现象。

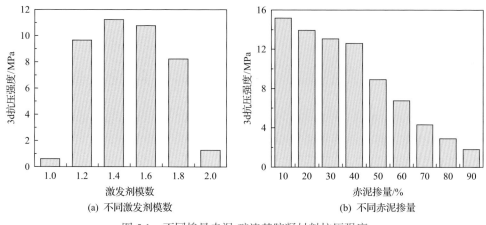

图 5.1　不同掺量赤泥-矿渣基胶凝材料抗压强度

从图 5.1（b）可以看出，随着赤泥掺量的增加，赤泥-矿渣基胶凝材料的抗压强度呈降低趋势，这是因为赤泥的胶凝活性远低于高炉矿渣，在激发剂作用下，赤泥中的赤铁矿为惰性矿物，因此会削弱胶凝材料的抗压强度。当赤泥掺量小于 40%时，赤泥-矿渣基胶凝材料的抗压强度下降缓慢；当赤泥掺量大于 50%时，赤泥-矿渣基胶凝材料的抗压强度显著降低。这是因为赤泥中的硅铝质组分可以参与地质聚合反应，虽然反应活性低，但仍然可以浸出 Si^{4+} 和 Al^{3+}；另外，赤泥中含有 10%左右的 Na_2O，Na_2O 为碱性组分，可以作为激发剂促进地质聚合反应的进行。此外，赤泥中的 Na^+ 可以作为平衡 AlO_4^- 的阳离子，因而当赤泥掺量小于 40%时，赤泥-矿渣基胶凝材料的抗压强度下降幅度较小。

5.1.2　微观结构分析

图 5.2 为不同掺量赤泥-矿渣基胶凝材料红外光谱图。其中，1027~1105cm^{-1} 处

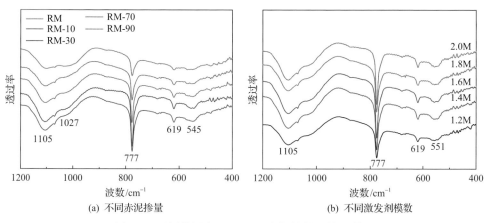

图 5.2　不同掺量赤泥-矿渣基胶凝材料红外光谱图

为 Si—O 键和 Al—O 键的伸缩振动吸收峰，777cm^{-1} 处为 Na—O 键和 Si—O 键的弯曲振动特征峰，619cm^{-1} 处为 Al—O 键和 Fe—O 键的弯曲振动特征峰。赤泥掺量的变化没有改变赤泥-矿渣基胶凝材料的水化产物类型，但随着赤泥掺量的增加，1027～1105cm^{-1} 处的吸收峰强度呈减弱的趋势，这表明赤泥-矿渣基胶凝材料中生成的地质聚合物凝胶含量减少。

从图 5.2(b) 可以看出，当激发剂模数增大时，1105cm^{-1} 处的特征峰强度呈减弱的趋势，777cm^{-1} 处的吸收峰强度呈增强趋势。这表明随着激发剂模数的增大，结石体中地质聚合物凝胶含量减少，说明随着激发剂模数的增大，激发剂对赤泥-矿渣体系的激发能力降低，进一步解释了抗压强度随着激发剂模数的增大而减小的原因。

图 5.3 为不同掺量赤泥-矿渣基胶凝材料 XRD 谱图。其中，5°～10° 和 20°～30° 的弥散峰为地质聚合物凝胶的衍射峰(C-S-A-H 凝胶、N-C-S-A-H 凝胶、N-S-A-H 凝胶和 C-S-H 凝胶)。结石体中还包括三斜水铝石、索伦石、灰硅钙石和方解石。此外，结石体中还含有未反应的赤铁矿和钙霞石。从图 5.3(a) 可以看出，随着赤泥掺量的增加，结石体中出现了 Al(OH)$_3$ 凝胶，这是因为赤泥中富含铝质组分，当赤泥掺量增加时，在碱激发剂作用下，浸出的 Al^{3+} 不能与 Si^{4+} 完全反应，而以 Al$_2$O$_3$ 凝胶的形式存在。随着赤泥掺量的增加，20°～30° 的衍射峰强度逐渐增强，这表明生成的无定形凝胶类物质随着赤泥掺量的增加逐渐向结晶态转变，这是因为赤泥粒径较小，在赤泥-矿渣基胶凝材料水化过程中起到了晶核的作用[1]；另外，赤泥活性较低，随着赤泥掺量的增加，赤泥-矿渣基胶凝材料的水化反应速率变缓，

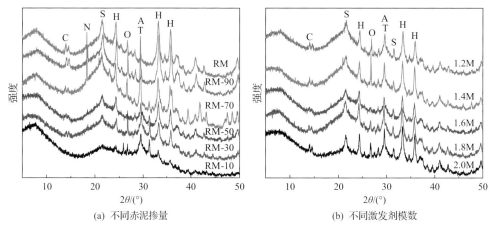

(a) 不同赤泥掺量　　　　　　　　(b) 不同激发剂模数

图 5.3　不同掺量赤泥-矿渣基胶凝材料 XRD 谱图

A. 方解石；C. 钙霞石；H. 赤铁矿；N. 三斜水铝石；O. 氢氧化铝；S. 索伦石；T. 灰硅钙石

有利于水化产物向结晶状态良好的方向发展。

从图 5.3(b) 可以看出,激发剂模数对赤泥-矿渣基胶凝材料水化产物的影响主要体现在无定形凝胶的衍射峰上。随着激发剂模数的增加,20°～30°衍射峰强度逐渐减弱,与图 5.1(a) 中激发剂模数为 1.4 和 1.6 时抗压强度较高的趋势一致,这表明当激发剂模数为 1.4～1.6 时对赤泥-矿渣基胶凝材料的激发作用最强,生成的水化产物最多。

图 5.4～图 5.8 为不同激发剂模数下赤泥-矿渣基胶凝材料的 SEM-EDS 分析。表 5.2～表 5.6 为不同激发剂模数下赤泥-矿渣基胶凝材料的能谱数据。赤泥-矿渣基胶凝材料的主要水化产物为 N-C-S-A-H 凝胶、C-S-A-H 凝胶和 C-S-H 凝胶。因高炉矿渣中含有少量的镁质矿物,在赤泥-矿渣基胶凝体系中会有 MgO 参与水化反应。当激发剂模数为 1.6 时,生成水化产物的微观结构均一性最高、致密性最好,这从侧面进一步解释了该试样抗压强度最高的原因。此外,在激发剂作用下,赤泥中的赤铁矿参与了水化反应历程,生成了 N-S-A-Fe-H 的水化产物。

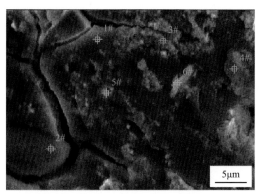

(a) SEM图

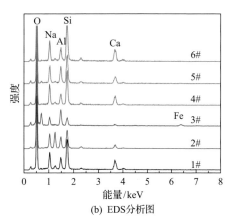

(b) EDS分析图

图 5.4 赤泥-矿渣基胶凝材料的 SEM-EDS 分析(激发剂模数为 2)

表 5.2 赤泥-矿渣基胶凝材料的能谱数据(激发剂模数为 2) (单位:%)

位置	O	Na	Mg	Al	Si	Ca	Fe
1#	61.29	6.80	1.24	4.07	13.32	10.21	0
2#	63.53	7.01	7.26	5.18	9.92	4.20	0
3#	58.45	5.51	0.28	8.44	4.89	1.64	16.54
4#	60.39	8.23	0.64	3.77	13.85	9.69	0
5#	59.82	7.58	0.37	6.30	13.31	8.04	1.18
6#	57.99	7.24	0.38	3.91	15.59	11.74	0

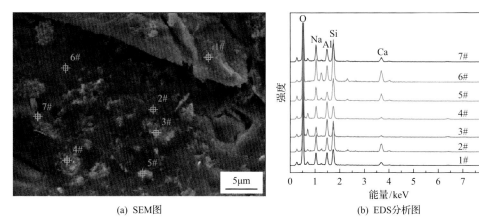

(a) SEM图　　　　　　　(b) EDS分析图

图 5.5　赤泥-矿渣基胶凝材料的 SEM-EDS 分析(激发剂模数为 1.8)

表 **5.3**　赤泥-矿渣基胶凝材料的能谱数据(激发剂模数为 **1.8**)　　(单位：%)

位置	O	Na	Mg	Al	Si	S	Ca	Fe
1#	64.58	7.45	0.51	6.32	9.88	0	4.27	2.98
2#	59.97	6.88	0.56	5.25	13.06	0.83	8.91	1.79
3#	61.17	6.55	0.24	10.05	5.94	0.38	1.74	10.17
4#	60.43	8.05	0.36	9.50	7.96	0.41	2.04	7.24
5#	64.07	6.42	0.75	3.58	10.91	0.85	8.52	0
6#	55.69	7.72	2.46	4.80	15.57	0.99	11.07	0
7#	61.56	8.34	0.34	5.84	9.94	0.42	5.20	3.83

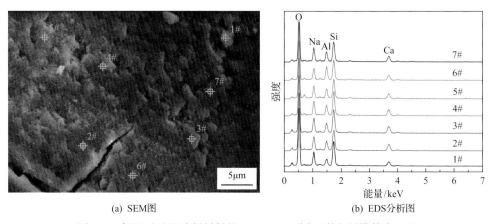

(a) SEM图　　　　　　　(b) EDS分析图

图 5.6　赤泥-矿渣基胶凝材料的 SEM-EDS 分析(激发剂模数为 1.6)

表 5.4　赤泥-矿渣基胶凝材料的能谱数据(激发剂模数为 1.6)　　(单位：%)

位置	O	Na	Mg	Al	Si	Ca	Fe
1#	64.52	7.29	0.49	3.26	13.88	5.77	0
2#	64.74	7.37	0.46	4.08	11.03	8.10	0
3#	63.17	7.36	0.39	4.04	11.64	8.81	0
4#	61.54	7.61	0.25	4.65	12.98	7.76	1.83
5#	61.83	6.91	0.46	4.53	11.05	6.60	5.69
6#	63.32	6.77	0.49	6.42	11.74	7.15	0
7#	64.40	7.53	0.45	4.61	11.21	7.37	0

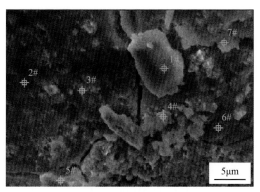

(a) SEM图

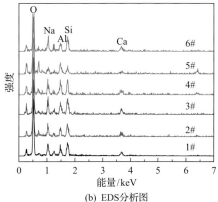

(b) EDS分析图

图 5.7　赤泥-矿渣基胶凝材料的 SEM-EDS 分析(激发剂模数为 1.4)

表 5.5　赤泥-矿渣基胶凝材料的能谱数据(激发剂模数为 1.4)　　(单位：%)

位置	O	Na	Mg	Al	Si	Ca	Fe
1#	63.77	7.81	2.51	4.50	8.34	5.85	0
2#	65.03	6.79	1.17	4.92	9.17	5.40	0
3#	60.79	6.41	1.84	5.59	9.76	6.29	0
4#	63.04	5.75	0	7.23	7.16	5.90	0
5#	56.28	4.65	0	6.55	3.97	0	13.99
6#	63.49	7.13	2.33	4.46	8.99	6.13	0

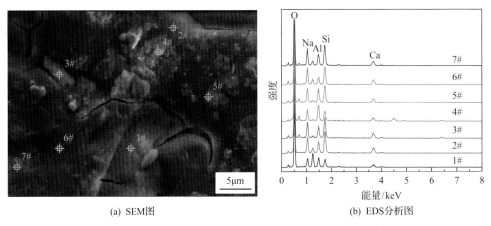

(a) SEM图　　　　　　　　　　(b) EDS分析图

图 5.8　赤泥-矿渣基胶凝材料的 SEM-EDS 分析(激发剂模数为 1.2)

表 5.6　赤泥-矿渣基胶凝材料的能谱数据(激发剂模数为 1.2)　　　(单位: %)

位置	O	Na	Mg	Al	Si	Ca	Fe
1#	66.57	5.82	8.88	5.66	5.59	4.48	0
2#	61.84	8.43	2.28	4.79	12.30	7.84	0
3#	59.89	8.67	0.71	5.21	11.30	7.47	3.68
4#	62.13	6.31	0	7.65	5.88	4.57	5.88
5#	59.34	8.72	0.80	6.56	10.47	6.20	4.80
6#	63.27	8.41	2.18	3.73	10.77	7.25	0
7#	61.91	8.63	2.30	5.54	11.53	6.56	0

5.1.3　组成设计方法

从图 5.4~图 5.8 和表 5.2~表 5.6 可以看出,赤泥-矿渣基胶凝材料水化产物的元素组成,并计算得到 Na/Al、Si/Al 和 Ca/Si 的原子比。图 5.9 为赤泥-矿渣基胶凝材料原料组成设计图。图 5.10 为赤泥-矿渣基胶凝材料中的原子比。钙质组分在三元相图中的含量为 20%~50%,赤泥-矿渣基胶凝材料的水化产物主要为 N-C-S-A-H 凝胶、C-S-A-H 凝胶和 C-S-H 凝胶。

从图 5.10(a)可以看出,赤泥-矿渣基胶凝材料生成的水化产物的 Si/Al 为 1~5,且大部分为 1~3,表明生成的水化产物为 PS 型、PSS 型、PSDS 型和 PSMS 型凝胶的混合体。随着 Na/Al 的升高,赤泥-矿渣基胶凝材料的水化产物由 PS 型向 PSS 型、PSDS 型和 PSMS 型转换。而赤泥-矿渣基胶凝材料的 Na/Al 在 0~2.5 均有分布,这是由于反应生成的 N-S-A-H 凝胶、N-C-S-A-H 凝胶、C-S-A-H 凝胶及未反应的赤泥、矿渣颗粒混合在一起造成的测试误差。

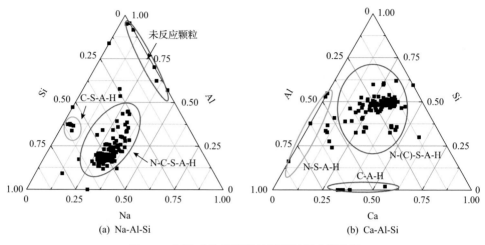

图 5.9　赤泥-矿渣基胶凝材料原料组成设计图

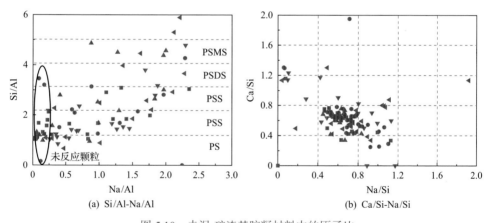

图 5.10　赤泥-矿渣基胶凝材料中的原子比

从图 5.10(b)可以看出，高钙型赤泥-矿渣基胶凝材料水化产物中 Ca/Si 多集中在 0.4～0.8，这进一步说明在高钙型赤泥基地质聚合物胶凝材料中，水化产物多为 N-S-A-H 凝胶、N-C-S-A-H 凝胶、C-S-A-H 凝胶和 C-S-H 凝胶。赤泥-矿渣基胶凝材料的 Na/Si 多集中在 0.4～1.2，随着地质聚合物凝胶种类的变化，Si/Al 为 1～3，因此 Na/Si 为 0.4～1.2。

从图 5.9 和图 5.10 可以看出，为了保证原料中硅、铝、钙质组分最大程度地参与水化反应，高钙型赤泥-矿渣基胶凝材料中 Na/Al 应为 0～2.5，Si/Al 应为 1～3，Ca/Si 应为 0.4～0.8，激发剂模数应为 1.2～1.8。

5.2 赤泥-钢渣基胶凝材料

钢渣是在钢铁冶炼生产过程中的废渣，其组成为硅酸三钙(C_3S)、硅酸二钙(C_2S)、铁酸二钙(C_2F)和硅、镁、铁的氧化物形成的固熔体。本节利用赤泥的高碱性激发钢渣的胶凝活性，并利用钢渣中的钙质组分促进赤泥中硅铝质组分的地质聚合反应，进而制备高性能的高钙型赤泥基地质聚合物胶凝材料。其中，赤泥掺量分别为 10%、20%、30%、40%、50%、60% 和 70%，激发剂为 NaOH 与水玻璃的混合溶液，激发剂模数分别为 2.1、2.4、2.7 和 3，胶凝材料水灰比为 0.6，搅拌均匀后浇入 40mm×40mm×40mm 模具，24h 后脱模，并放入(20±1)℃的水中养护，测试 3d 抗压强度，并取样进行 XRD、FT-IR、SEM-EDS 等微观分析。

5.2.1 抗压强度

图 5.11 为赤泥-钢渣基胶凝材料抗压强度。从图 5.11(a)可以看出，随着赤泥掺量的增加，赤泥-钢渣基胶凝材料抗压强度呈先升高后降低的趋势。这是因为赤泥粒径小，在水化过程中具有微集料充填作用，掺入赤泥后形成的结石体较为密实，进而提升了结石体的抗压强度；另外，赤泥的主要化学组成为 SiO_2、Al_2O_3、Fe_2O_3 和 Na_2O，在激发剂作用下可以生成 N-S-A-H 凝胶，钢渣中的钙质组分会参与地质聚合反应生成 N-C-S-A-H 凝胶，从而提升了结石体的抗压强度。但当赤泥掺量超过 30% 时，赤泥-钢渣基胶凝材料的抗压强度开始显著降低，这是因为钢渣的化学组成与水泥熟料相似，相比于赤泥，钢渣具有较高的胶凝活性。赤泥的掺入减少了体系中的钢渣数量，因此抗压强度呈降低的趋势。

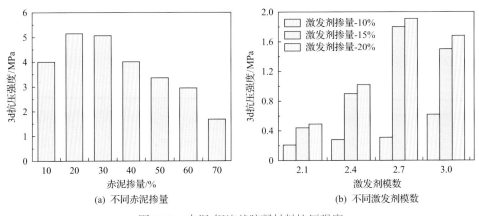

图 5.11 赤泥-钢渣基胶凝材料抗压强度

从图 5.11(b)可以看出，随着激发剂模数的增加，赤泥-钢渣基胶凝材料抗压强度整体呈先升高后降低的趋势，且其强度随着激发剂掺量的增加而升高。这是因为在赤泥-钢渣基胶凝体系中，激发剂具有激发和促凝的双重作用。在激发剂的作用下，赤泥中的硅铝质组分发生解聚反应，浸出的 Al^{3+}、Si^{4+} 反应生成地质聚合物凝胶；另外，钢渣中的 C_2S 和 C_3S 可生成 C-S-H 凝胶和 $Ca(OH)_2$。因此，激发剂模数和掺量的增加会提升赤泥-钢渣基胶凝材料的抗压强度。当激发剂掺量由 10% 增至 15% 时，结石体抗压强度提升幅度显著，当激发剂掺量由 15% 增至 20% 时，结石体抗压强度提升幅度不大，说明激发剂的激发效果增长缓慢。

5.2.2 微观结构分析

图 5.12 为不同掺量赤泥-钢渣基胶凝材料水化产物分析。图 5.13 为不同模数激发剂作用下赤泥-钢渣基胶凝材料水化产物分析。从图 5.12(a) 和 5.13(a) 可以看

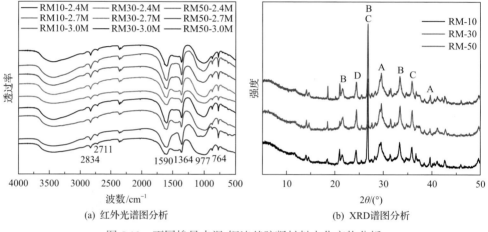

图 5.12 不同掺量赤泥-钢渣基胶凝材料水化产物分析

A. 方解石；B. 钙沸石；C. 碳硅钙石；D. 浊沸石

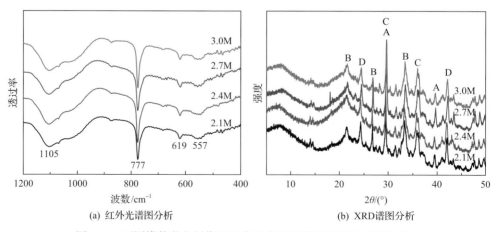

图 5.13 不同模数激发剂作用下赤泥-钢渣基胶凝材料水化产物分析

A. 方解石；B. 钙沸石；C. 碳硅钙石；D. 浊沸石

出，977cm^{-1}处为Si—O—T(T=Si、Al或Fe)键的特征吸收峰，1364cm^{-1}和764cm^{-1}处为CO_3^{2-}的特征吸收峰，1590cm^{-1}处为H—O—H键的特征吸收峰；随着激发剂模数的增加，Si—O—T键和H—O—H键吸收峰的峰面积逐渐增大，这表明激发剂模数的增加有利于赤泥与钢渣的水化反应。随着赤泥掺量的增加，Si—O—T键的波峰向低波数方向移动，说明C-S-A-H凝胶、N-C-S-A-H凝胶和C-S-H凝胶的含量减少，这是因为相比于钢渣，赤泥的胶凝活性较低，导致生成的水化产物较少。

从图5.12(b)和图5.13(b)可以看出，5°~10°和20°~30°的弥散峰为无定形凝胶的衍射峰(C-S-A-H凝胶、N-C-S-A-H凝胶和C-S-H凝胶)。结石体中还包括方解石、钙沸石、碳硅钙石和浊沸石。此外，结石体中还含有未反应的赤铁矿。从图5.13(b)可以看出，随着激发剂模数的增加，20°~30°的衍射峰强度逐渐增强，这表明生成的凝胶产物随着赤泥掺量的增加逐渐由非晶态向晶态转变，这是因为赤泥粒径较小，在赤泥-钢渣基胶凝材料水化过程中起到了晶核的作用；另外，随着赤泥掺量的增加，赤泥-钢渣基胶凝材料的水化反应速率变缓，有利于水化产物向结晶度高的方向发展。

图5.14~图5.18为不同赤泥掺量和激发剂模数下赤泥-钢渣基胶凝材料的SEM-EDS分析。表5.7~表5.11为不同赤泥掺量和激发剂模数下赤泥-钢渣基胶凝材料的能谱数据。可以看出，赤泥-钢渣基胶凝材料体系的主要水化产物为C-S-H凝胶、C-S-A-H凝胶和N-C-S-A-H凝胶。由于钢渣中存在C_2S、C_3S等钙质组分，赤泥-钢渣基胶凝材料水化产物以C-S-H凝胶为主。当Na/Si为2.7~3时，生成水化产物的微观结构均一性最高、致密性最好，这从侧面进一步解释了该试样抗压强度最高的原因。

(a) SEM图　　　　　　　　　　　(b) EDS分析图

图5.14　赤泥-钢渣基胶凝材料的SEM-EDS分析(RM-40，激发剂模数为2.7)

表 5.7　赤泥-钢渣基胶凝材料的能谱数据（RM-40，激发剂模数为 2.7）　　（单位：%）

位置	O	Na	Mg	Al	Si	Ca	Fe
1#	62.79	8.52	0	4.59	13.72	3.31	3.78
2#	62.86	9.42	0	9.04	12.07	2.11	2.15
3#	56.73	8.08	0	12.50	14.81	2.33	2.33
4#	67.09	2.39	0.56	0.64	5.70	18.42	0
5#	61.86	9.66	0	5.59	13.56	3.52	2.54
6#	61.66	7.95	0	8.35	8.26	1.63	8.50
7#	60.89	6.44	1.74	3.41	13.15	7.81	3.55

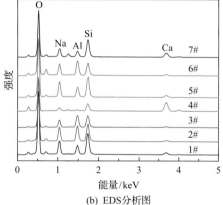

(a) SEM图　　　　　　　　　　(b) EDS分析图

图 5.15　赤泥-钢渣基胶凝材料的 SEM-EDS 分析（RM-50，激发剂模数为 2.7）

表 5.8　赤泥-钢渣基胶凝材料的能谱数据（RM-50，激发剂模数为 2.7）　　（单位：%）

位置	O	Na	Mg	Al	Si	Ca	Fe
1#	63.52	3.92	1.16	9.39	18.37	1.14	0
2#	57.09	6.33	2.46	5.53	11.83	4.14	7.65
3#	58.88	4.13	4.09	3.21	7.93	6.48	11.44
4#	59.00	7.29	0.34	6.64	9.38	1.92	12.06
5#	58.23	4.66	0.87	5.22	11.10	7.25	8.48
6#	56.00	0.83	2.31	0.51	11.86	13.83	9.76
7#	57.29	8.71	0	10.77	12.37	2.24	5.42

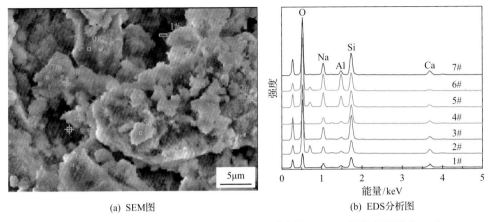

(a) SEM图　　　　　　　　(b) EDS分析图

图 5.16　赤泥-钢渣基胶凝材料的 SEM-EDS 分析(RM-60，激发剂模数为 2.7)

表 5.9　赤泥-钢渣基胶凝材料的能谱数据(RM-60，激发剂模数为 2.7)　　（单位：%）

位置	O	Na	Mg	Al	Si	Ca	Fe
1#	45.71	5.49	0.30	2.26	13.60	8.82	0.74
2#	56.47	5.14	0.39	1.25	8.33	5.87	12.28
3#	54.42	5.96	0	0.87	12.24	3.53	0
4#	43.69	8.11	1.00	2.77	26.76	9.21	1.00
5#	56.70	7.60	0	4.73	8.54	2.65	5.94
6#	58.34	8.99	0	7.83	9.72	1.26	3.86
7#	58.09	6.00	0.06	1.55	11.29	5.12	0

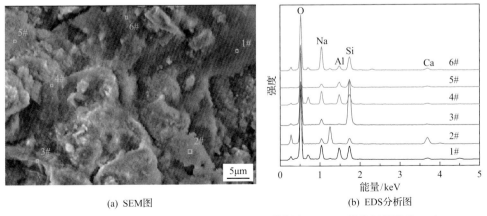

(a) SEM图　　　　　　　　(b) EDS分析图

图 5.17　赤泥-钢渣基胶凝材料的 SEM-EDS 分析(RM-50，激发剂模数为 2.4)

表 5.10　赤泥-钢渣基胶凝材料的能谱数据(RM-50，激发剂模数为 2.4)　　(单位：%)

位置	O	Na	Mg	Al	Si	Ca	Fe
1#	58.85	9.72	0.10	0.93	19.59	7.75	0
2#	60.84	6.64	4.66	1.15	12.57	7.19	2.16
3#	60.51	6.20	0	2.34	12.68	12.72	2.90
4#	62.97	9.11	0.16	1.18	17.53	5.42	0
5#	68.85	0.63	0	0.18	28.54	0.49	0
6#	60.42	9.37	0.09	2.48	17.47	7.41	0

(a) SEM图

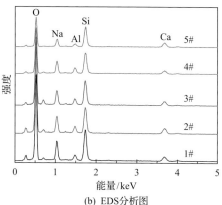

(b) EDS分析图

图 5.18　赤泥-钢渣基胶凝材料的 SEM-EDS 分析(RM-50，激发剂模数为 3.0)

表 5.11　赤泥-钢渣基胶凝材料的能谱数据(RM-50，激发剂模数为 3)　　(单位：%)

位置	O	Na	Mg	Al	Si	Ca	Fe
1#	61.82	0.36	0.87	0	17.69	16.88	0
2#	63.78	8.43	0.38	1.52	14.82	6.71	0
3#	53.46	1.36	0.40	1.40	2.93	19.12	16.33
4#	62.67	7.04	0	7.13	13.45	3.68	0
5#	59.42	2.88	5.62	10.04	7.07	6.22	0

5.2.3　组成设计方法

从图 5.14～图 5.18 和表 5.7～表 5.11 可以看出赤泥-钢渣基胶凝材料水化产物的元素组成，并确定了 Na/Al、Si/Al、Ca/Si 与水化产物类型的关系，可用于赤泥基地质聚合物胶凝材料的组成设计。图 5.19 为赤泥-钢渣基胶凝材料原料组成设计图。图 5.20 为赤泥-钢渣基胶凝材料中的原子比。赤泥-钢渣基胶凝材料的水化产物主要为 C-S-A-H 凝胶、C-S-A 凝胶和 N-C-S-A-H 凝胶。

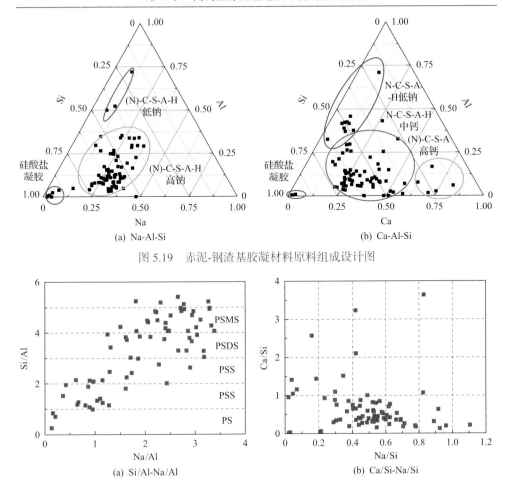

(a) Na-Al-Si　　　　　　　　　　(b) Ca-Al-Si

图 5.19　赤泥-钢渣基胶凝材料原料组成设计图

(a) Si/Al-Na/Al　　　　　　　　(b) Ca/Si-Na/Si

图 5.20　赤泥-钢渣基胶凝材料中的原子比

从图 5.20(a)可以看出，赤泥-钢渣基胶凝材料生成的水化产物中 Na 的含量相对较少，这是因为钢渣为高钙型固体废弃物，其与赤泥混合后经水化反应会生成大量的 C-S-H 凝胶和 C-S-A-H 凝胶。在赤泥与钢渣的地质聚合反应中，Al^{3+}取代硅酸盐中的 Si^{4+}，更倾向于生成 PSS、PSDS 或 PSMS 型的三维网络聚合物。随着 Na/Al 的升高，赤泥-钢渣基胶凝材料的水化产物由 PS 型向 PSS、PSDS 和 PSMS 型转换。此外，理论上 Na/Al 应为 0.6～1，赤泥-钢渣基胶凝材料的 Na/Al 在 0～3 均有分布，这是由于赤泥-钢渣体系中水化反应生成的主要是 C-S-A-H 和 N-C-S-H 等凝胶。

从图 5.20(b)可以看出，对于高钙型赤泥-钢渣基胶凝材料，其水化产物中 Ca/Si 多集中在 0～1，这是因为在高钙型赤泥基地质聚合物胶凝材料中，水化产物多为 C-S-A-H 凝胶、C-S-H 凝胶和 N-C-S-A-H 凝胶。赤泥-钢渣基胶凝材料的 Na/Si 多集中在 0.2～0.8,随着地质聚合物凝胶种类的变化,Si/Al 为 1～3,因此 Na/Si 为 0.2～1，数据与图 5.19(a)一致。

从图 5.19 和图 5.20 可以看出，为了保证原料中硅铝质组分最大程度地参与水化反应，赤泥-钢渣基胶凝材料中 Si/Al 应为 1～5，Ca/Si 应为 0～1，激发剂模数应为 2.7～3。由于钢渣中钙质组分以 C_2S 和 C_3S 为主，水化产物主要为 C-S-H 和 C-S-A-H 凝胶，对于该体系的配比设计中，Na/Al 不做要求。

5.3　赤泥-矿渣-脱硫石膏基胶凝材料

5.3.1　抗压强度

图 5.21 为脱硫石膏对赤泥-矿渣基胶凝材料抗压强度的影响。从图中可以看出，脱硫石膏显著改善了赤泥-矿渣基胶凝材料的力学性能，抗压强度的升高归因于脱硫石膏中的 Ca^{2+} 和硅铝质胶凝材料之间的反应，形成 N-C-S-A-H 凝胶[2]。此外，石膏中的 SO_4^{2-} 可以与 C-S-H 反应生成钙矾石，进而提高抗压强度[3]。SO_4^{2-} 还可促进 Al^{3+} 和 Si^{4+} 的溶解，形成更多的地质聚合物凝胶，从而提高抗压强度[4]。

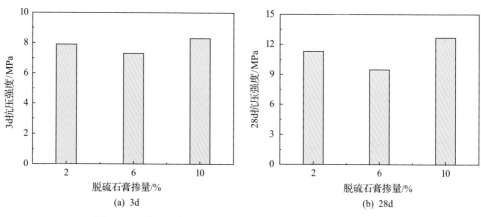

(a) 3d　　　　　　　　　　(b) 28d

图 5.21　脱硫石膏对赤泥-矿渣基胶凝材料抗压强度的影响

5.3.2　微观结构分析

图 5.22(a)为赤泥-矿渣-脱硫石膏基胶凝材料的 XRD 谱图。其中 20°～40°的弥散峰表明地质聚合物凝胶的存在，其余的水化产物为未命名的沸石、地质聚合物凝胶、C-S-H 凝胶及赤铁矿等未反应组分。从图 5.22(a)可以看出，当脱硫石膏掺量为 6%时，产生了铁橄榄石水合产物和钙铝碳酸盐水合物。此外，在脱硫石膏的

存在下，C-S-H 衍射峰强度增强，而赤铁矿衍射峰强度减弱，这进一步证明脱硫石膏中的 Ca^{2+} 参与反应，形成 C-S-H 凝胶和 N-C-S-A-H 凝胶。此外，脱硫石膏中的 SO_4^{2-} 改变了电荷分布，促进了来自矿渣和赤泥的 Al^{3+} 和 Si^{4+} 的溶解，导致产生更强的地质聚合物胶凝材料网络。铁橄榄石的存在表明，石膏可以促进赤铁矿参与水化反应过程，这也可以提高试样的力学性能[5]。

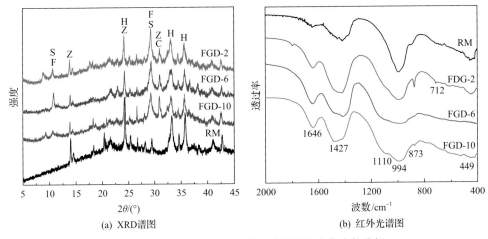

(a) XRD 谱图　　　　　　(b) 红外光谱图

图 5.22　赤泥-矿渣-脱硫石膏基胶凝材料水化产物分析

C. 钙铝碳酸盐水合物；F. 铁橄榄石；H. 赤铁矿；S. 水化硅酸钙；Z. 未命名沸石

图 5.22(b) 为赤泥-矿渣-脱硫石膏基胶凝材料的红外光谱图。$442 \sim 712 cm^{-1}$ 处为 Si—O—T(T=Si、Al、Fe)键或 Fe—O 键的弯曲振动峰，$994 cm^{-1}$ 处为 Si—O—Si 键或 Si—O—Al 键的振动吸收峰，这表明发生地质聚合并产生了地质聚合物凝胶，$1110 cm^{-1}$ 处的吸收峰证明了 C-S-H 凝胶或 N-C-A-S-H 凝胶的存在。$1427 cm^{-1}$ 处为 O—C—O 键的特征峰，$1646 cm^{-1}$ 处为 H_2O 的弯曲振动吸收峰。此外，SO_4^{2-} 的特征峰被其他峰所覆盖，$873 cm^{-1}$ 处为 CO_3^{2-} 的反对称拉伸和面外弯曲模式的吸收峰，这表明 Na_2CO_3 的存在。

图 5.23～图 5.25 为不同脱硫石膏掺量的赤泥-矿渣-脱硫石膏基胶凝材料的 SEM-EDS 分析。表 5.12～表 5.14 为不同脱硫石膏掺量的赤泥-矿渣-脱硫石膏基胶凝材料的能谱数据。对照组中主要的水化产物是地质聚合物凝胶和 C-S-H 凝胶。当向赤泥-矿渣基胶凝材料中加入脱硫石膏时，结石体变得致密。从 SEM-EDS 分析图中可以看出，赤泥-矿渣-脱硫石膏基胶凝材料水化产物中掺杂了更多的 Fe^{3+}，表明赤铁矿参与了石膏存在下的地质聚合反应，与 Singh 等[6]的研究结果一致。

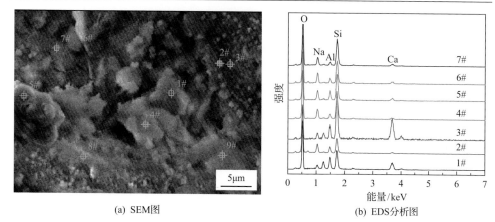

(a) SEM图　　　　　　　　　　　　(b) EDS分析图

图 5.23　赤泥-矿渣-脱硫石膏基胶凝材料的 SEM-EDS 分析（FGD-2）

表 5.12　赤泥-矿渣-脱硫石膏基胶凝材料的能谱数据（FGD-2）　　（单位：%）

位置	O	Na	Mg	Al	Si	S	Ca	Fe
1#	68.91	3.24	0.52	5.70	1.23	4.28	11.88	0
2#	66.96	3.41	2.59	2.40	4.28	0.55	11.00	0
3#	64.41	4.23	2.81	3.00	6.65	0.47	11.35	0
4#	64.14	4.78	2.51	2.90	9.27	0.55	8.62	0
5#	43.38	4.08	0.69	1.65	3.16	0	4.07	1.04
6#	64.64	2.69	0	7.00	1.45	5.98	15.36	0
7#	63.05	5.31	0.69	3.80	10.58	0.63	10.91	0

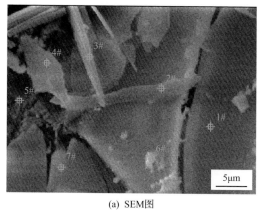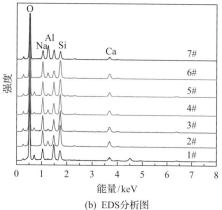

(a) SEM图　　　　　　　　　　　　(b) EDS分析图

图 5.24　赤泥-矿渣-脱硫石膏基胶凝材料的 SEM-EDS 分析（FGD-6）

表 **5.13**　赤泥-矿渣-脱硫石膏基胶凝材料的能谱数据（**FGD-6**）　（单位：%）

位置	O	Na	Mg	Al	Si	S	Ca
1#	65.84	1.81	0	6.84	0.40	5.36	17.72
2#	64.42	2.37	0	7.35	0.38	5.61	17.09
3#	61.31	2.38	0.29	7.03	1.76	5.04	18.92
4#	67.54	2.10	0	6.55	0.59	5.00	15.28
5#	45.06	5.08	1.56	5.89	8.84	2.25	28.77
6#	67.37	2.32	4.57	6.56	1.72	2.86	9.16
7#	69.73	2.35	0	6.11	0.62	4.47	13.61

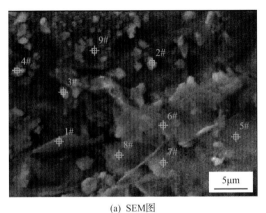

(a) SEM图

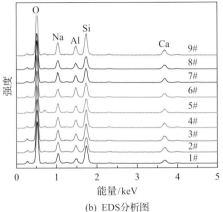

(b) EDS分析图

图 5.25　赤泥-矿渣-脱硫石膏基胶凝材料的 SEM-EDS 分析（FGD-10）

表 **5.14**　赤泥-矿渣-脱硫石膏基胶凝材料的能谱数据（**FGD-10**）　（单位：%）

位置	O	Na	Mg	Al	Si	S	Ca	Fe
1#	57.35	2.89	7.18	4.99	10.61	0.48	6.11	5.40
2#	66.12	4.01	0.79	2.05	5.09	0	13.28	0
3#	55.84	5.36	1.99	4.13	8.86	1.43	16.03	0
4#	59.65	4.43	2.32	3.55	8.91	0	13.88	0
5#	70.09	2.18	0	6.49	1.24	4.17	12.99	0
6#	66.00	3.42	0	1.89	3.75	0.55	14.52	0
7#	60.50	6.89	1.17	4.39	10.28	0.66	10.99	0
8#	46.43	2.87	0	7.93	2.50	7.57	30.42	0
9#	59.58	7.00	0.74	3.71	12.04	0	11.80	0

5.3.3　组成设计方法

从图 5.23～图 5.25 和表 5.12～表 5.14 可以看出赤泥-矿渣-脱硫石膏基胶凝材料水化产物的元素组成，并计算得到 Na/Al、Si/Al、Ca/Si 的原子比，用于研究赤泥-矿渣-脱硫石膏基胶凝材料的设计组成。图 5.26 为赤泥-矿渣-脱硫石膏基胶凝材料原料组成设计图。图 5.27 为赤泥-矿渣-脱硫石膏基胶凝材料中的原子比。结合 SEM-EDS 数据分析可以看出，赤泥-矿渣-脱硫石膏基胶凝材料的水化产物主要为 (N)-C-S-A-H 凝胶、C-S-A-H 凝胶和 C-S-H 凝胶。

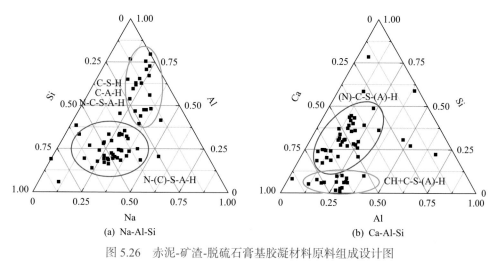

(a)　Na-Al-Si　　　　　　　　　　(b)　Ca-Al-Si

图 5.26　赤泥-矿渣-脱硫石膏基胶凝材料原料组成设计图

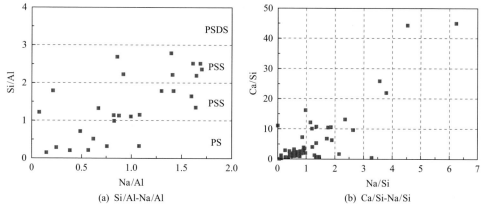

(a)　Si/Al-Na/Al　　　　　　　　　(b)　Ca/Si-Na/Si

图 5.27　赤泥-矿渣-脱硫石膏基胶凝材料中的原子比

从图 5.27(a) 可以看出，赤泥-矿渣-脱硫石膏基胶凝材料水化产物的 Si/Al 低于赤泥-矿渣基胶凝材料，且水化产物为 PS、PSS 和 PSDS 三种类型。随着 Na/Al 的升高，赤泥-矿渣-脱硫石膏基胶凝材料的水化产物由 PS 型向 PSS 和 PSDS 型转换。此外，理论上 Na/Al 应为 0.6～1，赤泥-矿渣-脱硫石膏基胶凝材料的 Na/Al 在 0～2 均有分布，这是由反应生成的 N-(C)-S-A-H 凝胶、C-S-A-H 凝胶和未反应颗粒混合在一起造成的测试误差。

从图 5.27(b)可以看出，对于高钙型赤泥-矿渣-脱硫石膏基胶凝材料，其水化产物中 Ca/Si 多集中在 0.4～0.8，这进一步说明其水化产物多为 N-(C)-S-A-H 凝胶、C-S-A-H 凝胶和 C-S-H 凝胶。赤泥-矿渣-脱硫石膏基胶凝材料的 Na/Si 多集中在 0.4～1.2。随着地质聚合物凝胶种类的变化，Si/Al 为 1～3，因此 Na/Si 为 0～2。

从图 5.26 和图 5.27 可以看出，为了保证原料中硅铝质组分最大程度地参与水化反应，赤泥-矿渣-脱硫石膏基胶凝材料中 Si/Al 应为 1～3，Ca/Si 应为 0～5。

5.4　赤泥-钢渣-脱硫石膏基胶凝材料

5.4.1　抗压强度

赤泥-钢渣基高钙型胶凝材料水化产物主要为 N-C-S-A-H 凝胶、N-S-A-H 凝胶和 C-S-H 凝胶。本节通过高钙型脱硫石膏与赤泥-钢渣基胶凝材料复配，利用脱硫石膏的激发作用及 Ca^{2+} 的水化反应效应提高赤泥-钢渣基胶凝材料的抗压强度。

图 5.28 为不同比例赤泥-钢渣-脱硫石膏基胶凝材料抗压强度。从图中可以看出，随着脱硫石膏掺量的增加，赤泥-钢渣-脱硫石膏基胶凝材料的抗压强度呈先升高后降低的趋势，这是由于在水化过程中脱硫石膏中的 SO_4^{2-} 具有盐激发效果，

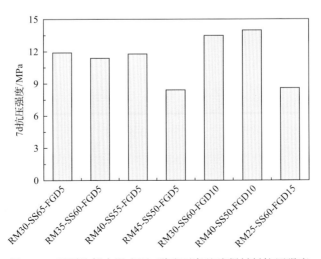

图 5.28　不同比例赤泥-钢渣-脱硫石膏基胶凝材料抗压强度

提升了钢渣和赤泥的胶凝活性，进而促进了赤泥-钢渣基胶凝材料的水化历程，并生成更多的水化产物；此外，SO_4^{2-}可能与C-S-H凝胶、水化铝酸钙等物质进一步发生反应，生成钙矾石等水化产物，进一步提升了结石体的抗压强度。另外，脱硫石膏中的Ca^{2+}可以参与地质聚合反应，生成C-S-A-H凝胶、N-C-S-A-H凝胶等水化产物，进一步提升了结石体的抗压强度。但随着脱硫石膏掺量的增加，一方面，其胶凝活性较低，过多的SO_4^{2-}存于结石体中，与激发剂中的Na^+生成Na_2SO_4，进而使结石体出现泛白的现象，从而降低结石体的抗压强度；另一方面，脱硫石膏具有增稠特性，当脱硫石膏掺量过高时，胶凝材料黏度增大，阻碍了水化过程中各离子的迁移，进而对结石体的抗压强度带来了消极的影响。

5.4.2　微观结构分析

图5.29为赤泥-钢渣-脱硫石膏基胶凝材料的水化产物分析。从图5.29(a)可以看出，赤泥-钢渣-脱硫石膏基胶凝材料的主要水化产物为C-S-H凝胶、N-C-S-A-H凝胶、氢氧化钙和拜斯特石。当脱硫石膏掺量为5%时，赤泥-钢渣-脱硫石膏体系水化后在结石体中含有部分氢氧化钙，但当脱硫石膏掺量达到10%后，氢氧化钙的衍射峰消失，这表明脱硫石膏可以参与到赤泥-钢渣基胶凝材料的水化反应中。从图5.29(b)可以看出，向赤泥-钢渣基胶凝材料中掺入脱硫石膏后，三元体系中没有产生新的水化产物，但对比红外吸收峰面积可以看出，掺入脱硫石膏后，$1003cm^{-1}$处的吸收峰强度增强，表明水化产物数量增多。

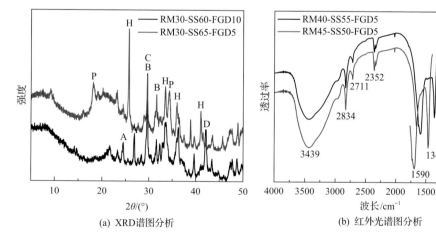

(a) XRD谱图分析　　　　　　　　(b) 红外光谱图分析

图5.29　赤泥-钢渣-脱硫石膏基胶凝材料的水化产物分析

A. 氧化钙；B. 水化硅；C. 方解石；D. 拜斯特石；H. 赤铁矿；P. 氢氧化钙

图5.30～图5.33为不同掺量的赤泥-钢渣-脱硫石膏基胶凝材料的SEM-EDS分析。表5.15～表5.18为不同掺量的赤泥-钢渣-脱硫石膏基胶凝材料的能谱数

据。对照组中主要的水化产物是 N-C-S-A-H 凝胶、C-S-A-H 凝胶和 C-S-H 凝胶。当向赤泥-钢渣基胶凝材料中加入脱硫石膏时，结石体变得致密，这进一步证明了 XRD 和 FT-IR 的分析结论。

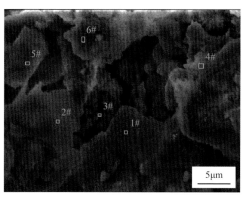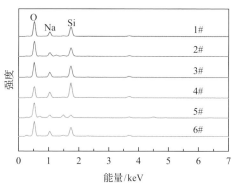

(a) SEM图　　　　　　　　　　　(b) EDS分析图

图 5.30　赤泥-钢渣-脱硫石膏基胶凝材料的 SEM-EDS 分析（RM30-SS65-FGD5）

表 5.15　赤泥-钢渣-脱硫石膏基胶凝材料的能谱数据（**RM30-SS65-FGD5**）　　（单位：%）

位置	O	Na	Mg	Al	Si	S	Ca	Fe
1#	65.36	2.45	0	0.77	3.60	9.63	15.21	0
2#	69.15	2.90	0.92	4.36	2.71	3.92	12.55	0
3#	30.82	1.13	0	2.44	2.93	12.70	48.63	0
4#	66.54	3.10	0	3.67	4.95	3.09	12.04	3.08
5#	44.53	5.28	0	1.89	10.25	9.16	26.80	0
6#	60.60	4.00	0	3.05	7.91	3.37	14.74	3.29

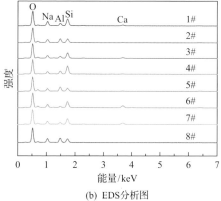

(a) SEM图　　　　　　　　　　　(b) EDS分析图

图 5.31　赤泥-钢渣-脱硫石膏基胶凝材料的 SEM-EDS 分析（RM45-SS50-FGD5）

表 5.16　赤泥-钢渣-脱硫石膏基胶凝材料的能谱数据（RM45-SS50-FGD5）　　（单位：%）

位置	O	Na	Al	Si	S	Ca	Fe
1#	66.12	4.66	2.05	6.20	2.89	10.98	3.20
2#	62.73	5.99	2.43	4.12	3.98	10.63	6.17
3#	59.60	4.97	5.29	4.33	1.62	7.37	11.87
4#	65.26	4.20	3.16	5.20	3.02	11.06	4.17
5#	69.64	2.43	6.79	0.60	4.71	13.56	0
6#	55.46	3.12	7.39	1.96	6.94	22.66	0
7#	67.86	4.04	2.66	5.92	2.67	12.73	0
8#	53.04	2.73	6.51	3.24	7.27	25.39	0

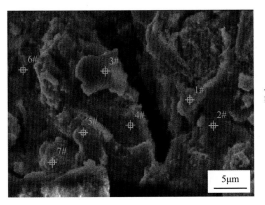

(a) SEM图

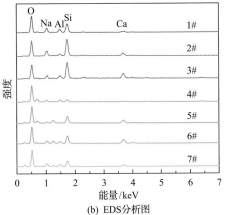

(b) EDS分析图

图 5.32　赤泥-钢渣-脱硫石膏基胶凝材料的 SEM-EDS 分析（RM30-SS60-FGD10）

表 5.17　赤泥-钢渣-脱硫石膏基胶凝材料的能谱数据（RM30-SS60-FGD10）　　（单位：%）

位置	O	Na	Mg	Al	Si	S	Ca	Fe
1#	65.32	8.99	0	0	19.29	0.33	3.76	0
2#	65.69	8.25	2.16	0	17.81	0	3.62	0
3#	61.79	9.70	0	0.36	21.24	0.45	4.70	0
4#	53.79	10.96	0	0.59	27.19	0.55	6.92	0
5#	65.22	5.63	0	4.39	4.76	0	3.41	8.27
6#	62.25	9.50	0	1.26	17.12	0	4.57	0
7#	60.04	9.48	0	8.95	9.48	0	0.68	5.67

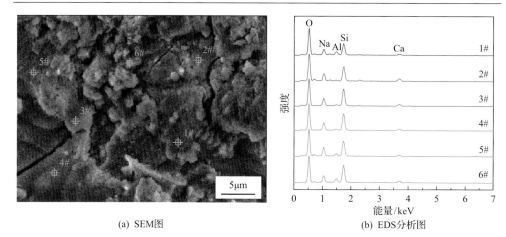

(a) SEM图　　　　　　　　(b) EDS分析图

图 5.33　赤泥-钢渣-脱硫石膏基胶凝材料的 SEM-EDS 分析(RM30-SS55-FGD15)

表 5.18　赤泥-钢渣-脱硫石膏基胶凝材料的能谱数据(RM30-SS55-FGD15)　　(单位：%)

位置	O	Na	Mg	Al	Si	S	Ca	Fe
1#	59.38	8.04	0.77	3.88	14.94	0	3.02	5.00
2#	60.86	8.52	0.64	0.41	14.78	1.39	5.85	5.40
3#	64.92	8.84	0	0.77	18.60	0.29	4.40	0
4#	66.09	8.87	0	1.05	17.60	0.33	3.81	0
5#	60.26	10.68	0	2.13	17.61	0	3.42	4.33
6#	63.99	7.86	0	3.30	18.70	0	4.51	0

5.4.3　组成设计方法

从图 5.30~图 5.33 和表 5.15~表 5.18 可以看出赤泥-钢渣-脱硫石膏基胶凝材料水化产物的元素组成，并计算得到 Na/Al、Si/Al、Ca/Si 的原子比，从而提出赤泥-钢渣-脱硫石膏基胶凝材料组成设计方法。

图 5.34 为赤泥-钢渣-脱硫石膏基胶凝材料原料组成设计图。图 5.35 为赤泥-钢渣-脱硫石膏基胶凝材料中的原子比。赤泥-钢渣-脱硫石膏基胶凝材料的水化产物主要为(N)-C-S-A-H 凝胶、C-S-A-H 凝胶和 C-S-H 凝胶。从图 5.35(a)可以看出，赤泥-钢渣-脱硫石膏基胶凝材料水化产物的 Si/Al 与赤泥-钢渣基胶凝材料相当，表明脱硫石膏的掺入对地质聚合物凝胶类型的改变较小。

从图 5.35(b)可以看出，对于高钙型赤泥-钢渣-硅脱硫石膏基胶凝材料，其水化产物中 Ca/Si 多集中在 0~6，这进一步说明其水化产物多为 N-(C)-S-A-H 凝胶、C-S-A-H 凝胶和 C-S-H 凝胶。赤泥-钢渣-脱硫石膏基胶凝材料的 Na/Si 多集中在 0.4~1.2。随着地质聚合物凝胶种类的变化，Si/Al 为 1~3，Na/Si 为 0~2。部分 Ca/Si 过大是结石体中未反应的 $CaSO_4$ 导致的。

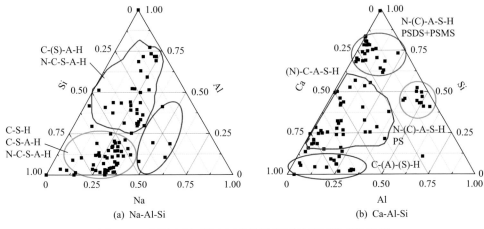

图 5.34　赤泥-钢渣-脱硫石膏基胶凝材料原料组成设计图

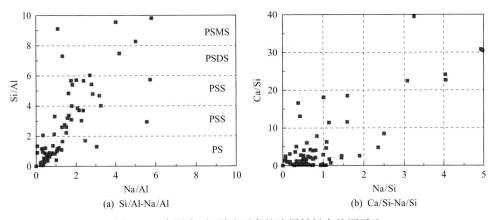

图 5.35　赤泥-钢渣-脱硫石膏基胶凝材料中的原子比

从图 5.34 和图 5.35 可以看出，为保证原料中硅铝质组分最大程度地参与水化反应，赤泥-钢渣-脱硫石膏基胶凝材料中 Si/Al 应为 1～6，Ca/Si 应为 1～6。

参 考 文 献

[1] Wu Z M, Khayat K H, Shi C J. Effect of nano-SiO$_2$ particles and curing time on development of fiber-matrix bond properties and microstructure of ultra-high strength concrete. Cement and Concrete Research, 2017, 95: 247-256.

[2] Boonserm K, Sata V, Pimraksa K, et al. Improved geopolymerization of bottom ash by incorporating fly ash and using waste gypsum as additive. Cement and Concrete Composites, 2012, 34(7): 819-824.

[3] Ma C, Zhao B, Wang L M, et al. Clean and low-alkalinity one-part geopolymeric cement: Effects of sodium sulfate on microstructure and properties. Journal of Cleaner Production, 2020,

　　252: 1-11.

[4] 彭饶, 陈伟, 李秋, 等. 硫酸钠激发尾矿充填材料的性能与微观结构. 建筑材料学报, 2020, 23（3）: 685-691.

[5] Hu Y, Liang S, Yang J K, et al. Role of Fe species in geopolymer synthesized from alkali-thermal pretreated Fe-rich Bayer red mud. Construction and Building Materials, 2019, 200: 398-407.

[6] Singh S, Aswath M U, Ranganath R V. Effect of mechanical activation of red mud on the strength of geopolymer binder. Construction and Building Materials, 2018, 177: 91-101.

第6章 赤泥基地质聚合物胶凝材料水化机理

胶凝材料需要具备流动度好、凝结时间可调、抗压强度高等优点,其水化程度及水化机理是决定材料各项性能的重要基础。本章揭示了赤泥基地质聚合物胶凝材料水化特性及水化动力学特征,解析水化动力学参数,揭示赤泥基地质聚合物胶凝材料的水化机理,为其工程应用提供理论依据。采用低场核磁共振仪、等温量热仪、XRD、SEM-EDS、流变仪等分析设备对赤泥基地质聚合物胶凝材料水化硬化过程进行了研究,揭示了赤泥基地质聚合物胶凝材料的水化机理,并建立不同制备参数条件下赤泥基地质聚合物胶凝材料的水化动力学模型,为赤泥基地质聚合物胶凝材料的性能调控提供了依据。

6.1 赤泥基地质聚合物胶凝材料水化历程

6.1.1 水化过程中水赋存状态

水是胶凝材料水化反应过程中必不可少的组分,水可以参与硅铝质组分解聚再聚合生成地质聚合物凝胶、钙质组分水化生成 C-S-H 凝胶等反应。因此,在赤泥基地质聚合物胶凝材料水化过程中,伴随着胶凝材料中的水分子从自由态向物理结合水、化学结合水、孔隙间水转化的过程。

硅铝质组分在激发剂作用下发生的地质聚合物胶凝材料反应过程如下。

解聚过程:

$$Al_2O_3 + 3H_2O + 2OH^- \longrightarrow 2\left[Al(OH)_4\right]^- \tag{6.1}$$

$$SiO_2 + H_2O + OH^- \longrightarrow \left[SiO(OH)_3\right]^- \tag{6.2}$$

$$SiO_2 + 2OH^- \longrightarrow \left[SiO_2(OH)_2\right]^{2-} \tag{6.3}$$

聚合过程一:

$$(Si_2O_5, Al_2O_3)_n + 6nH_2O \xrightarrow{NaOH} 2n(OH)_3 - Si - O - Al - (OH)_3 \tag{6.4}$$

$$n(OH)_3 - Si - O - Al - (OH)_3 \xrightarrow{NaOH} \left[-SiO - O - AlO - O -\right]_n + 3nH_2O \tag{6.5}$$

聚合过程二：

$$(\mathrm{Si_2O_5, Al_2O_3})_n + 2n\mathrm{SiO_2} + 8n\mathrm{H_2O} \xrightarrow{\mathrm{NaOH}} 2n(\mathrm{OH})_3 - \mathrm{Si} - \mathrm{O} - \mathrm{Al(OH)_2} - \mathrm{O} - \mathrm{Si} - (\mathrm{OH})_3$$

$$(6.6)$$

$$n(\mathrm{OH})_3 - \mathrm{Si} - \mathrm{O} - \mathrm{Al(OH)_2} - \mathrm{O} - \mathrm{Si} - (\mathrm{OH})_3 \xrightarrow{\mathrm{NaOH}}$$
$$[-\mathrm{SiO} - \mathrm{O} - \mathrm{AlO} - \mathrm{O} - \mathrm{SiO} - \mathrm{O} -]_n + 4n\mathrm{H_2O}$$

$$(6.7)$$

固体废弃物中的高活性钙质组分在激发剂作用下可以与水反应生成 C-S-H 凝胶、C-S-A-H 凝胶等水化产物，反应方程式为

$$3\mathrm{CaO \cdot SiO_2} + n\mathrm{H_2O} \longrightarrow x\mathrm{CaO \cdot SiO_2 \cdot} y\mathrm{H_2O} + (3-x)\mathrm{Ca(OH)_2} \qquad (6.8)$$

$$2\mathrm{CaO \cdot SiO_2} + n\mathrm{H_2O} \longrightarrow x\mathrm{CaO \cdot SiO_2 \cdot} y\mathrm{H_2O} + (2-x)\mathrm{Ca(OH)_2} \qquad (6.9)$$

$$2\mathrm{CaO \cdot Al_2O_3} + 27\mathrm{H_2O} \longrightarrow \mathrm{CaO \cdot Al_2O_3 \cdot 19H_2O} + \mathrm{CaO \cdot Al_2O_3 \cdot 8H_2O} \qquad (6.10)$$

因此，追踪赤泥基地质聚合物胶凝材料中水分子的赋存形态，可以揭示其水化反应历程。胶凝材料中的水分子在外加磁场作用下，其氢原子核的自旋系统从平衡态转变为激发态。原子核自旋系统由激发态恢复到平衡态的过程称为弛豫。弛豫可以分为纵向弛豫和横向弛豫。纵向弛豫是磁化强度纵向分量恢复的过程，自旋和晶格交换能量，自旋系统本身的能量发生变化，也称自旋-晶格弛豫。横向弛豫是指激发态自旋原子核将能量传递给相邻自旋体而恢复到平衡态的过程，也称自旋-自旋弛豫。氢原子核随着水在微观结构中存在状态(从自由水到孔隙中的水再到结晶水)的变化，横向弛豫时间单调递减，因此可以用横向弛豫时间来表征试样中水含量及其分布的变化。硬化水泥胶凝材料中的水可分为自由水、物理结合水和化学结合水。化学结合水的横向弛豫时间一般为 10μs 左右，自由水和物理结合水的横向弛豫时间通常为 0.1~10ms。

本节采用低场核磁检测系统测试水化硬化过程中胶凝材料中水分子的赋存形态。试验所用仪器为高温高压核磁共振检测系统，所用磁体为永磁体，恒定磁场为 0.49T，主频率为 21MHz，氢测试探头线圈直径为 25mm。图 6.1 为低场核磁检测系统实物图。胶凝材料水灰比为 0.8，胶凝材料充分搅拌后倒入试样瓶中，每隔 5min 监测一个数据点。

1. 赤泥-矿渣基胶凝材料

图 6.2 为不同水化时间赤泥-矿渣基胶凝材料中水分子横向弛豫时间的变化规

律。从图中可以看出：

(1) 随着水化时间的延长，低场核磁测试的赤泥-矿渣基胶凝材料中水分子横向弛豫时间的峰值逐步缩短，这表明胶凝材料发生了水化反应，其中自由水随着水化反应的进行变成 C-S-H 凝胶、C-S-A-H 凝胶、N-C-S-A-H 凝胶及其他水化产物中的化学结合水，以及水化产物凝胶上的物理吸附水。此外，根据横向弛豫时间的衰减速率，可以将赤泥-矿渣基胶凝材料的水化历程分为诱导期、加速期和稳定期。

(2) 当水化时间超过 5h 后，横向弛豫时间逐渐稳定。这一方面是因为矿渣中的钙质活性组分已充分反应生成 C-S-H 凝胶和 C-S-A-H 凝胶，5h 后的水化反应主要是生成地质聚合物凝胶的反应。由于消耗水量与生成水量相等，宏观上横向弛

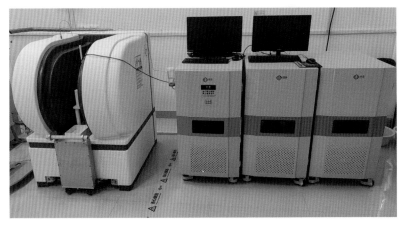

图 6.1　低场核磁检测系统实物图

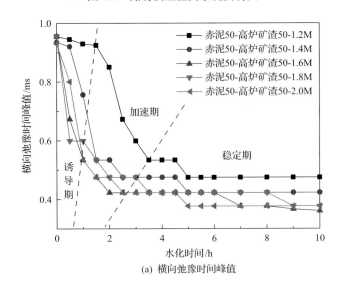

(a) 横向弛豫时间峰值

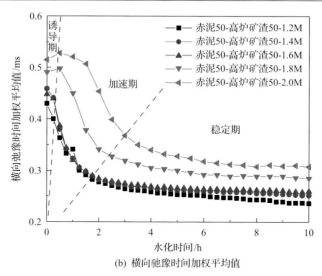

图 6.2　不同水化时间赤泥-矿渣基胶凝材料中水分子横向弛豫时间的变化规律

豫时间表现为不变化。另一方面是因为矿渣活性较高，水化反应快，5h 后胶凝材料水化反应较为微弱，加上赤泥中高铁相对低场核磁测试结果的干扰，表现为稳定不变。

（3）随着激发剂模数的增加，横向弛豫时间的衰减速度呈先增大后减小的趋势。这一方面是因为当激发剂模数增加时，体系中有更多的 Si^{4+} 参与水化反应，促进了胶凝材料的水化历程，但随着激发剂模数的持续增加，激发剂的碱性降低（Na_2O 含量减少），因而又延缓了水化历程；另一方面是因为随着激发剂模数的增加，胶凝材料黏度增加，不利于反应的进行。

图 6.3 为赤泥掺量对赤泥-矿渣基胶凝材料水化历程的影响。从图中可以看出：

（1）随着赤泥掺量的增加，横向弛豫时间的衰减速度呈逐渐变缓的趋势，这表明赤泥的掺入延缓了高炉矿渣的水化反应速率。这是因为与高炉矿渣相比，赤泥的胶凝活性较低。

（2）当赤泥掺量小于 50%时，其掺入对水化反应速率的影响较小。这一方面是因为赤泥中硅铝质组分可以反应，另一方面是因为赤泥中含有 10.2%的 Na_2O。高碱性的赤泥在胶凝体系中除作为反应物外，还可以作为碱激发剂使用。

2. 低钙型赤泥-粉煤灰基胶凝材料

通过低场核磁分析不同水化时间条件下赤泥-粉煤灰基胶凝材料中水分子横向弛豫时间的变化规律，并分析激发剂模数、赤泥掺量两种因素对赤泥-粉煤灰基胶凝材料水化历程的影响。图 6.4 为不同水化时间赤泥-粉煤灰基胶凝材料中水分子横向弛豫时间的变化规律。从图中可以看出：

（1）当激发剂模数为 2.7 和 2.4 时，赤泥-粉煤灰基胶凝材料中水分子横向弛豫时间几乎没有改变。当激发剂模数大于 2.4 时，赤泥-粉煤灰基胶凝材料不会硬化。

（2）随着激发剂模数的减小，水分子横向弛豫时间的衰减速度和衰减值逐渐增大，这表明低模数的激发剂更有利于赤泥-粉煤灰基胶凝材料的激发。这是因为赤泥-粉煤灰基胶凝材料为低钙型体系，二者的胶凝活性相对较低，需要高 pH 的激发剂进行激发才会发生水化反应。

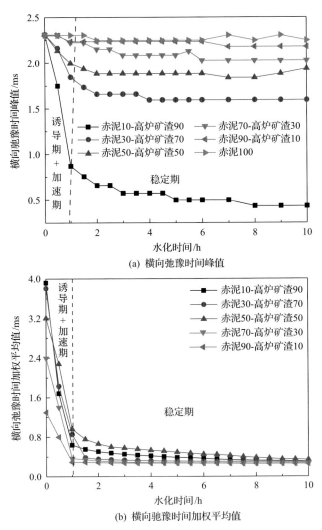

(a) 横向弛豫时间峰值

(b) 横向弛豫时间加权平均值

图 6.3　赤泥掺量对赤泥-矿渣基胶凝材料水化历程的影响

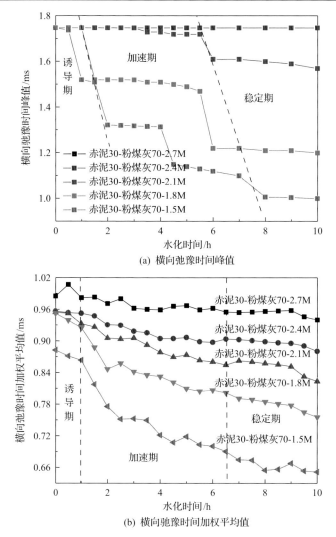

(a) 横向弛豫时间峰值

(b) 横向弛豫时间加权平均值

图 6.4　不同水化时间赤泥-粉煤灰基胶凝材料中水分子横向弛豫时间的变化规律

图 6.5 为赤泥掺量对赤泥-粉煤灰基胶凝材料水化历程的影响。从图中可以看出：

（1）随着水化时间的延长，赤泥-粉煤灰基胶凝材料中水分子横向弛豫时间的峰值逐渐减小。这表明胶凝材料中的水分子参与了水化反应历程，水分子由自由水向物理吸附水和化学结合水转变。

（2）随着赤泥掺量的增加，胶凝材料中水分子弛豫时间的变化幅度逐渐减小。这是因为在赤泥-粉煤灰基胶凝材料体系中，粉煤灰为水化反应的主体，而赤泥的胶凝活性较低，随着赤泥掺量的增加，体系的反应量减少，参与水化反应的自由水减少。当赤泥掺量为 60%时，胶凝材料中自由水的消耗量最少。

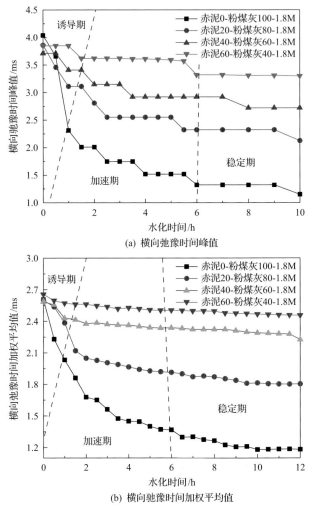

(a) 横向弛豫时间峰值

(b) 横向弛豫时间加权平均值

图 6.5　赤泥掺量对赤泥-粉煤灰基胶凝材料水化历程的影响

6.1.2　胶凝材料黏度经时变化规律

　　黏度是反映胶凝材料流动特性的重要表征参数，从微观角度来看，黏度是由分子相互作用决定的。由于黏度的存在，流体在流动时具有抵抗剪切变形的能力，所以胶凝材料的黏度越大，其流动性也越差。本节采用流变动力学来分析胶凝材料黏度经时变化规律。

　　从反应机理和产物的分子结构来看，地质聚合物胶凝材料与有机聚合物有相似之处。因此，由聚合物流体研究得出的流变动力学结论适用于地质聚合物胶凝材料。在地质聚合物胶凝材料的形成过程中，随着时间的推移，其分子量逐渐增加，黏度也随之增加，从而导致流动性下降。因此，研究地质聚合物胶凝材料的流变动力学有助于理解地质聚合物胶凝材料的动态过程，有利于研究流动性随时间的变化规律。本节研究不同水化时间的赤泥基地质聚合物胶凝材料的流变动力学及其影响因素。在此基础上，通过对黏度曲线的分析，揭示了不同流动性改性方法的作用机理。

1. 高钙型赤泥-矿渣基胶凝材料

图 6.6 为赤泥-矿渣基胶凝材料流变特性。从图 6.6(a)可以看出，赤泥-矿渣基胶凝材料水化历程按黏度特征的变化规律可以分为诱导期、稳定期和加速期。在诱导期，赤泥-矿渣基胶凝材料的黏度持续上升，主要是因为固体废弃物原料在激发剂作用下，硅铝质组分发生解聚反应，减少了胶凝材料中的自由水；在稳定期，胶凝材料黏度变化较小，说明在此阶段，硅氧四面体和铝氧四面体的聚合反应开始快速发生，硅铝质组分解聚反应消耗的自由水与重新聚合反应生成的自由水大致平衡；在加速期，赤泥-矿渣基胶凝材料黏度显著增长，这是因为在这一阶段，胶凝材料中的水化产物大量生成，胶凝材料开始硬化，强度显著增大。

图 6.6(b)为不同水化时间的赤泥-矿渣基胶凝材料的流变曲线。表 6.1 为不同水化时间赤泥-矿渣基胶凝材料的流变曲线参数。从图 6.6(b)可以看出，随着水化时间的延长，胶凝材料的剪切应力逐渐增加。从表 6.1 可以看出，在水化前期，胶凝材料类型为 Herschel-Bulkley 流体，随着水化时间的延长，胶凝材料类型由 Herschel-Bulkley 流体转变为 Bingham 流体。Herschel-Bulkley 流体和 Bingham 流体剪切应力的表达式分别为

$$\tau = \tau_0 + k\gamma^n \tag{6.11}$$

$$\tau = \tau_0 + k\gamma \tag{6.12}$$

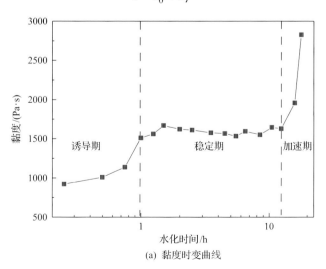

(a) 黏度时变曲线

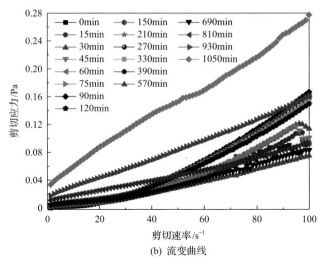

(b) 流变曲线

图 6.6　赤泥-矿渣基胶凝材料流变特性

表 6.1　不同水化时间赤泥-矿渣基胶凝材料的流变曲线参数

水化时间/min	屈服应力 τ_0/Pa	流动系数 k	黏度系数 n	拟合优度 R^2
0	0.12873	0.06976	0.05148	0.98538
15	0.85186	0.0059	0.04811	0.99202
30	6.67745	0.02142	1.88321	0.9965
45	6.21249	0.0474	1.70171	0.98358
60	10.66044	0.02407	1.90146	0.99903
75	9.23757	0.02917	1.85407	0.99902
90	9.29658	0.03088	1.86304	0.9991
120	8.80494	0.0346	1.83297	0.99902
150	8.64816	0.03491	1.82914	0.99908
210	8.40946	0.03546	1.82197	0.999
270	8.58100	0.03623	1.81531	0.99896
330	8.42475	0.03834	1.79833	0.99885
390	8.63848	0.03829	1.79251	0.99871
570	8.49312	0.06488	1.52541	0.9987
690	9.36144	0.05996	1.56854	0.99757
810	20.10652	0.2376	1.25763	0.99861
930	26.6698	1.40894	1	0.99761
1050	46.84683	2.27853	1	0.99593

　　图 6.7 为赤泥-矿渣基胶凝材料屈服应力随水化时间的变化规律。从图中可以看出，赤泥-矿渣基胶凝材料屈服应力随水化时间的变化规律可以分为诱导期、稳

定期和加速期。

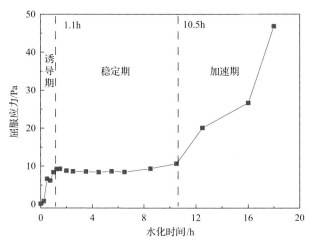

图 6.7　赤泥-矿渣基胶凝材料屈服应力随水化时间的变化规律

2. 低钙型赤泥-粉煤灰基胶凝材料

图 6.8 为赤泥-粉煤灰基胶凝材料流变特性。从图 6.8(a)可以看出，赤泥-粉煤灰基胶凝材料的黏度时变曲线可以分为诱导期、稳定期和加速期，说明赤泥-粉煤灰基胶凝材料的水化过程主要为硅铝质组分的地质聚合反应。对比分析可知，高钙型赤泥基地质聚合物胶凝材料的水化时间小于低钙型，这是因为高钙型胶凝材料中钙质组分可以参与水化反应，生成 C-S-H 凝胶、C-S-A-H 凝胶和 N-C-S-A-H 凝胶等，进而促进水化反应的进行。

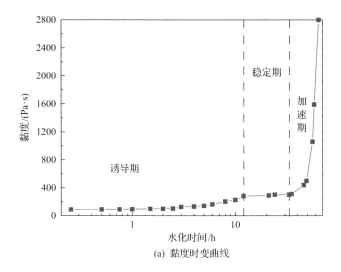

(a) 黏度时变曲线

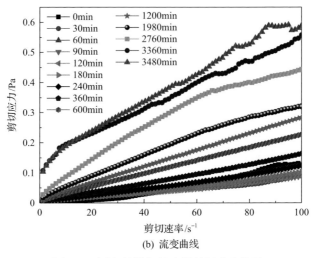

(b) 流变曲线

图 6.8 赤泥-粉煤灰基胶凝材料流变特性

从图 6.8(b)可以看出，随着水化时间的延长，胶凝材料的剪切应力逐渐增加。表 6.2 为不同水化时间赤泥-粉煤灰基胶凝材料的流变曲线参数。从表中可以看出，在水化前期，胶凝材料为 Herschel-Bulkley 流体，随着水化时间的延长，胶凝材料的黏度系数逐渐趋近于 1，而后继续减小，这表明随着水化时间的延长，赤泥-粉煤灰基胶凝材料由 Herschel-Bulkley 流体转变为 Bingham 流体。

表 6.2 不同水化时间赤泥-粉煤灰基胶凝材料的流变曲线参数

水化时间/min	屈服应力 τ_0/Pa	流动系数 k	黏度系数 n	拟合优度 R^2
0	0.53535	0.06976	0.05148	0.99314
30	6.65002	0.04622	1.5689	0.97355
60	6.67639	0.91795	0.95984	0.99396
90	6.81399	0.1214	1.39028	0.99463
120	6.90123	0.14002	1.38506	0.99746
180	8.65002	0.02917	1.85407	0.99902
240	9.27675	0.2269	1.31108	0.99863
360	9.23757	0.51443	1.17563	0.99908
600	9.27002	1.10074	1.07441	0.99963
1200	21.10394	2.73828	0.95271	0.99996
1980	21.59364	3.14038	0.97168	0.99991
2760	91.16203	9.35217	0.77681	0.99654
3360	110	33.03963	0.58795	0.99158
3480	122.44289	7.94988	0.86396	0.99722

图 6.9 为赤泥-粉煤灰基胶凝材料屈服应力随水化时间的变化规律。从图中可以看出：

(1)赤泥-粉煤灰基胶凝材料屈服应力随水化时间的变化可以分为稳定期和加速期，并且稳定期持续时间较长。这是因为赤泥与粉煤灰的胶凝活性均较低，在激发剂作用下，硅铝质组分浸出的反应速率较低。

(2)胶凝材料进入加速期后，胶凝材料的屈服应力快速增长。这是因为随着硅铝质组分浸出反应的进行，胶凝材料中存在着大量的铝氧四面体和硅氧四面体，以及二聚体等中间产物，进入加速期后地质聚合反应迅速发生，从而屈服应力快速增长。

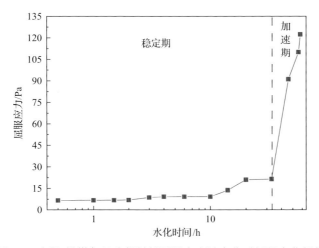

图 6.9　赤泥-粉煤灰基胶凝材料屈服应力随水化时间的变化规律

6.1.3　赤泥基地质聚合物胶凝材料水化历程微观结构

1. 高钙型赤泥-矿渣基胶凝材料

图 6.10 为不同水化时间赤泥-矿渣基胶凝材料的红外光谱图。其中，$3279cm^{-1}$ 处为胶凝材料中 H_2O 的吸收峰，$2366cm^{-1}$ 处为 CO_3^{2-} 的吸收峰，$1631cm^{-1}$ 处为 O—H 键的特征吸收峰，$942cm^{-1}$ 处为 Si—O—T(T=Si、Al、Fe)键的特征吸收峰，$672cm^{-1}$ 处为 Al—O 键的特征吸收峰，$1000\sim400cm^{-1}$ 处为原料中金属氧化物在指纹区的特征吸收峰。从图中可以看出：

(1)随着水化时间的延长，赤泥-矿渣基胶凝材料在指纹区的特征吸收峰强度逐渐减弱，在 $942cm^{-1}$ 左右的特征吸收峰强度逐渐增强，当水化时间为 60min 后，这种现象变得尤为明显，说明在激发剂作用下，原料中的硅铝质组分解聚生成了铝氧四面体和硅氧四面体，并重新聚合生成 N-C-S-A-H 凝胶和 N-S-A-H 凝胶。

　　(2)随着水化时间的延长，胶凝材料中的自由水逐渐减少，说明胶凝材料中的水分参与了水化反应。当水化时间为 60min 时，胶凝材料结构变化显著。

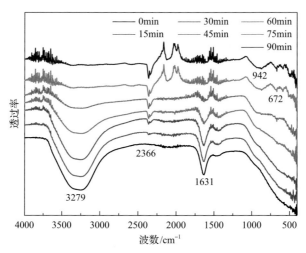

图 6.10　不同水化时间赤泥-矿渣基胶凝材料的红外光谱图

　　图 6.11 为不同水化时间赤泥-矿渣基胶凝材料的 XRD 谱图。从图中可以看出：
　　(1)赤泥中的主要矿物为钙霞石和赤铁矿，还含有部分莫来石、三水铝石和伊利石。
　　(2)当水化时间为 15min 时，在 20°～40°出现弥散峰。这表明赤泥、矿渣在激发剂作用下发生地质聚合反应，生成了地质聚合物凝胶（N-C-S-A-H 凝胶和

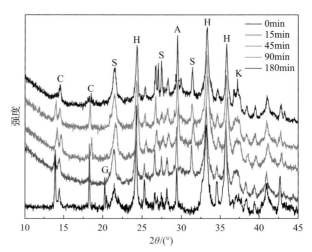

图 6.11　不同水化时间赤泥-矿渣基胶凝材料的 XRD 谱图
A.方解石；C.钙霞石；G.三水铝石；H.赤铁矿；K.伊利石；L.莫来石；S.索伦石

N-S-A-H 凝胶），并且弥散峰的面积随着水化时间的延长逐渐增大，表明胶凝材料中的水化产物逐渐增多。

(3)随着水化时间的延长，赤泥中的钙霞石、三水铝石等矿物的衍射峰强度逐渐减弱，甚至消失，这表明在激发剂作用下，赤泥中的钙质、硅质和铝质组分参与了水化反应。

(4)赤泥中赤铁矿的衍射峰强度变化幅度较小，这是因为赤铁矿为惰性矿物，在激发剂作用下结构非常稳定，因此在高钙型赤泥-矿渣体系中参与水化反应的程度较低。

2. 低钙型赤泥-粉煤灰基胶凝材料

图 6.12 为不同水化时间赤泥-粉煤灰基胶凝材料的红外光谱图。其中，1602cm^{-1}处为 O—H 键的特征吸收峰，997cm^{-1}处为 Si—O—T(T=Si、Al 或 Fe)键的特征吸收峰，776cm^{-1}处为 Al—O 键的特征吸收峰，600~500cm^{-1}处为原料中金属氧化物在指纹区的特征吸收峰。从图中可以看出：

(1)随着水化时间的延长，赤泥-粉煤灰基胶凝材料在指纹区的特征吸收峰强度逐渐减弱，在 997cm^{-1}左右的特征吸收峰强度逐渐增强，当水化时间为 60min后，这种现象变得尤为明显，说明在激发剂作用下，原料中的硅铝质组分解聚，并再聚合生成 N-C-S-A-H 凝胶和 N-S-A-H 凝胶。

(2)随着水化时间的延长，胶凝材料中的自由水逐渐减少，说明胶凝材料中的水分参与了水化反应。

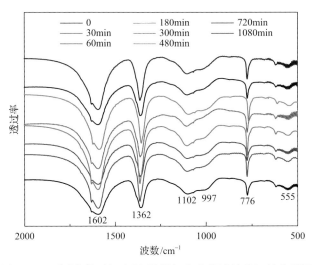

图 6.12   不同水化时间赤泥-粉煤灰基胶凝材料的红外光谱图

图 6.13 为不同水化时间赤泥-粉煤灰基胶凝材料的 XRD 谱图。粉煤灰的主要

矿物组分为玻璃态的硅铝质组分、莫来石和少量的石英。从图中可以看出：

(1)在水化反应过程中，赤泥中的赤铁矿和粉煤灰中的莫来石在激发剂作用下变化较小，说明二者的胶凝活性较低。图中10°左右的衍射峰为沸石类结构的特征峰，随着水化时间的延长，沸石类结构的衍射峰强度逐渐增强，表明随着水化时间的延长，在激发剂作用下赤泥和粉煤灰形成了类沸石类结构的水化产物。

(2)在水化时间为1440min之前，赤泥-粉煤灰基胶凝材料XRD谱图变化较小，直到1440min水化产物才出现显著变化，这进一步表明在激发剂作用下赤泥和粉煤灰的胶凝活性较低，水化反应进行得较慢。

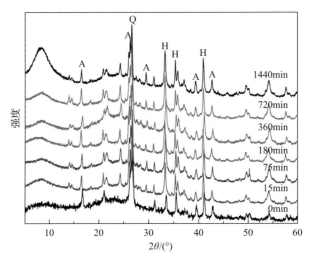

图6.13　不同水化时间赤泥-粉煤灰基胶凝材料的XRD谱图

A. 钙霞石；H. 赤铁矿；Q. 石英

6.2　赤泥基地质聚合物胶凝材料水化动力学模型

赤泥基地质聚合物胶凝材料水化是放热过程，采用等温量热仪可测定其水化反应热及其水化反应历程。本节重点分析了激发剂类型、激发剂模数、钙质组分含量、原料配比等因素对赤泥基地质聚合物胶凝材料水化动力学机理的影响，并结合Krstulovic-Dabic模型[1]模拟不同条件下赤泥基地质聚合物胶凝材料的水化动力学过程，分析各因素对水化历程的作用规律，并建立赤泥基地质聚合物胶凝材料水化动力学模型。

6.2.1　水泥类胶凝材料水化动力学模型

本节以Krstulovic-Dabic模型[1]为基础，针对前面确定的高钙型和低钙型赤泥基地质聚合物胶凝材料体系，详细分析固体废弃物原料配比、激发剂掺量等参数对赤泥基地质聚合物胶凝材料水化反应历程的影响，并建立其动力学模型。

Krstulovic 等[1]提出的硅酸盐水泥水化动力学假设发生三个基本反应过程：结晶成核(NG)、相边界反应(I)和扩散(D)，假定这三个过程同时发生，但是控制整个水化反应的是最慢的那个阶段。因此，确定三个阶段的反应速率是揭示赤泥基地质聚合物胶凝材料水化机理的重要方法。

结晶成核(NG)控制水化反应过程的方程：

$$\left[-\ln(1-\alpha)\right]^{1/n} = K_1(t-t_0) = K_1'(t-t_0) \tag{6.13}$$

相边界反应(I)控制水化反应过程的方程：

$$1 - \ln(1-\alpha)^{1/3} = K_2 r^{-1}(t-t_0) = K_2'(t-t_0) \tag{6.14}$$

扩散(D)控制水化反应过程的方程：

$$\left[1 - \ln(1-\alpha)^{1/3}\right]^2 = K_3 r^{-2}(t-t_0) = K_3'(t-t_0) \tag{6.15}$$

结晶成核(NG)控制水化反应过程的微分方程：

$$\frac{\mathrm{d}\alpha}{\mathrm{d}t} = F_1(\alpha) = K_1^n(1-\alpha)\left[-\ln(1-\alpha)\right]^{(n-1)/n} \tag{6.16}$$

相边界反应(I)控制水化反应过程的微分方程：

$$\frac{\mathrm{d}\alpha}{\mathrm{d}t} = F_2(\alpha) = K_2' \times 3(1-\alpha)^{2/3} \tag{6.17}$$

扩散(D)控制水化反应过程的微分方程：

$$\frac{\mathrm{d}\alpha}{\mathrm{d}t} = F_3(\alpha) = \frac{K_3' \times 3(1-\alpha)^{2/3}}{2 - 2(1-\alpha)^{1/3}} \tag{6.18}$$

式中，$F_i(\alpha)$ 为反应机理函数；K_i 为水化反应速率常数，$i=1$，2，3；K_i' 为表观水化反应速率常数，$i=1$，2，3；n 为几何晶体水化反应级数；r 为反应物颗粒半径；t 为水化时间；t_0 为诱导期结束时间；α 为水化程度。

为了将水化热数据转化为动力学模型需要的水化程度 α 和水化反应速率 $\mathrm{d}\alpha/\mathrm{d}t$，水化动力学方程为

$$\frac{1}{Q_t} = \frac{1}{Q_{max}} + \frac{1}{Q_{max}(t - t_0)} \tag{6.19}$$

式中，Q_{max} 为复合胶凝材料终止水化时的总放热量；Q_t 为从加速期开始计算的 t 时刻放出的热量；$t-t_0$ 为从加速期开始时计算的水化时间。

$$\alpha(t) = \frac{Q_t}{Q_{max}} \tag{6.20}$$

$$\frac{\mathrm{d}\alpha}{\mathrm{d}t} = \frac{\mathrm{d}Q}{\mathrm{d}t}\frac{1}{Q_{max}} \tag{6.21}$$

以 Krstulovic-Dabic 模型为基础，计算不同阶段的水化反应级数 n 和水化反应速率常数 K_i，建立赤泥基地质聚合物胶凝材料水化动力学模型。

6.2.2　高钙型赤泥基地质聚合物胶凝材料水化动力学模型

在赤泥基地质聚合物胶凝材料水化反应历程中，钙质组分具有促进水化历程、提升胶凝材料抗压强度的作用。本节以赤泥-矿渣为高钙型赤泥基地质聚合物胶凝材料，研究赤泥和激发剂类型、激发剂模数、赤泥掺量等参数对高钙型赤泥基地质聚合物胶凝材料水化历程的影响，并建立高钙型赤泥基地质聚合物胶凝材料的水化动力学模型。试验采用微量热仪进行分析，胶凝材料水灰比为 0.6，测试时间为 72h。

1. 赤泥和激发剂类型的影响

图 6.14 为赤泥和激发剂类型对赤泥-矿渣基胶凝材料水化历程的影响。从图中可以看出，烧结法赤泥的水化放热量比拜耳法赤泥高，这是因为烧结法赤泥由 β-C$_2$S 和其他钙质组分组成，而拜耳法赤泥中含有大量的赤铁矿等惰性组分，烧结法赤泥比拜耳法赤泥具有更高的反应活性。

从图 6.14(a) 可以看出，赤泥-矿渣基胶凝材料水化放热曲线有两个峰，一个为赤泥基地质聚合物胶凝材料水化溶液的放热峰，另一个为硅铝质组分在碱溶液作用下聚合硬化的放热峰。NaOH 活化的赤泥-矿渣基胶凝材料只有一个放热峰值，放热速率达到峰值后开始持续下降，在 36h 时胶凝材料几乎不再放热。而 Na$_2$SiO$_3$ 活化的胶凝材料有两个明显的放热速率峰值，这是因为 NaOH 的 pH 比 Na$_2$SiO$_3$ 高，在 NaOH 激发作用下，赤泥-矿渣基胶凝材料的水化反应历程变短；此外，在 NaOH 激发作用下，胶凝材料水化的诱导期明显低于 Na$_2$SiO$_3$，因此 NaOH 作用下第一个放热峰不明显，在温度变化曲线上只有一个微弱的温度峰值，而 Na$_2$SiO$_3$ 活化的试样有两个明显的温度峰值。此外，这种现象还与反应产物的进一步聚合有关。

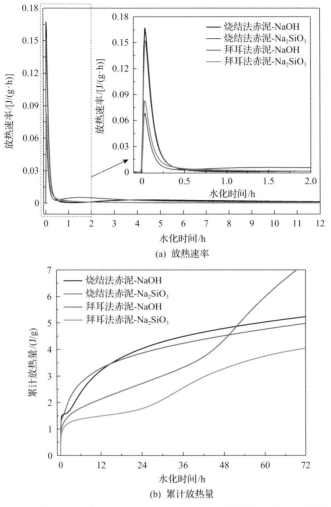

(a) 放热速率

(b) 累计放热量

图 6.14　赤泥和激发剂类型对赤泥-矿渣基胶凝材料水化历程的影响

图 6.15 为不同赤泥和激发剂类型条件下赤泥-矿渣基胶凝材料水化历程分析，其水化动力学反应常数分析结果见表 6.3。对于拜耳法赤泥，NaOH 激发作用下的累计放热量高于 Na_2SiO_3，且 t_{50} 小于 Na_2SiO_3 激发作用下的 t_{50}；而对于烧结法赤泥，Na_2SiO_3 激发的总放热量高于 NaOH，但 t_{50} 显著高于 NaOH 激发作用下的 t_{50}。这表明 Na_2SiO_3 对烧结法赤泥早期水化的激发作用更明显，这是由于烧结法赤泥中钙质组分含量高，使用 Na_2SiO_3 作为激发剂，在水化反应过程中可以形成 C-S-H 凝胶，进而促进水化反应进程。Na_2SiO_3 作为激发剂时的水化反应级数均低于 NaOH，这表明 Na_2SiO_3 浓度对赤泥-矿渣基胶凝材料水化历程的作用幅度小于 NaOH。NaOH 作为激发剂时的水化反应速率常数 K_1、K_2、K_3 均高于 Na_2SiO_3，这表明 OH$^-$ 更易于促进水化产物结晶成核、相边界反应和扩散过程。

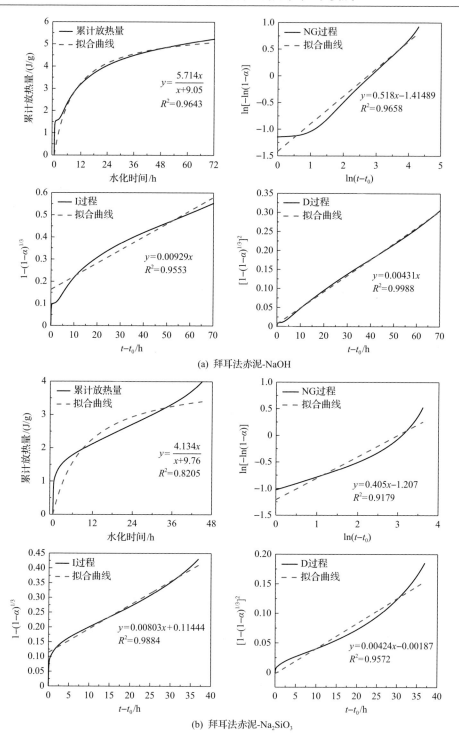

(a) 拜耳法赤泥-NaOH

(b) 拜耳法赤泥-Na$_2$SiO$_3$

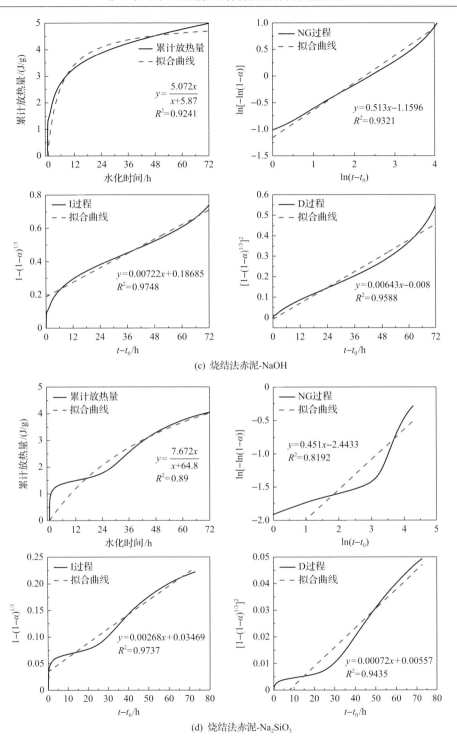

图 6.15　不同赤泥和激发剂类型条件下赤泥-矿渣基胶凝材料水化历程分析

表 6.3　不同赤泥和激发剂类型条件下赤泥-矿渣基胶凝材料水化动力学反应常数分析结果

试样	累计放热量/(J/g)	t_{50}/h	水化反应级数 n	K_1	K_2	K_3
拜耳法赤泥-NaOH	5.714	9.05	0.518	0.0653	0.00929	0.00431
拜耳法赤泥-Na$_2$SiO$_3$	4.134	9.76	0.405	0.0509	0.00803	0.00424
烧结法赤泥-NaOH	5.072	5.87	0.513	0.1042	0.00722	0.00643
烧结法赤泥-Na$_2$SiO$_3$	7.672	64.8	0.451	0.00447	0.00268	0.00072

　　图 6.16 为不同赤泥和激发剂类型条件下赤泥-矿渣基胶凝材料模拟水化放热曲线。从图中可以看出，$F_1(\alpha)$、$F_2(\alpha)$、$F_3(\alpha)$ 很好地模拟了不同条件下赤泥-矿渣基胶凝材料的水化历程。Na$_2$SiO$_3$ 作用下烧结法赤泥的 dα/dt 最高值高于 NaOH，且对于拜耳赤泥而言，NaOH 作用下的 dα/dt 最高值低于 Na$_2$SiO$_3$。尽管 I 过程所占的比例最小，但赤泥-矿渣基胶凝材料的水化机理仍与矿渣基胶凝材料类似，沿

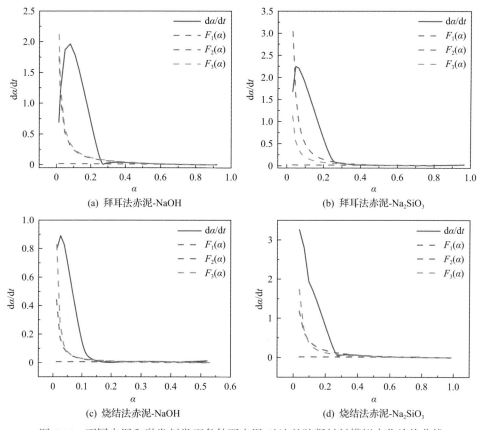

图 6.16　不同赤泥和激发剂类型条件下赤泥-矿渣基胶凝材料模拟水化放热曲线

着 NG—I—D 过程发生。

2. 激发剂模数的影响

图 6.17 为激发剂模数对赤泥-矿渣基胶凝材料水化历程的影响。从图中可以看出，随着激发剂模数的增大，赤泥-矿渣基胶凝材料水化放热速率呈先升高后降低的趋势，当激发剂模数为 1.5 时放热速率最高，其次是激发剂模数为 1.2 时。这是因为当激发剂模数增加时，激发剂在胶凝材料体系中提供的硅质组分增多，有利于地质聚合物凝胶的生成，但随着激发剂模数的持续升高，其对赤泥和矿渣的激发作用减弱。此外，随着激发剂模数的增加，胶凝材料的黏度增加，不利于反

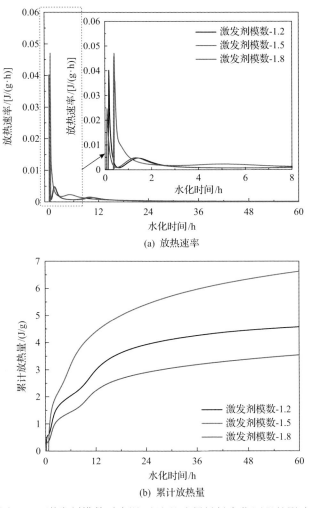

(a) 放热速率

(b) 累计放热量

图 6.17　激发剂模数对赤泥-矿渣基胶凝材料水化历程的影响

应组分的迁移和地质聚合反应，因此其水化放热速率降低。累计放热量的分析结果也表明，随着激发剂模数的增加，赤泥-矿渣基胶凝材料的水化放热量呈先升高后降低的趋势。

赤泥-矿渣基胶凝材料的水化放热速率曲线具有两个明显的放热峰，但当激发剂模数为 1.5 时，赤泥-矿渣基胶凝材料第一个放热峰明显高于其他两个试样，但是第二个放热峰明显滞后。这是因为当激发剂模数为 1.2 时，胶凝体系中硅质组分含量高，水化放热速率快，因此第二个反应放热峰出现得较早，而当激发剂模数为 1.8 时，胶凝体系的碱性高，激发剂对固体废弃物原料的激发作用强，因此第二个放热峰出现得较早。而对于激发剂模数为 1.5 的胶凝材料，在适当 Si/Al 和碱性条件下，水化反应过程中生成大量的$[SiO_4]^-$和$[AlO_4]^-$，而随着水化时间的延长，单聚体和二聚体进一步发生聚合反应，生成多聚体的三维网状地质聚合物凝胶。

图 6.18 为不同激发剂模数条件下赤泥-矿渣基胶凝材料水化历程分析，其水化动力学反应常数分析结果见表 6.4。可以看出，随着激发剂模数的升高，赤泥-矿渣基胶凝材料总放热量呈先升高后降低的趋势，t_{50} 呈一直升高的趋势，这表明随着激发剂模数的增加，胶凝材料水化程度先增加后减小，早期的水化放热速率呈先加快后延缓的趋势。水化反应级数 n 随着激发剂模数的增加呈先减小后增大的趋势，

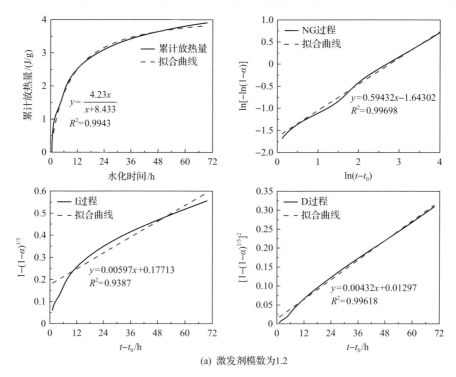

(a) 激发剂模数为1.2

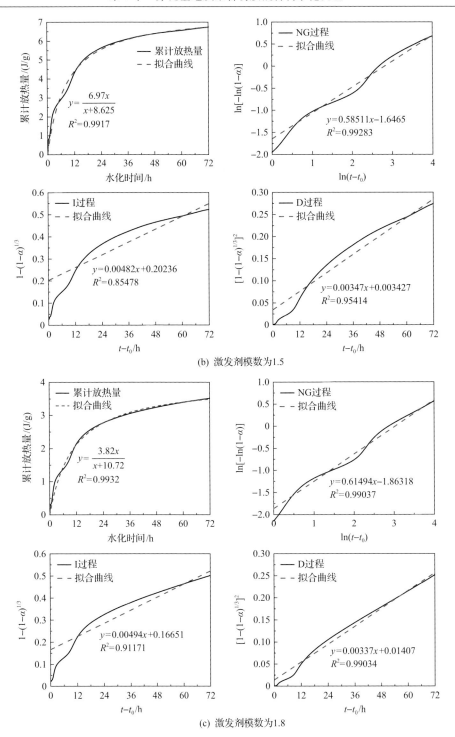

(b) 激发剂模数为1.5

(c) 激发剂模数为1.8

图 6.18 不同激发剂模数条件下赤泥-矿渣基胶凝材料水化历程分析

表 6.4　　不同激发剂模数条件下赤泥-矿渣基胶凝材料水化动力学反应常数分析结果

激发剂模数	累计放热量/(J/g)	t_{50}/h	水化反应级数 n	K_1	K_2	K_3
1.2	4.23	8.433	0.59432	0.063	0.00597	0.00432
1.5	6.97	8.625	0.58511	0.0599	0.00482	0.00347
1.8	3.82	10.72	0.61494	0.048	0.00494	0.00337

表明当激发剂模数小于 1.5 时，激发剂模数对水化反应速率的影响逐渐减小；当激发剂模数大于 1.5 时，激发剂模数对水化反应速率的影响呈升高趋势。水化反应速率常数 K_1 和 K_3 随着激发剂模数的增加而降低，说明激发剂模数的增加促进了赤泥-矿渣基胶凝材料水化产物结晶成核、相边界反应和扩散进程。此外，K_1 高于 K_2 和 K_3，说明水化反应中水化产物结晶成核及生长进程占主导地位。

　　图 6.19 为不同激发剂模数条件下赤泥-矿渣基胶凝材料模拟水化放热曲线。从图中可以看出，随着激发剂模数的增加，赤泥-矿渣基胶凝材料的 $\mathrm{d}\alpha/\mathrm{d}t$ 先升

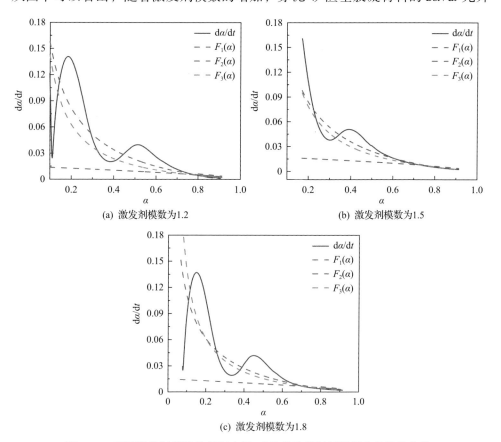

(a) 激发剂模数为1.2　　　　　　　　　(b) 激发剂模数为1.5

(c) 激发剂模数为1.8

图 6.19　　不同激发剂模数条件下赤泥-矿渣基胶凝材料模拟水化放热曲线

高后降低,这表明激发剂模数对赤泥-矿渣基胶凝材料的激发作用呈抛物线关系。$F_1(\alpha)$、$F_2(\alpha)$、$F_3(\alpha)$三条拟合曲线的交汇点出现在水化反应后期,表明在水化前期,三种水化反应过程同时存在于胶凝体系中。

3. 赤泥掺量的影响

图 6.20 为赤泥掺量对赤泥-矿渣基胶凝材料水化历程的影响。从图中可以看出,随着赤泥掺量的增加,赤泥-矿渣基胶凝材料水化放热速率呈逐渐降低的趋势。这是因为赤泥中的硅铝质组分浸出困难,赤铁矿等惰性矿物参与水化反应的程度较低。放热量结果分析表明,随着赤泥掺量的增加,赤泥-矿渣基胶凝材料的水化放热量呈降低的趋势。此外,赤泥-矿渣基胶凝材料的水化放热速率曲线具有两个

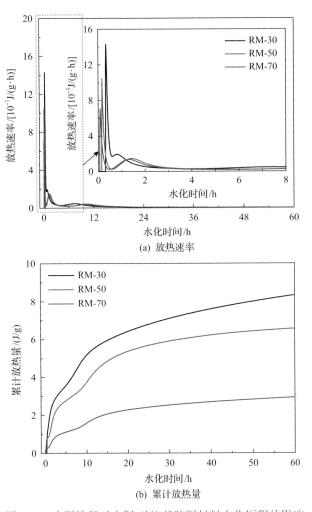

(a) 放热速率

(b) 累计放热量

图 6.20　赤泥掺量对赤泥-矿渣基胶凝材料水化历程的影响

明显的放热峰，当赤泥掺量由 30%增至 50%时，赤泥-矿渣基胶凝材料第一个放热峰峰值降低，出现时间提前，这是由于赤泥的胶凝活性低。当赤泥掺量由 50%增至 70%时，第一个放热峰同样出现峰值降低、出现时间提前的现象，但是第二个放热峰明显提前，这可能是因为赤泥为高碱性固体废弃物，赤泥掺量的增加增强了赤泥-矿渣基胶凝体系的碱性，进而促进了水化历程。

图 6.21 为不同赤泥掺量条件下赤泥-矿渣基胶凝材料水化历程分析，其水化动力学反应常数分析结果见表 6.5。可以看出，随着赤泥掺量的增加，赤泥-矿渣基胶凝材料累计放热量呈降低的趋势，t_{50} 呈升高的趋势，这表明随着赤泥掺量的增加，赤泥-矿渣基胶凝材料的水化程度逐渐降低，早期的水化放热速率逐渐

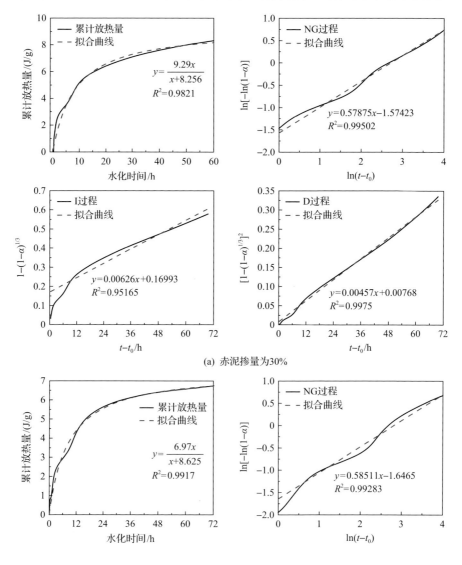

(a) 赤泥掺量为30%

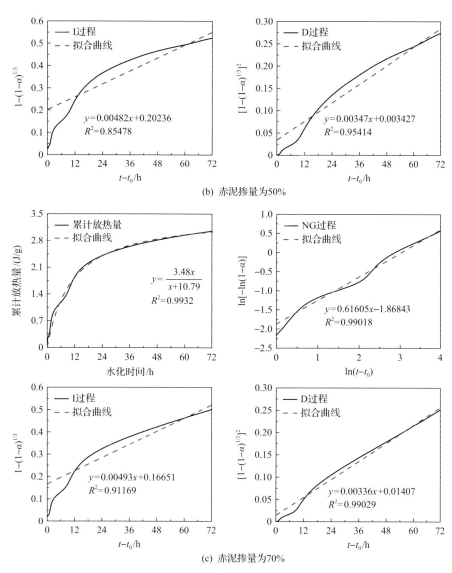

图 6.21　不同赤泥掺量条件下赤泥-矿渣基胶凝材料水化历程分析

表 6.5　不同赤泥掺量条件下赤泥-矿渣基胶凝材料水化动力学反应常数分析结果

赤泥掺量/%	累计放热量/(J/g)	t_{50}/h	水化反应级数 n	K_1	K_2	K_3
30	9.29	8.256	0.57875	0.0658	0.00626	0.00457
50	6.97	8.625	0.58511	0.0599	0.00482	0.00347
70	3.48	10.79	0.61605	0.0482	0.00493	0.00336

延缓。赤泥-矿渣基胶凝材料的水化反应级数 n 随着赤泥掺量的增加呈逐渐增大的趋势，这表明随着赤泥掺量的增加，其对水化反应速率的影响呈升高趋势。水化反应速率常数 K_1、K_3 随赤泥掺量的增加而逐渐降低，说明赤泥掺量的增加抑制了水化产物结晶成核和扩散进程；但水化反应速率常数 K_2 随着赤泥掺量的增加呈先降低后略微升高的趋势，表明赤泥掺量在一定范围内增加可以促进相边界反应进程。

图 6.22 为不同赤泥掺量条件下赤泥-矿渣基胶凝材料模拟水化放热曲线。从图中可以看出，$F_1(\alpha)$、$F_2(\alpha)$、$F_3(\alpha)$ 很好地模拟了赤泥-矿渣基胶凝材料的水化历程。随着赤泥掺量的增加，赤泥-矿渣基胶凝材料的 $d\alpha/dt$ 逐渐降低。$F_1(\alpha)$、$F_2(\alpha)$、$F_3(\alpha)$ 三条拟合曲线的交汇点出现在水化反应后期，表明在水化前期，三种水化反应过程同时存在于胶凝体系中。

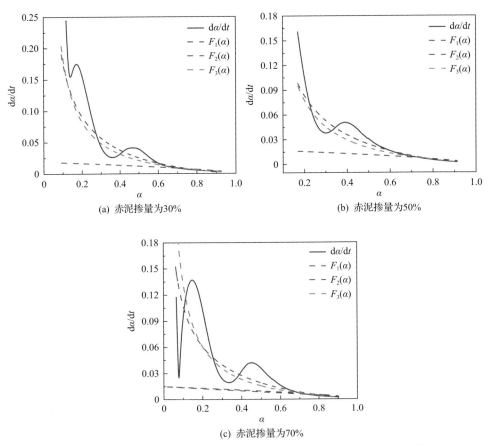

(a) 赤泥掺量为30%　　　　(b) 赤泥掺量为50%

(c) 赤泥掺量为70%

图 6.22　不同赤泥掺量条件下赤泥-矿渣基胶凝材料模拟水化放热曲线

6.2.3 低钙型赤泥基地质聚合物胶凝材料水化动力学模型

1. 激发剂模数的影响

图 6.23 为激发剂模数对赤泥-粉煤灰基胶凝材料水化历程的影响。从图中可以看出，在试验参数范围内，随着激发剂模数的增加，赤泥-粉煤灰基胶凝材料放热速率峰值先升高后降低，累计放热量也呈先升高后降低的趋势。这是因为随着激发剂模数增加，聚合程度加深，反应产物 N-A-S-H 凝胶含量逐渐增多，试样密实程度逐渐提高，抗压强度升高。当激发剂模数超过 1.5 后，随着激发剂模数继续增加，水玻璃溶液的黏度增大，进而导致放热速率和水化程度降低。

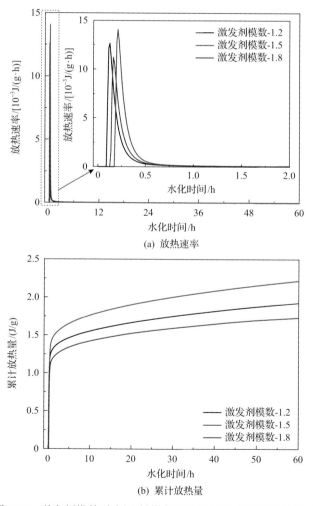

(a) 放热速率

(b) 累计放热量

图 6.23 激发剂模数对赤泥-粉煤灰基胶凝材料水化历程的影响

图 6.24 为不同激发剂模数条件下赤泥-粉煤灰基胶凝材料水化历程分析，其水化动力学反应常数分析结果见表 6.6。可以看出：

(1) 随着激发剂模数的增加，赤泥-粉煤灰基胶凝材料累计放热量呈先升高后降低的趋势，t_{50} 呈先缩短后延长的趋势。这表明随着激发剂模数的增加，赤泥-粉煤灰基胶凝材料的水化程度先增加后减小，早期的水化放热速率呈先加快后延缓的趋势。

(2) 赤泥-粉煤灰基胶凝材料的水化反应级数 n 随着激发剂模数的增加呈先增大后减小的趋势。这表明，当激发剂模数小于 1.5 时，激发剂模数对水化反应速率的影响呈加快的趋势；当激发剂模数大于 1.5 时，激发剂模数对水化反应速率的影响呈延缓的趋势。水化反应速率常数 K_1、K_2 和 K_3 随着激发剂模数的增加先

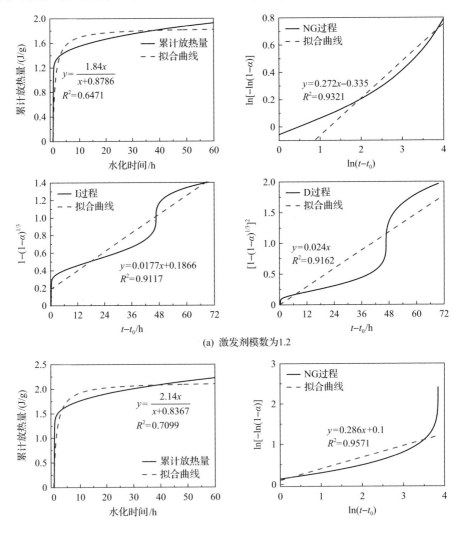

(a) 激发剂模数为1.2

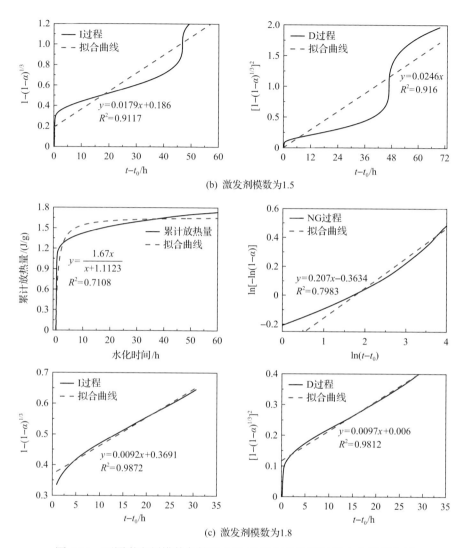

(b) 激发剂模数为1.5

(c) 激发剂模数为1.8

图 6.24　不同激发剂模数条件下赤泥-粉煤灰基胶凝材料水化历程分析

表 6.6　不同激发剂模数条件下赤泥-粉煤灰基胶凝材料水化动力学反应常数分析结果

激发剂模数	总放热量/(J/g)	t_{50}/h	水化反应级数 n	K_1	K_2	K_3
1.2	1.84	0.8786	0.272	0.2918	0.0177	0.0240
1.5	2.14	0.8367	0.286	1.4190	0.0179	0.0246
1.8	1.67	1.1123	0.207	0.1729	0.0092	0.0097

增加后降低，说明当激发剂模数小于 1.5 时，激发剂模数的增加促进了赤泥-粉煤灰基胶凝材料水化产物结晶成核、相边界反应及扩散进程；当激发剂模数大于 1.5 时，激发剂模数的升高抑制了赤泥-粉煤灰基胶凝材料水化产物结晶成核、相边界反应及扩散进程。此外，K_1 高于 K_2 和 K_3，说明水化产物结晶成核进程占主导地位。

图 6.25 为不同激发剂模数条件下赤泥-粉煤灰基胶凝材料模拟水化放热曲线。从图中可以看出：

(1)随着激发剂模数的增加，$d\alpha/dt$ 先升高后降低，这表明激发剂模数对赤泥-粉煤灰基胶凝材料的激发作用呈抛物线关系。

(2)随着激发剂模数的增加，NG 进程与 I 进程的交汇点由 0.36 缩短至 0.17，这表明增加激发剂的模数抑制了结晶成核过程。此外，I 进程与 D 进程的交汇点由 0.74 缩短至 0.21，这说明相边界反应过程被抑制，扩散进程提前进行，因此增加 OH 浓度不利于结晶成核和相边界反应进程。

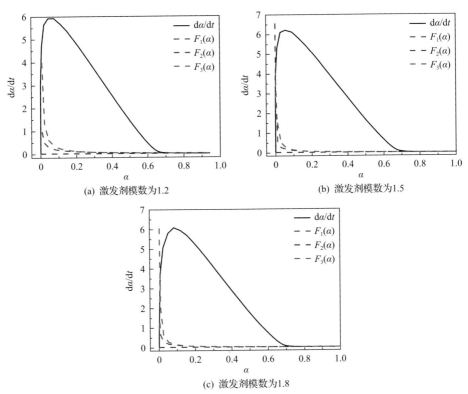

(a) 激发剂模数为1.2　　　　　　　(b) 激发剂模数为1.5

(c) 激发剂模数为1.8

图 6.25　不同激发剂模数条件下赤泥-粉煤灰基胶凝材料模拟水化放热曲线

2. 赤泥掺量的影响

图 6.26 为赤泥掺量对赤泥-粉煤灰基胶凝材料水化历程的影响。从图中可以

看出，随着赤泥掺量的增加，赤泥-粉煤灰基胶凝材料水化放热曲线峰值和累计放热量均呈先略微升高后显著降低的趋势。这是因为赤泥为高碱性固体废弃物，当赤泥掺量由 10%增至 30%时，胶凝材料体系碱性增强，进而提升了原料的反应速率及水化程度。而当赤泥掺量由 30%增至 50%时，虽然胶凝材料的碱性进一步增强，但是因为赤泥胶凝活性低，过多的掺入将延缓赤泥-粉煤灰基胶凝材料的反应速率及水化程度。

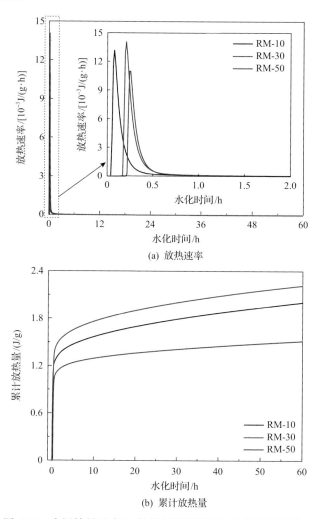

(a) 放热速率

(b) 累计放热量

图 6.26　赤泥掺量对赤泥-粉煤灰基胶凝材料水化历程的影响

图 6.27 为不同赤泥掺量条件下赤泥-粉煤灰基胶凝材料水化历程分析，其水化动力学反应常数分析结果见表 6.7。可以看出：

（1）随着赤泥掺量的增加，赤泥-粉煤灰基胶凝材料总放热量呈先升高后降低的趋势，t_{50} 先延长后缩短，这表明随着赤泥掺量的增加，赤泥-粉煤灰基胶凝材料的水化程度先升高后降低，但早期的水化放热速率呈逐渐延缓的趋势，这是由于赤泥为高碱性组分，赤泥掺量的增加导致胶凝材料碱性增强，进而缩短了赤泥-粉煤灰基胶凝材料的水化时间。

（2）赤泥-粉煤灰基胶凝材料的水化反应级数 n 随着赤泥掺量的增加呈逐渐减小的趋势，这表明随着赤泥掺量的增加，其对水化反应速率的影响呈下降的趋势。

（3）水化反应速率常数 K_1、K_2 随着赤泥掺量的增加而呈先升高后降低的趋势，说明当赤泥掺量小于 30% 时，赤泥掺量的增加加快了赤泥-粉煤灰基胶凝材料水化产物结晶成核、相边界反应和扩散进程；当赤泥掺量大于 30% 时，赤泥掺量的增加则会抑制赤泥-粉煤灰基胶凝材料水化产物结晶成核、相边界反应和扩散进程。

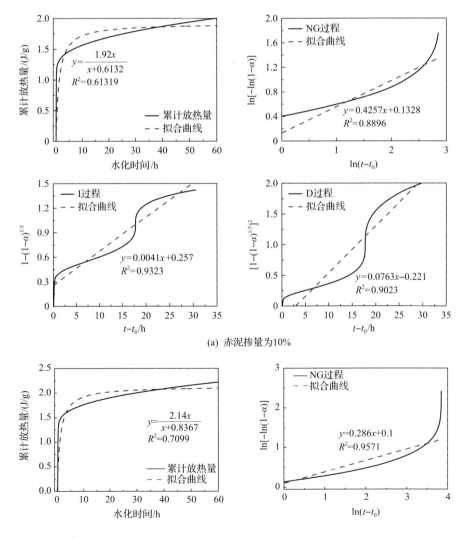

(a) 赤泥掺量为10%

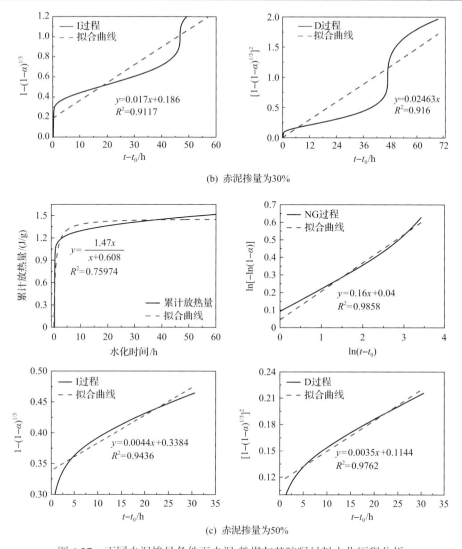

(b) 赤泥掺量为30%

(c) 赤泥掺量为50%

图 6.27　不同赤泥掺量条件下赤泥-粉煤灰基胶凝材料水化历程分析

表 6.7　不同赤泥掺量条件下赤泥-粉煤灰基胶凝材料水化动力学反应常数分析结果

赤泥掺量/%	累计放热量/(J/g)	t_{50}/h	水化反应级数 n	K_1	K_2	K_3
10	1.92	0.6132	0.4257	1.366	0.0041	0.0763
30	2.14	0.8367	0.2860	1.419	0.0170	0.02463
50	1.47	0.6080	0.1600	1.284	0.0044	0.0035

图 6.28 为不同赤泥掺量条件下赤泥-矿渣基胶凝材料模拟水化放热曲线。从图中可以看出：

（1）随着赤泥掺量的增加，赤泥-矿渣基胶凝材料的 $d\alpha/dt$ 逐渐降低。

（2）$F_1(\alpha)$、$F_2(\alpha)$、$F_3(\alpha)$三条拟合曲线的交汇点出现在水化反应后期，表明在水化前期，三种水化反应过程同时存在于胶凝体系中。

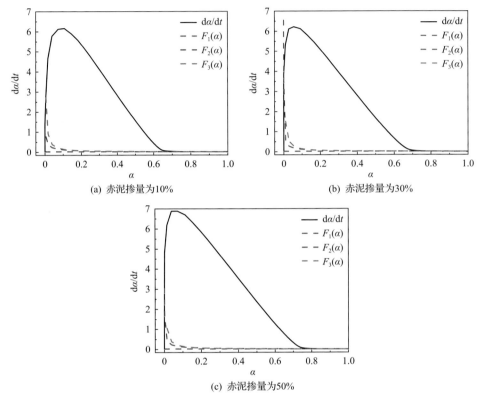

(a) 赤泥掺量为10%　　　　　　　　　　(b) 赤泥掺量为30%

(c) 赤泥掺量为50%

图 6.28　不同赤泥掺量条件下赤泥-矿渣基胶凝材料模拟水化放热曲线

图 6.29 为赤泥基地质聚合物胶凝材料水化机理示意图。从图中可以看出，在激发剂作用下，固体废弃物颗粒中的硅、铝、钙质活性组分会从颗粒中浸出，进而再聚合生成水化产物沉淀，而惰性的莫来石、赤铁矿、石英等矿物残余在胶凝材料中，可以充当细骨料，使得结石体更为密实。此外，在激发剂作用下，固体废弃物中的活性物质会在原位发生水化反应，生成沉淀层包裹在固废颗粒表面。

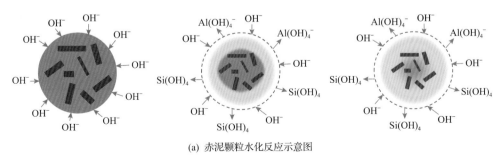

(a) 赤泥颗粒水化反应示意图

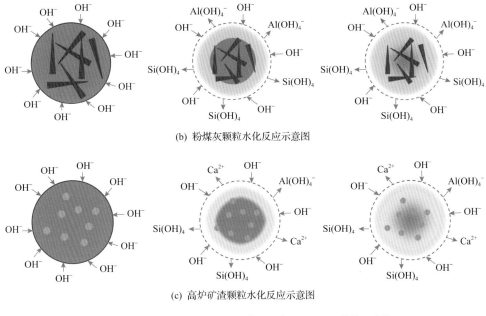

(b) 粉煤灰颗粒水化反应示意图

(c) 高炉矿渣颗粒水化反应示意图

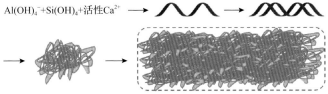

(d) 地质聚合物胶凝材料异位水化反应示意图

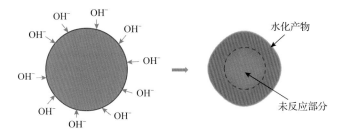

(e) 地质聚合物胶凝材料原位水化反应示意图

(f) 水化产物+惰性矿物结合示意图

■■■ ▶ ● 等为莫来石、石英、赤铁矿等惰性矿物

图 6.29　赤泥基地质聚合物胶凝材料水化机理示意图

参 考 文 献

[1] Krstulovic R, Dabic P. A conceptual model of the cement hydration process. Cement and Concrete Research, 2000, 30(5): 693-698.

第 7 章　赤泥基地质聚合物胶凝材料性能调控方法

本章对赤泥基地质聚合物胶凝材料性能进行改性研究，以扩大赤泥基地质聚合物胶凝材料的适用范围。以高钙型赤泥-矿渣基材料为研究对象，分析胶凝材料水灰比、减水剂、粒径分布、超细集料、外加剂、纤维等因素对赤泥基地质聚合物胶凝材料浆体稳定性、流变特性、凝结时间、抗压强度、孔隙结构等方面的作用规律。

7.1　水灰比对赤泥基地质聚合物胶凝材料性能的作用机制

从赤泥基地质聚合物胶凝材料水化硬化机理和工程适用性来看，浆体中的水可分为水化反应用水和流动性水两部分。水在浆体中的作用取决于水化的各个阶段。溶解 1mol 铝硅酸盐至少可以消耗 3mol H_2O，进而形成 N-(C)-S-A-H 凝胶等水化产物。然而，赤泥基地质聚合物胶凝材料缩聚可以进一步释放相同量的水。在水化反应后期，结石体中剩余的自由水可能导致结石体的缺陷，进而影响其抗压强度。此外，增加浆体的水量稀释了反应物的浓度，将造成胶凝材料凝结时间延长。

本节分析了高水灰比条件下，赤泥基地质聚合物胶凝材料中的水含量对浆体工作性能、抗压强度和微观孔隙结构的影响规律。所用的赤泥基地质聚合物胶凝材料配比为 50%赤泥–50%矿粉–10%1.4M 的水玻璃溶液。

7.1.1　浆体流动特性

图 7.1 为水灰比对赤泥基地质聚合物胶凝材料流动度的影响。从图中可以看出，当水灰比为 0.7、0.8、0.9、1 和 1.1 时，浆体流动度分别为 21.6cm、23.1cm、27.5cm、29.4cm 和 30cm。当水灰比从 0.7 增至 0.8 时，浆体流动度缓慢增加。这是因为较高的水灰比可以增加浆体中的自由水，并且自由水可减少颗粒之间的相互作用和内摩擦[1]。当水灰比增至 0.9 时，流动度增加。

浆体黏度是胶凝材料应用中的一个关键参数，矿物成分、外加剂、水灰比和固体颗粒大小分布等因素都会影响赤泥基地质聚合物胶凝材料的黏度演化[2]。图 7.2 为水灰比对赤泥基地质聚合物胶凝材料流变特性的影响。从图 7.2(a)可以看出：

(1)赤泥基地质聚合物胶凝材料的黏度演化特征可分为低黏度阶段和固化阶段两部分。在低黏度阶段，不同水灰比的赤泥基地质聚合物胶凝材料的黏度几乎

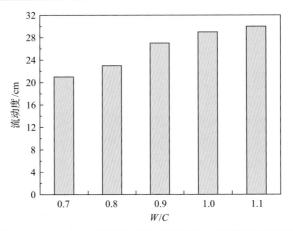

图 7.1　水灰比对赤泥基地质聚合物胶凝材料流动度的影响

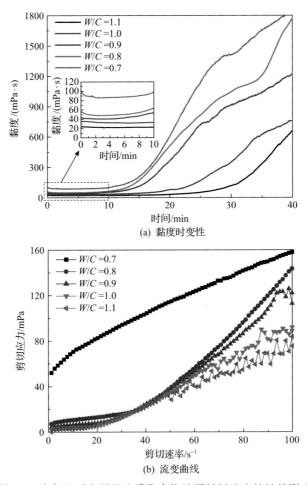

(a) 黏度时变性

(b) 流变曲线

图 7.2　水灰比对赤泥基地质聚合物胶凝材料流变特性的影响

不变，这是因为浆体只发生了浸出反应，聚合过程尚未开始。

(2)黏度随着水灰比的增加而降低，当水灰比从 0.7 增至 0.8 时，浆体黏度急剧下降。随着硅铝质组分浸出反应的持续进行，大量的 Si^{4+} 和 Al^{3+} 被浸出，聚合过程开始，黏度迅速增加，然后进入固化阶段。在固化阶段，浆体的黏度及其增长速度随着水灰比的增加而降低，这种现象可以用赤泥基地质聚合物胶凝材料的聚合过程来说明，凝结时间随着水灰比的增加而延长。

从图 7.2(b)和表 7.1 可以看出，浆体属于 Herschel-Bulkley 流体模型。随着水灰比的增加，固体废弃物颗粒周围的自由水增加，导致颗粒之间的摩擦力减小，因此屈服应力减小。剪切应力和屈服应力随着水灰比的增加而减小。

表 7.1　流变方程拟合结果

水灰比 W/C	拟合方程	R^2
0.7	$\tau = 49.83316 + 3.45273\gamma^{0.74821}$	0.9997
0.8	$\tau = 6.87744 + 0.00844\gamma^{2.11028}$	0.9972
0.9	$\tau = 2.13138 + 0.02604\gamma^{1.84373}$	0.9947
1.0	$\tau = 2.06745 + 0.14802\gamma^{1.41142}$	0.9882
1.1	$\tau = 1.93359 + 0.22147\gamma^{1.27889}$	0.9828

7.1.2　水化历程

图 7.3 为水灰比对赤泥基地质聚合物胶凝材料凝结时间的影响。从图中可以看出：

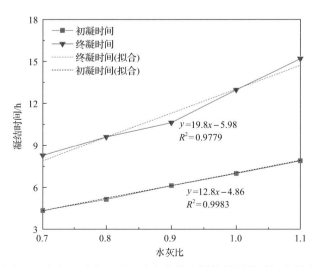

图 7.3　水灰比对赤泥基地质聚合物胶凝材料凝结时间的影响

(1)凝结时间随着水灰比的增加而延长，当水灰比从 0.7 增至 1.1 时，初凝时间和终凝时间分别增加了 5.1h 和 8.0h。这是因为水灰比的增加降低了溶解态 Si^{4+} 和 Al^{3+} 的浓度，进而延缓了凝结时间。

(2)水灰比为 0.9 是凝结时间的临界值，当水灰比从 0.7 增至 0.8 时，胶凝材料凝结时间的增长幅度较小，当水灰比达到 0.9 时，凝结时间显著增加。此外，赤泥基地质聚合物胶凝材料的凝结时间与水灰比呈线性关系，拟合优度分别为 0.9983 和 0.9779。

不同工程对胶凝材料凝结时间有不同的要求，在实际工程中可以通过改变水灰比来调整赤泥基地质聚合物胶凝材料的凝结时间。

图 7.4 为水灰比对赤泥基地质聚合物胶凝材料水化历程的影响。从图中可以看出：

(1)水灰比为 0.7 的试样具有最高的水化温度。这是因为相同浓度的激发剂导致相同量的 Si^{4+} 和 Al^{3+} 浸出，随着水灰比的增加，离子浓度的降低减缓了地质聚合物胶凝材料的反应。当水灰比从 0.7 增至 1.1 时，水化温度峰值依次下降，这是因为自由水量较高和反应物浓度较低。

(2)水灰比为 0.7 时具有最高的累计放热量。这是因为：一方面，在激发剂模数不变和赤泥基地质聚合物胶凝材料质量相同的情况下，固体废弃物颗粒周围的水分含量较少，当水灰比为 0.7 时，浸出反应和凝结时间延长，而当水含量较低时，浸出的 Si^{4+} 和 Al^{3+} 浓度较高，在一定程度上加速了反应过程；另一方面，较大量的反应物部分延长了地质聚合过程。同样，当水灰比为 0.9、1 和 1.1 时，较低浓度的 Si^{4+} 和 Al^{3+} 削弱了水化反应过程。水灰比为 0.8 时首先达到峰值温度，这可以用它的适度水量来解释。

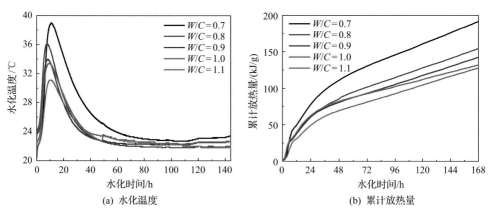

(a) 水化温度　　　　　　　　　　　(b) 累计放热量

图 7.4　水灰比对赤泥基地质聚合物胶凝材料水化历程的影响

7.1.3　抗压强度

图 7.5 为不同水灰比条件下赤泥基地质聚合物胶凝材料的抗压强度。从图中可以看出，水灰比与赤泥基地质聚合物胶凝材料的抗压强度成反比。因为激发剂模数相同，水灰比的增加意味着硬化过程中参与水化反应的激发剂的量增加，然而由于参与水化反应的水分子量很少，过量水分子的存在阻碍了地质聚合过程，所以赤泥基地质聚合物胶凝材料的抗压强度随着水灰比的增加而降低[3]。从地质聚合物胶凝材料的水化产物分析可以看出，随着水灰比的增加，赤泥基地质聚合物胶凝材料的反应程度降低，结石体孔隙率增加，导致其抗压强度降低。

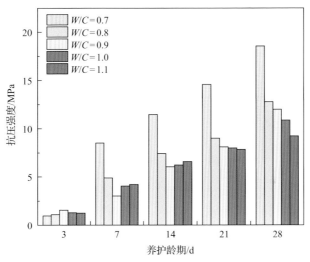

图 7.5　不同水灰比条件下赤泥基地质聚合物胶凝材料的抗压强度

7.2　粒径分布特征对赤泥基地质聚合物胶凝材料性能的作用机制

粒径分布特征对胶凝材料流变性能、水化反应速率、抗压强度等方面具有显著影响。本节分析不同比表面积及粒径分布区间的赤泥对赤泥基地质聚合物胶凝材料浆体性能、抗压强度和微观结构的作用规律，并提出粒径级配对赤泥基地质聚合物胶凝材料工作性能的作用机制。其中不同赤泥颗粒的中粒径 D_{50} 分别为 $7\mu m$、$13\mu m$、$20\mu m$、$30\mu m$ 和 $43\mu m$，胶凝材料水灰比为 0.8。

7.2.1　浆体流动特性

图 7.6 为中粒径对赤泥基地质聚合物胶凝材料流动度的影响。从图中可以看出，当中粒径为 7μm、13μm、20μm、30μm 和 43μm 时，胶凝材料流动度分别为 27.5cm、27cm、26.5cm、29cm 和 28.5cm。随着中粒径的增大，流动度先减小后增大。

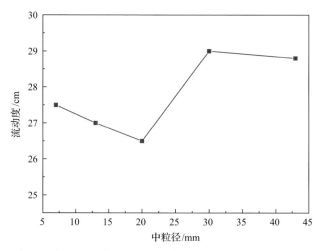

图 7.6　中粒径对赤泥基地质聚合物胶凝材料流动度的影响

当赤泥粒径较小时，胶凝材料流动性较差，这是由于较高的比表面积需要较大的需水量，胶凝材料中自由水量变少，并且细颗粒的胶凝材料具有较高的稠度和屈服应力，从而导致较差的流动性。但 7μm 和 13μm 中粒径胶凝材料的流动性比 20μm 中粒径胶凝材料大，这是因为当赤泥足够精细时，细颗粒呈球形或椭球形，由此产生的"形态效应"增加了胶凝材料的流动性。

图 7.7 为中粒径分布特征对赤泥基地质聚合物胶凝材料流变特性的影响。从图中可以看出，赤泥基地质聚合物胶凝材料的流变曲线与 Herschel-Bulkley 模型吻合较好。不同中粒径的赤泥基地质聚合物胶凝材料的剪切应力和剪切速率具有相同的流变模型，即赤泥基地质聚合物胶凝材料的流变模型不随中粒径的变化而变化。

图 7.8 为中粒径分布特征对赤泥基地质聚合物胶凝材料黏度和屈服应力的影响。从图 7.8(a) 可以看出，赤泥基地质聚合物胶凝材料的黏度可分为低黏度阶段和固化阶段。在低黏度阶段，黏度随着中粒径的增加而增加。在固化阶段，具有较细颗粒的试样黏度增加较快，因为 Al^{3+} 和 Si^{4+} 在较细颗粒中比在粗颗粒中更容易浸出。此外，在具有更细颗粒的试样中发生更快的缩聚反应。

屈服应力是阻碍胶凝材料浆体流动的最大应力。低屈服应力表明胶凝材料克服内部摩擦产生塑性流动的阻力低，这意味着胶凝材料具有更好的工程适用性。从图 7.8(b) 可以看出：

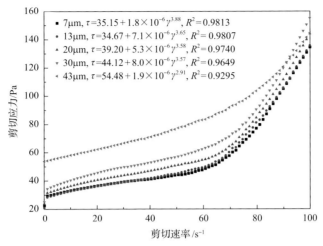

图 7.7　中粒径分布特征对赤泥基地质聚合物胶凝材料流变特性的影响

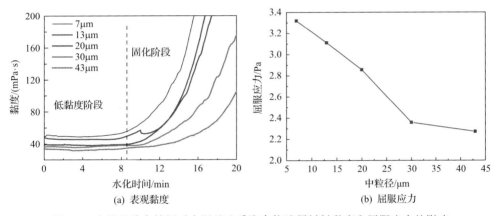

图 7.8　中粒径分布特征对赤泥基地质聚合物胶凝材料黏度和屈服应力的影响

(1)屈服应力随着中粒径的增大逐渐减小,这是因为屈服应力与固体颗粒的堆积密度和颗粒间作用力有关。较粗的赤泥颗粒具有较低的需水量,并且胶凝材料具有较低的堆积密度和颗粒间作用力,导致屈服应力降低。

(2)对于更小的颗粒尺寸,试样的凝结时间更短,颗粒间力键被水化产物的化学键取代。

7.2.2　水化历程

凝结时间反映了胶凝材料的水化速度,并由原材料的固有活性、反应条件和原材料表面的反应位点数量决定。图 7.9 为中粒径对赤泥基地质聚合物胶凝材料凝结时间的影响。从图中可以看出,凝结时间随着中粒径的增加而增加。这是由于细颗粒具有较大的比表面积,表明细颗粒表面具有较高的表面缺陷密度,因此在相同浓度的碱活化中，表面上有更多的反应位点，细颗粒更容易使 Al^{3+} 和 Si^{4+} 浸出，因此更细的颗粒具有更短的凝结时间。

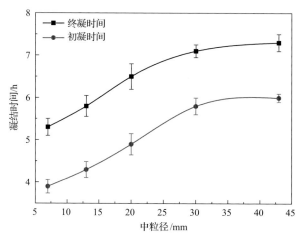

图 7.9　中粒径对赤泥基地质聚合物胶凝材料凝结时间的影响

当中粒径从 7μm 增至 30μm 时，凝结时间明显增加；当中粒径从 30μm 增至 43μm 时，中粒径对凝结时间的影响较弱。这是因为粗颗粒在胶凝材料中起到了微团聚体的作用，这可能对凝结时间有积极的影响。因此，当赤泥的中粒径大于 30μm 时，凝结时间略有变化[4]。

图 7.10 为中粒径对赤泥基地质聚合物胶凝材料水化历程的影响。从图中可以看出，7μm 和 13μm 中粒径试样具有更高的水化反应速率，这表明铝硅酸盐组分更容易在具有更细颗粒的试样中浸出，导致地质聚合反应加速。不同中粒径试样的水化温度峰值分别为 33.6℃、34.1℃、34.9℃、37.4℃和 38.3℃。粗颗粒试样具有较低的水化反应速率和较高的温度峰值。细颗粒具有较短的凝结时间，这导致

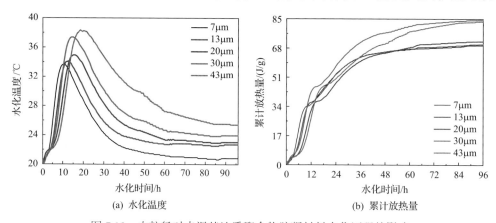

(a) 水化温度　　　　　　　　　　　(b) 累计放热量

图 7.10　中粒径对赤泥基地质聚合物胶凝材料水化历程的影响

未反应的颗粒被包裹在水化产物中，导致整体反应热较低。粗颗粒凝结时间较长，因此离子更容易迁移，形成更多的水化产物[5]。此外，粗颗粒比细颗粒含有更多的铝硅酸盐成分，从而导致在粗颗粒试样中形成更多的水化产物，因此 43μm 中粒径试样具有最高的温度峰值。然而，由于更细颗粒的试样具有更短的凝结时间，离子迁移在浆体中变得困难，并阻碍进一步的反应。

7.2.3　浆体稳定性

结石率是用来表征赤泥基地质聚合物胶凝材料工程适用性的重要指标。图 7.11 为不同中粒径赤泥基地质聚合物胶凝材料的结石率。从图中可以看出，随着中粒径的增加，结石率先升高后降低，20μm 中粒径试样的结石率最高，这与其合理的粒度分布有关。由于试验中使用的矿渣微粉是一种超细粉末，当 7μm 中粒径颗粒和 13μm 中粒径颗粒与矿渣微粉混合时，浆体中有更多的细颗粒，尽管它们具有较大的需水量和保水性，但是它们的结石率比 20μm 中粒径颗粒差。此外，当平均中粒径尺寸增至 30μm 和 43μm 时，它们具有更低的需水量和保水性，因此它们的结石率最低。

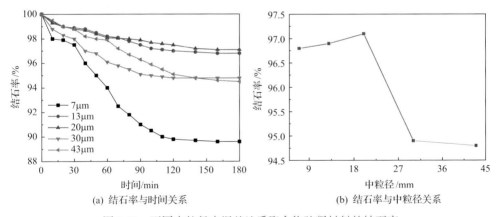

(a) 结石率与时间关系　　　　　　　(b) 结石率与中粒径关系

图 7.11　不同中粒径赤泥基地质聚合物胶凝材料的结石率

7.2.4　抗压强度

图 7.12 为不同中粒径赤泥基地质聚合物胶凝材料的抗压强度。从图中可以看出，随着中粒径的增加，赤泥基地质聚合物胶凝材料的抗压强度先降低后升高，这是因为细颗粒中的 Al^{3+} 和 Si^{4+} 更容易浸出，并形成更多的水化产物来提高抗压强度。因此，当中粒径增加时，抗压强度降低。此外，30μm 中粒径试样和 43μm 中粒径试样的抗压强度较高。这是因为：一方面，粗颗粒在结石体中起到骨料填充作用，从而提高了结石体的抗压强度；另一方面，粗颗粒中硅铝组分的浸出时间较长，确保了抗压强度在后期能够继续增长[5]。

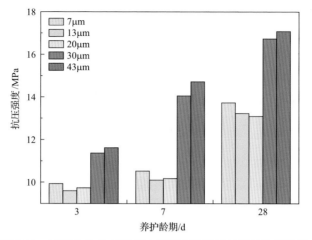

图 7.12　不同中粒径赤泥基地质聚合物胶凝材料的抗压强度

7.2.5　微观结构

图 7.13 为不同中粒径赤泥基地质聚合物胶凝材料的孔隙结构。从图中可以看出：

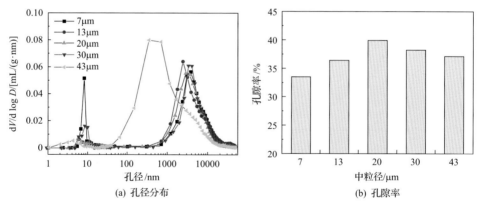

(a) 孔径分布　　　　　　　　　　(b) 孔隙率

图 7.13　不同中粒径赤泥基地质聚合物胶凝材料的孔隙结构

D. 胶凝材料孔径, nm; V. 进汞体积, mL

(1)孔径分布曲线具有不同的峰值分布特征，这些孔径可分为三类：尺寸为 1~10nm 的小凝胶孔、尺寸为 10~100nm 的大凝胶孔和尺寸为 100~10000nm 的毛细管孔[6]。

(2)1~10nm 的孔径范围(小凝胶孔)随着中粒径的增加而增加。此外，7μm 中粒径试样因其颗粒较细而大凝胶孔隙最多，43μm 中粒径试样因其微聚集效应而毛细管孔隙最少，其他试样的孔隙略有变化。

(3)随着中粒径的增加，赤泥基地质聚合物胶凝材料的孔隙率先增大后减小。

这是因为结石体孔隙率取决于颗粒大小和水化反应过程。颗粒越细的试样结石体越致密,孔隙率越低。粗颗粒结石体孔隙率小是因为其在结石体中具有填充效果。

图 7.14 为不同中粒径赤泥基地质聚合物胶凝材料水化产物。从图中可以看出,钙霞石、三水铝石等组分可以参与水化反应过程,赤泥和矿渣的主要水化产物是 N-(C)-S-A-H 凝胶和 C-S-H 凝胶,还有少量方解石、钙矾石、氢氧化钙和未命名沸石。较细颗粒试样中赤铁矿的衍射峰强度略有减弱,这是由于 Fe^{3+} 参与了水化反应。

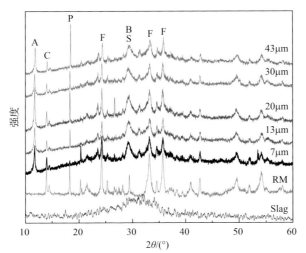

图 7.14　不同中粒径赤泥基地质聚合物胶凝材料水化产物

A. 水铝酸钙;B. 加藤石;C. 钙矾石;F. 赤铁矿;P. 钙霞石;S. 水化硅酸钙;RM. 赤泥;Slag. 矿粉

图 7.15 为不同中粒径赤泥基地质聚合物胶凝材料红外光谱图。从图中可以看出:

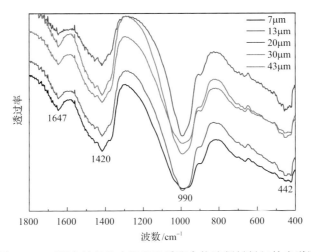

图 7.15　不同中粒径的赤泥基地质聚合物胶凝材料红外光谱图

（1）442～730cm^{-1} 处为 Si—O—Si 键的弯曲振动峰，990cm^{-1} 处为 Si—O—Si 或 Si—O—Al 键的对称拉伸振动峰，表明生成了地质聚合物胶凝材料[7]。1420cm^{-1} 处为 O—C—O 峰的拉伸振动峰，表明水化产物 $Ca(OH)_2$ 与 CO_2 反应生成 $CaCO_3$，这与 SEM 分析结果一致，1647cm^{-1} 处为 OH$^-$ 或 H_2O 的弯曲振动峰。

（2）细颗粒试样比粗颗粒试样具有更多的水化产物。此外，由于细颗粒试样凝结时间短，更多的水分子被包裹在结石体中。由于 43μm 中粒径试样的抗压强度最高，红外分析结果进一步证明赤泥不仅可以参与地质聚合物胶凝材料的形成过程，形成地质聚合物凝胶，还可以起到微集料作用，提高抗压强度[8]。

图 7.16 为不同中粒径赤泥基地质聚合物胶凝材料的微观形貌。从图中可以看出，随着赤泥中粒径的增加，结石体的结构由松散变得致密，并且在 20μm 中粒

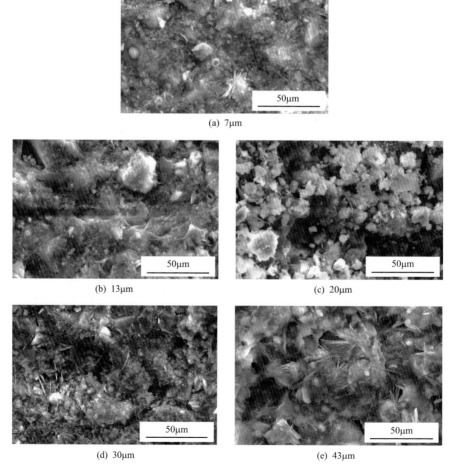

(a) 7μm

(b) 13μm　　　　　　　　　　　　(c) 20μm

(d) 30μm　　　　　　　　　　　　(e) 43μm

图 7.16　不同中粒径赤泥基地质聚合物胶凝材料的微观形貌

径试样中出现许多大孔，这与 MIP 分析结果一致。此外，细颗粒赤泥的结石体含有很多细裂纹，这是因为细颗粒具有更快的水化反应，进而导致结石体中产生了裂纹[7]。

7.3　超细集料对赤泥基地质聚合物胶凝材料性能的作用机制

破碎岩体、软土地层等加固工程要求胶凝材料具有较高的抗压强度。减小赤泥基地质聚合物胶凝材料原料的颗粒粒径并加入超细集料，可以促进水化反应历程、提高水化产物的生成量和优化结石体孔隙结构，进而提升赤泥基地质聚合物胶凝材料的力学性能。石灰石粉和石英粉不完全是一种惰性掺合料，在硅酸盐水泥体系中，二者除具有微集料作用外，还可以参与水泥水化反应。本节采用超细碳酸钙(ultrafine CaCO₃，UC)和超细石英(ultrafine quartz，UQ)作为赤泥基地质聚合物胶凝材料的超细集料，分析各类超细集料对赤泥基地质聚合物胶凝材料力学性能的作用规律。

7.3.1　抗压强度

图 7.17 为超细集料对赤泥基地质聚合物胶凝材料抗压强度的影响。从图中可以看出：

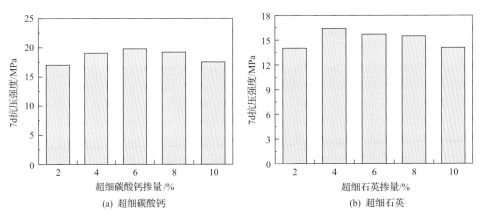

(a) 超细碳酸钙　　　　　　　　(b) 超细石英

图 7.17　超细集料对赤泥基地质聚合物胶凝材料抗压强度的影响

(1)超细碳酸钙和超细石英可以显著提升赤泥基地质聚合物胶凝材料的抗压强度，其中当使用超细碳酸钙作掺合料时，赤泥基地质聚合物胶凝材料抗压强度提升幅度在 30% 以上，其掺量为 6% 时，最高提升幅度可达 54.5%。这是因为超细碳酸钙在赤泥基地质聚合物胶凝材料中具有充填作用，能够优化结石体的孔隙结构，使结石体更为致密，进而提升了赤泥基地质聚合物胶凝材料的抗压强度。此外，超细碳酸钙具有成核效应，可以促进浆体的地质聚合反应历程，并提高水化产物的结晶度。

(2) 当使用超细石英作掺合料时，赤泥基地质聚合物胶凝材料抗压强度提升幅度在 9.5%以上，其掺量为 4%时，最高提升幅度可达 28.1%。这表明超细石英对赤泥基地质聚合物胶凝材料同样具有良好的抗压强度提升作用。这是因为超细石英除具有充填效应和成核效应外，在激发剂的作用下可能参与了水化反应，增加了地质聚合物凝胶的生成量，进而提升了赤泥基地质聚合物胶凝材料的抗压强度。与超细石英相比，超细碳酸钙对赤泥基地质聚合物胶凝材料具有更高的强度提升作用。

图 7.18 为超细集料对赤泥基地质聚合物胶凝材料微观结构的影响。从图中可以看出，当掺入超细集料后，结石体变得更为密实，说明超细集料在结石体中具有充填作用。当向赤泥基地质聚合物胶凝材料中掺入超细碳酸钙和超细石英后，水化产物中形成的地质聚合物凝胶结晶度增高，出现了大量的板状 N-C-S-A-H 凝胶，这表明超细集料在水化过程中具有晶核作用。

(a) 对照组

(b) 超细碳酸钙

(c) 超细石英

图 7.18　超细集料对赤泥基地质聚合物胶凝材料微观结构的影响

7.3.2　浆体流动特性

图 7.19 为超细集料对赤泥基地质聚合物胶凝材料流变性能的影响。表 7.2 为

不同超细集料赤泥基地质聚合物胶凝材料流变方程拟合结果。可以看出：

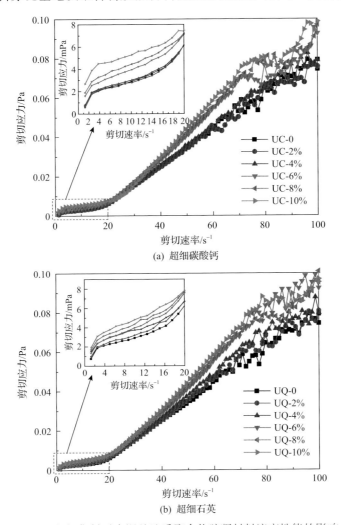

(a) 超细碳酸钙

(b) 超细石英

图 7.19　超细集料对赤泥基地质聚合物胶凝材料流变性能的影响

表 7.2　不同超细集料赤泥基地质聚合物胶凝材料流变方程拟合结果

试样	拟合方程	R^2
RM-Slag-0	$\tau = 6.152 + 0.099\gamma^{1.39}$	0.9965
RM-Slag-UC-2	$\tau = 2.222 + 0.368\gamma^{1.17}$	0.9893
RM-Slag-UC-4	$\tau = 2.114 + 0.333\gamma^{1.21}$	0.9957
RM-Slag-UC-6	$\tau = 0.152 + 0.549\gamma^{1.12}$	0.9805
RM-Slag-UC-8	$\tau = 1.695 + 0.558\gamma^{1.13}$	0.9792
RM-Slag-UC-10	$\tau = 1.93 + 0.483\gamma^{1.17}$	0.9767

续表

试样	拟合方程	R^2
RM-Slag-UQ-2	$\tau=1.046+0.409\gamma^{1.16}$	0.9883
RM-Slag-UQ-4	$\tau=0.492+0.467\gamma^{1.15}$	0.9851
RM-Slag-UQ-6	$\tau=0.271+0.363\gamma^{1.23}$	0.9871
RM-Slag-UQ-8	$\tau=0.224+0.542\gamma^{1.14}$	0.9898
RM-Slag-UQ-10	$\tau=0.032+0.280\gamma^{1.10}$	0.9764

（1）掺入超细碳酸钙和超细石英后，赤泥基地质聚合物胶凝材料浆体仍然为 Herschel-Bulkley 流体，并且二者可以降低赤泥基地质聚合物胶凝材料浆体的屈服应力。这是因为超细集料优化了浆体的颗粒级配，且其极细的颗粒具有滚珠效应，进而降低了赤泥基地质聚合物胶凝材料浆体的屈服应力。

（2）随着超细集料掺量的增加，赤泥基地质聚合物胶凝材料浆体的屈服应力均呈升高趋势。这是因为超细集料的需水量大，掺入浆体后减少了浆体中自由水的数量，进而增大了浆体的屈服应力。但总体而言，两种超细集料对浆体屈服应力的增幅相对较小，均没有超过未掺超细集料浆体的屈服应力，没有对浆体的流变性能产生较大影响，相对于其对抗压强度的提升幅度，对浆体流动性的影响可以忽略不计。

7.3.3　水化历程

图 7.20 为超细集料对赤泥基地质聚合物胶凝材料水化历程的影响。从图中可以看出：

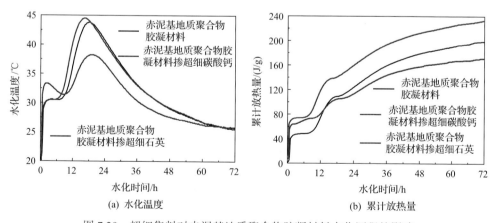

(a) 水化温度　　　　　　　　　(b) 累计放热量

图 7.20　超细集料对赤泥基地质聚合物胶凝材料水化历程的影响

（1）超细碳酸钙可以缩短赤泥基地质聚合物胶凝材料的水化历程，赤泥基对照组浆体水化温度的第二个峰值出现在 18.1h，当掺入超细碳酸钙后，浆体水化温度的峰值缩短至 16.2h，这是因为超细碳酸钙为水化反应提供了反应位点，且超细颗粒具有成核效应，进而促进了赤泥基浆体的水化历程。此外，在激发剂作用下，碳酸钙中的 Ca^{2+} 能够参与地质聚合反应，形成 N-(C)-S-A-H 结构的地质聚合物凝胶，进而缩短了赤泥基浆体的水化历程。

（2）超细石英改变了赤泥基浆体的水化历程。当赤泥基地质聚合物胶凝材料中掺入超细石英后，浆体水化历程的两个温度峰值变得明显，水化温度和累计放热量均呈先升高后降低的趋势，且掺入超细石英后，浆体第一个水化温度峰值要高于对照组和掺入超细碳酸钙的试样，而第二个水化温度的峰值低于其余两组。这表明超细石英在水化前期对赤泥基浆体的水化反应具有促进作用，而后期具有延缓凝结的作用。

7.3.4　基于孔隙结构的宏观工作性能作用机制

赤泥组分对赤泥基地质聚合物胶凝材料的性能有多重影响。粗颗粒具有微集料充填作用，Al^{3+} 和 Si^{4+} 容易在孔隙中迁移，而颗粒越细，微集料充填作用越弱，Al^{3+} 和 Si^{4+} 的浸出反应越容易。图 7.21 为粒径级配对赤泥基地质聚合物胶凝材料

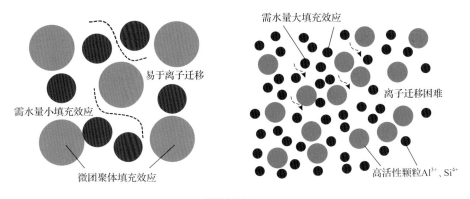

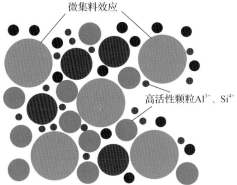

图 7.21　粒径级配对赤泥基地质聚合物胶凝材料作用机制示意图

作用机制示意图。

7.4　外加剂对赤泥基地质聚合物胶凝材料性能的作用机制

工程中，胶凝材料要具备流动性好和抗压强度高的双重性能优势，但胶凝材料抗压强度与浆体流动度成反比，这导致两种性能需求相矛盾。高效减水剂的发明与应用使混凝土同时具备了高强和高流态的优良性能，同时，可以保证胶凝材料具有较高的流动度、抗压强度及耐久性。然而，现有成熟的高效减水剂产品多面向硅酸盐水泥类终端产品，而对赤泥基地质聚合物胶凝材料的减水效果有待深入研究。本节研究三种不同高效减水剂(聚羧酸高效减水剂(polycarboxylic acid superplasticizer，SPC)、脂肪族减水剂(aliphatic superplasticizer，SPA)和萘系减水剂(naphthalene superplasticizer，SPN))对赤泥基地质聚合物胶凝材料性能的影响。表 7.3 为三种减水剂的理化参数。图 7.22 为三种减水剂的分子结构简式。减水剂掺量分别为 0.4%、0.6%、0.8% 和 1%，胶凝材料水灰比为 0.6、0.8 和 1。

表 7.3　三种减水剂的理化参数

名称	密度/(g/cm³)	pH(25℃)	固含量/%	碱含量/%
SPC	1.07	6.0	20.7	0.5
SPA	1.11	7.6	100	3.9
SPN	1.21	8.3	100	4.4

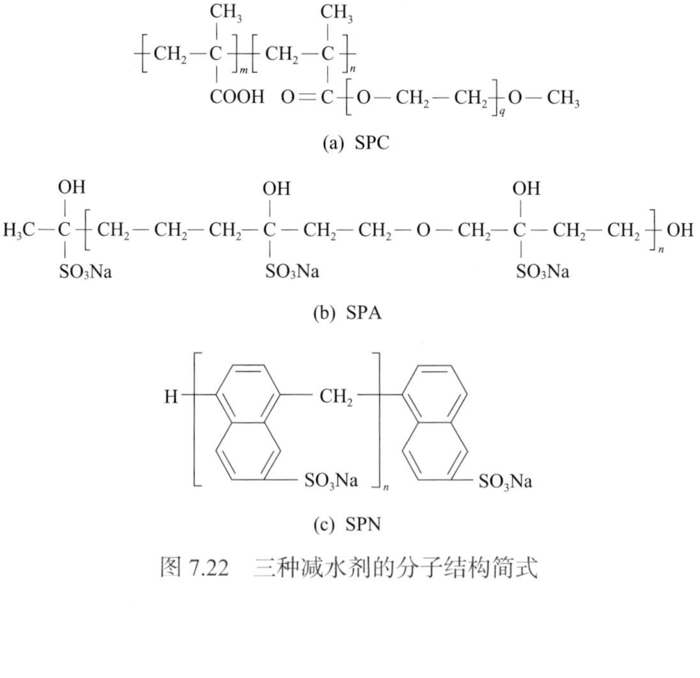

(a) SPC

(b) SPA

(c) SPN

图 7.22　三种减水剂的分子结构简式

7.4.1　高效减水剂的吸附能力

吸附是减水剂与胶凝材料颗粒相互作用的第一阶段。减水剂中的—SO_3Na、—OH、—COOH 等官能团可以吸附在颗粒表面，通过静电排斥和空间位阻，显著改变固液界面的物理化学性质和颗粒之间的相互作用。

图 7.23 为不同减水剂的吸附曲线。从图中可以看出不同减水剂在赤泥和矿渣颗粒上的吸附行为，SPN 的吸附量最大，SPC 次之，SPA 的吸附量最小。

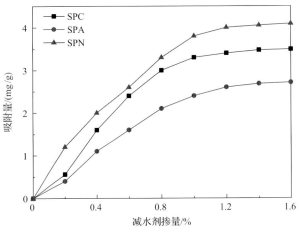

图 7.23　不同减水剂的吸附曲线

减水剂吸附量与其掺量呈正相关关系，且当减水剂掺量增至一定量时，吸附量缓慢增加并逐渐稳定。这是因为随着减水剂掺量的增加，赤泥基地质聚合物胶凝材料颗粒表面的活性位点均被减水剂占据，如果减水剂掺量继续增加，已经吸附的减水剂会排斥后吸附的减水剂，进而吸附量保持稳定，并达到饱和吸附点。表 7.4 为减水剂吸附的朗缪尔回归方程及相关参数。由式(7.1)和表 7.4 可知，不同减水剂对赤泥基地质聚合物胶凝材料颗粒的吸附曲线满足朗缪尔单分子层吸附关系。

$$\frac{1}{\Gamma} = \frac{1}{\Gamma_\infty} + \frac{1}{b\Gamma_\infty p} \tag{7.1}$$

式中，Γ_∞ 为最大饱和吸附量，mg/g；Γ 为平衡吸附量，mg/g；p 为平衡浓度，g/L；b 为与温度有关的朗缪尔吸附常数，L/g。

表 7.4　减水剂吸附的朗缪尔回归方程及相关参数

减水剂	朗缪尔回归方程	Γ_∞/(mg/g)	b/(L/g)	R^2
SPC	$y=0.2405x+0.0731$	13.68	0.303	0.9829
SPA	$y=0.3541x+0.0768$	13.02	0.217	0.9920
SPN	$y=0.2144x+0.0559$	17.9	0.261	0.9765

7.4.2　高效减水剂在碱性环境中的稳定性

图 7.24 为不同减水剂的碱稳定性分析。从图中可以看出，在激发剂溶液中储存 24h 的减水剂的原位红外光谱中，H_2O 的特征峰已经被扣除作为背景。从图 7.24(a) 可以看出，$1550cm^{-1}$、$1460cm^{-1}$ 和 $1350cm^{-1}$ 处分别为—COO—、=CH_2 和—CH_3 基团的吸收峰，这些基团在碱性溶液中略有变化，这是因为酸性基团与激发剂发生反应。从图 7.24(b) 可以看出，$2924\sim2860cm^{-1}$ 和 $1389cm^{-1}$ 处为 C—H 键的拉伸振动峰，$1594cm^{-1}$ 处为羧酸根的特征峰，$1174cm^{-1}$ 处为磺酸基的特征峰，$1038cm^{-1}$ 处为磺酸基和 O—C—O 键的振动峰。从图 7.24(c) 可以看出，$2924\sim2850cm^{-1}$ 处为 C—H 键的拉伸振动峰，$1640cm^{-1}$ 处为芳香环的骨架振动峰，$1193cm^{-1}$ 处为—SO_3H 基团的吸附峰，$1038cm^{-1}$ 处为磺酸基和 O—C—O 键的振动峰。

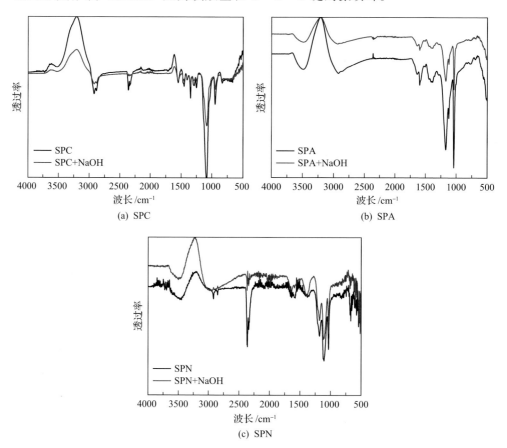

(a) SPC

(b) SPA

(c) SPN

图 7.24　不同减水剂的碱稳定性分析

三种减水剂在激发剂溶液中几乎稳定或略有变化，这保证了减水剂在赤泥-

矿渣基胶凝材料中的应用效果。此外，SPA 和 SPN 比 SPC 更稳定。

7.4.3　减水剂对赤泥基地质聚合物胶凝材料工作性能的影响

1. 流动性

图 7.25 为不同减水剂对赤泥基地质聚合物胶凝材料流动性的影响。从图中可以看出，SPC、SPA 和 SPN 不同程度地提高了赤泥基地质聚合物胶凝材料的流动性，其中，SPN 对流动度的影响最大，SPC 的减水效果最低，且减水剂的减水效果随着水灰比的增加而逐渐降低。三种减水剂的减水效果分别为 28%、30.4%和 45.6%。

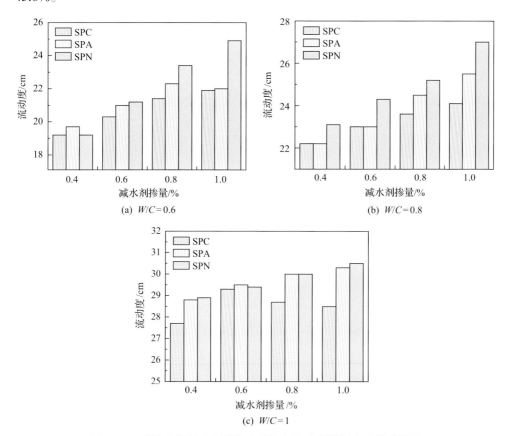

图 7.25　不同减水剂对赤泥基地质聚合物胶凝材料流动性的影响

2. 水化过程

图 7.26 为不同减水剂对赤泥基地质聚合物胶凝材料凝结时间的影响。从图中可以看出：

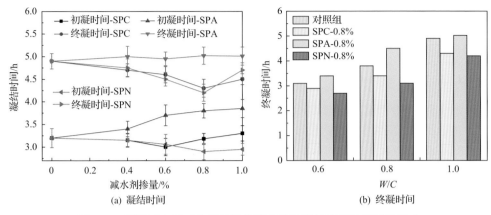

图 7.26　不同减水剂对赤泥基地质聚合物胶凝材料凝结时间的影响

（1）SPN 和 SPC 可以缩短浆体凝结时间，而 SPA 可以延长浆体凝结时间。当 SPC 掺量为 0.8%时，初凝时间和终凝时间分别缩短了 20min 和 35min。当 SPA 掺量为 0.8%时，赤泥基地质聚合物胶凝材料的初凝时间和终凝时间分别延长了 30min 和 10min。

（2）凝结时间随着水灰比的增加而增加。随着水灰比的降低，减水剂对凝结时间的影响更加显著，这可能是因为水灰比越低，减水剂对粉体的吸附效率越高。

图 7.27 为不同减水剂对赤泥基地质聚合物胶凝材料水化历程的影响。从图中可以看出：

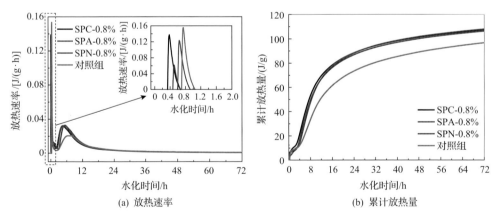

图 7.27　不同减水剂对赤泥基地质聚合物胶凝材料水化历程的影响

（1）第一个放热峰出现在约 20min，由于在颗粒表面沉积了沉淀物，将未反应的颗粒与溶液隔离，早期反应减慢。当在赤泥基地质聚合物胶凝材料中添加 SPC、SPA 和 SPN 时，初始峰值均比对照组出现得早，且对照组的初始峰值高于添加减水剂的两个试样，而 SPA 具有最低的初始温度峰值，这可能是由于其对凝结时间的延迟效应。

(2)第二个放热峰(加速峰)的出现与水化历程形成的水化产物有关。加速峰分别出现在 7h(对照组)、5.5h(SPN)、5h(SPA)和 4h(SPC)。此外，72h 释放的热量分别为 71.2J/g、108.05J/g、96.8J/g 和 106.39J/g。结果表明，三种减水剂均能提高水化热。这是因为在水化反应中，减水剂的加入降低了颗粒的表面张力，增加了颗粒与碱激发剂溶液的接触面积，进而增加了水化热。此外，减水剂改变了赤泥和矿渣颗粒表面的电荷分布，增加了 Si^{4+} 和 Al^{3+} 的浸出量，促进了反应进程。此外，掺入 SPC 后水化反应热较高也可能归因于羧酸基团和激发剂之间的反应。

3. 减水剂对流变特性的影响

胶凝材料的流变特性是胶凝材料的重要工程性能。作为一种多相悬浮体系，流变特性在很大程度上取决于水动力、范德瓦耳斯力、静电力、空间位阻和布朗作用。图 7.28 为减水剂对赤泥基地质聚合物胶凝材料流变特性的影响。

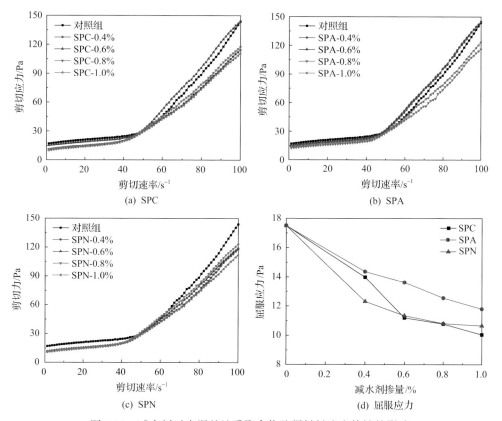

(a) SPC　　　　(b) SPA

(c) SPN　　　　(d) 屈服应力

图 7.28　减水剂对赤泥基地质聚合物胶凝材料流变特性的影响

从图 7.28(a)～(c)可以看出，赤泥基地质聚合物胶凝材料的剪切应力随着剪切速率的增加而增大。表 7.5 为不同减水剂赤泥基地质聚合物胶凝材料流变方程拟合结果。从表中可以看出，所有浆体均为 Herschel-Bulkley 流体。试验结果表明，掺加减水剂可以降低浆体的剪切应力，且随着减水剂掺量的增加，剪切应力降低，浆体流动特性指数 n 逐渐减小。加入减水剂后，浆体出现剪切增稠现象，剪切增稠程度随着减水剂掺量的增加而降低。

表 7.5　不同减水剂赤泥基地质聚合物胶凝材料流变方程拟合结果

试样	拟合方程	R^2
对照组	$\tau = 17.50 + 2.21 \times 10^{-4} \gamma^{2.88}$	0.9944
SPC-0.4%	$\tau = 13.98 + 1.40 \times 10^{-3} \gamma^{2.60}$	0.9973
SPC-0.6%	$\tau = 11.20 + 1.15 \times 10^{-3} \gamma^{2.54}$	0.9916
SPC-0.8%	$\tau = 10.78 + 2.28 \times 10^{-3} \gamma^{2.44}$	0.9963
SPC-1.0%	$\tau = 10.05 + 2.01 \times 10^{-4} \gamma^{2.34}$	0.9925
SPA-0.4%	$\tau = 14.36 + 8.69 \times 10^{-4} \gamma^{2.63}$	0.9823
SPA-0.6%	$\tau = 13.62 + 1.21 \times 10^{-3} \gamma^{2.62}$	0.9625
SPA-0.8%	$\tau = 12.55 + 5.96 \times 10^{-4} \gamma^{2.57}$	0.9972
SPA-1.0%	$\tau = 11.80 + 7.83 \times 10^{-4} \gamma^{2.53}$	0.9951
SPN-0.4%	$\tau = 12.31 + 6.96 \times 10^{-4} \gamma^{2.60}$	0.9976
SPN-0.6%	$\tau = 11.34 + 1.58 \times 10^{-3} \gamma^{2.43}$	0.9823
SPN-0.8%	$\tau = 10.80 + 2.27 \times 10^{-3} \gamma^{2.36}$	0.9941
SPN-1.0%	$\tau = 10.65 + 1.55 \times 10^{-3} \gamma^{2.21}$	0.9952

从图 7.28(d)可以看出，减水剂降低了浆体的屈服应力，且降低幅度随着减水剂掺量的增加而增大，SPN 对屈服应力的影响最大，SPC 次之，SPA 对屈服应力的影响最小。

7.4.4　抗压强度

图 7.29 为不同减水剂对赤泥基地质聚合物胶凝材料抗压强度的影响。从图中可以看出，SPC 对赤泥基地质聚合物胶凝材料的抗压强度有负面影响，且随着 SPC 掺量的增加，其降低程度逐渐增大，当掺量达到 1%时，28d 抗压强度急剧下降。这是因为 SPC 是一种酸性高效减水剂，它在碱性环境下的稳定性低于其他两种减水剂，同时也改变了赤泥基地质聚合物胶凝材料的碱性环境，因此尽管赤泥基胶

凝材料具有较高的水化热释放，但对抗压强度有负面影响。SPA 和 SPN 对赤泥基地质聚合物胶凝材料的抗压强度有提升作用，随着 SPA 掺量的增加，抗压强度先升高后降低，而且 SPN 可以显著提高 28d 的抗压强度，增幅高达 30%。这是因为减水剂的存在可以改变赤泥和矿渣表面的电荷分布，从而增加 Al^{3+} 和 Si^{4+} 的浸出量，形成更多的水化产物来提高抗压强度。

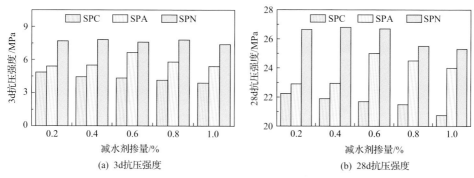

(a) 3d抗压强度   (b) 28d抗压强度

图 7.29   不同减水剂对赤泥基地质聚合物胶凝材料抗压强度的影响

图 7.30 为水灰比对赤泥基地质聚合物胶凝材料抗压强度的影响。从图中可以看出，降低水灰比显著提高了对照组的抗压强度，在较低的水灰比下，SPA 和 SPN 对抗压强度有更显著的提升作用，这可能是因为水灰比较低时，减水剂对固体废弃物颗粒的吸附率较高。

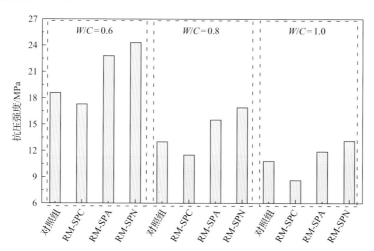

图 7.30   水灰比对赤泥基地质聚合物胶凝材料抗压强度的影响

此外，虽然 SPC 可以加速赤泥基地质聚合物胶凝材料的水化历程，但对抗压强度有负面影响。SPA 虽然延缓了赤泥基地质聚合物胶凝材料的水化反应，但对抗压强度有提升作用。

7.4.5　微观结构

图 7.31 为不同减水剂对赤泥基地质聚合物胶凝材料水化产物类型的影响。从图中可以看出，赤泥基地质聚合物胶凝材料的主要水化产物是地质聚合物凝胶(弥散峰为 20°~30°)、闪锌矿、未命名沸石和铝钙水合物。与对照组相比，掺入不同减水剂后结石体中会形成闪锌矿，而对照组中没有出现这种现象。这是因为减水剂的存在改变了赤泥和矿渣表面的电荷分布，提高了铁质矿物的反应活性，Fe^{3+} 可以参与水化反应过程形成闪锌矿。

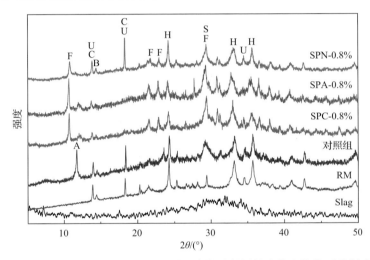

图 7.31　不同减水剂对赤泥基地质聚合物胶凝材料水化产物类型的影响
A. 铝钙水合物；B. 一水软铝石；C. 钙霞石；F. 闪锌矿；H. 赤铁矿；
S. C-S-H 凝胶；U. 未命名沸石；RM. 赤泥；Slag. 矿粉

图 7.32 为不同减水剂对赤泥基地质聚合物胶凝材料水化产物微观形貌的影响。从图中可以看出，与对照组相比，掺入不同减水剂的赤泥基地质聚合物胶凝材料结石体中形成了更多的地质聚合物凝胶，这与采用减水剂时颗粒表面电荷分

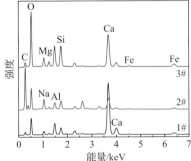

(a) 对照组

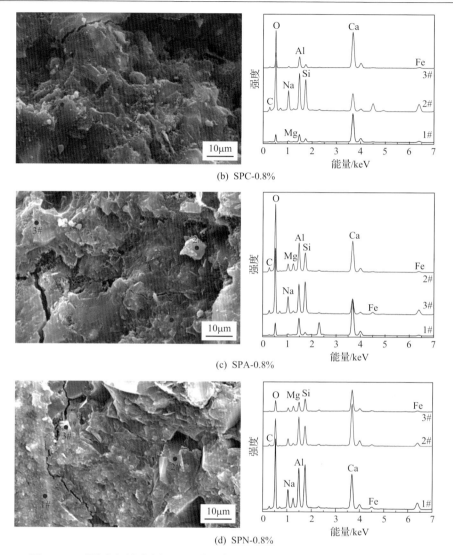

(b) SPC-0.8%

(c) SPA-0.8%

(d) SPN-0.8%

图 7.32　不同减水剂对赤泥基地质聚合物胶凝材料水化产物微观形貌的影响

布的变化有关。加入减水剂后，微观结构更加均匀，这是因为减水剂的存在降低了颗粒间的絮凝作用，赤泥和矿渣以极小颗粒的形式存在于泥浆中。表 7.6 为能谱分析结果。赤泥基地质聚合物胶凝材料的主要水化产物为 N-C-S-A-H 凝胶和 C-S-A-H 凝胶。在掺有减水剂的水化产物中也出现了铁元素，证明铁组分参与了赤泥基地质聚合物胶凝材料的水化过程[9]。

　　图 7.33 为不同减水剂对赤泥基地质聚合物胶凝材料孔隙特征的影响。从图中可以看出，在减水剂的作用下，赤泥基地质聚合物胶凝材料的孔径和孔隙率减小，证明了减水剂对赤泥基地质聚合物胶凝材料的抗压强度有增强作用。

表 7.6　能谱分析结果　　　　　　　　　　（单位：%）

元素	对照组			SPC-0.8%			SPA-0.8%			SPN-0.8%		
	1#	2#	3#	1#	2#	3#	1#	2#	3#	1#	2#	3#
O	61.9	60.35	56.35	59.4	61.40	62.32	59.72	37.04	66.47	59.20	69.11	60.44
Na	6.38	4.01	4.32	1.86	6.85	1.30	2.69	4.07	3.93	1.14	2.81	7.67
Mg	2.25	0.49	3.07	0.28	0.19	0.16	0.65	0.56	1.45	0.13	0.98	0.46
Al	8.16	8.68	7.43	6.23	6.79	5.92	4.64	3.19	4.78	8.94	5.73	6.62
Si	10.09	8.11	8.25	3.81	7.91	1.70	2.81	3.63	5.69	2.67	4.40	7.59
Ca	8.10	15.27	14.56	23.15	4.76	20.18	21.77	4.74	9.12	20.8	9.15	4.77
Fe	0.81	1.20	1.04	2.67	3.14	1.28	1.56	0.79	1.01	1.74	2.52	2.85

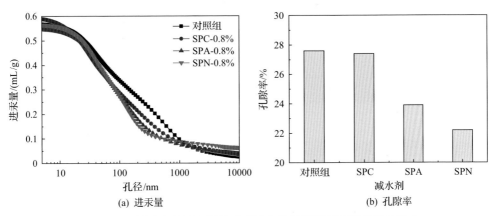

(a) 进汞量　　　　　　　　　　　　　(b) 孔隙率

图 7.33　不同减水剂对赤泥基地质聚合物胶凝材料孔隙特征的影响

7.5　纤维对赤泥基地质聚合物胶凝材料性能的作用机制

　　为了提高赤泥基地质聚合物胶凝材料在高应力条件下的应用能力，对聚丙烯纤维、玻璃纤维和玄武岩纤维增强赤泥基地质聚合物胶凝材料的工作性能、力学性能和破坏模式进行了系统的试验研究，通过微观结构分析揭示了纤维对地质聚合物注浆的影响机理。本节研究三种不同纤维(聚丙烯纤维、玻璃纤维和玄武岩纤维)对赤泥基地质聚合物胶凝材料性能的影响，纤维长度为 3mm、6mm 和 9mm。赤泥与矿渣的质量比为 1:1，水与粉末(赤泥、矿渣和碱活化剂)的质量比为 0.6:1，制备了 12%硅酸钠(模数为 1.5)的碱活化剂。这里将不掺纤维、掺聚丙烯纤维、玻璃纤维和玄武岩纤维的赤泥基地质聚合物胶凝材料称为 RM-对照、RM-P、RM-G 和 RM-B，按体积计，纤维掺量分别为 0.3%和 0.6%。

7.5.1　浆体流动特性

在施工过程中，流动性是长距离泵送过程中的一个重要参数，纤维在混合状态下往往会降低灌浆的流动性，图 7.34 为不同纤维对赤泥基地质聚合物胶凝材料流变特性的影响规律。

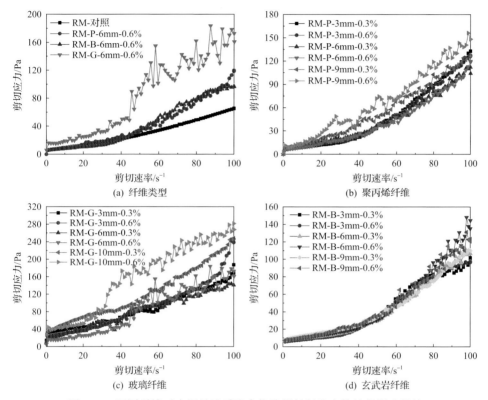

图 7.34　不同纤维对赤泥基地质聚合物胶凝材料流变特性的影响规律

从图 7.34(a)可以看出，剪切应力随着纤维的添加而增大，其中玻璃纤维的改善程度最为显著。这是因为纤维增加了固体颗粒的内聚力，而棒状纤维表现出颗粒形状效应，从而增加了剪切应力[10]。从图 7.34(b)～(d)可以看出，剪切应力随着纤维长度的增加而增加。这是因为纤维是典型的针状物质，在含有均匀球形颗粒的悬浮液中很容易相互重叠。纤维越长，缠结成网状结构的概率和数量就越大。网状结构在浆料流动过程中提供与浆料流动方向相反的阻挡力，因此浆料的塑性黏度增加而流速降低。

此外，赤泥基地质聚合物胶凝材料的剪切应力随纤维的不同而变化。这是因为在恒定的水灰比条件下，混合物中的游离水是确定的，增加纤维掺量使得游离水不足以润湿固体颗粒的表面，增加了颗粒之间的摩擦。此外，随着纤维掺量的增加，悬浮相中固体颗粒的浓度增大，颗粒容易发生碰撞，造成额外的能量损失。在二者的共同作用下，赤泥基地质聚合物胶凝材料的流动性变差，流变参数增加。

7.5.2　力学性能

图 7.35 为不同纤维对赤泥基地质聚合物胶凝材料力学性能的影响。从图中可以看出，不含纤维的赤泥基地质聚合物胶凝材料 28d 抗压强度和抗折强度分别为 19.8MPa 和 2.8MPa。从图 7.35(a)可以看出，与对照组试样相比，掺聚丙烯纤维、玻璃纤维和玄武岩纤维的赤泥基地质聚合物胶凝材料 28d 抗压强度最大增幅分别为 27.5%、32.6%和 27.3%。聚丙烯的最佳纤维长度和掺量分别为 9mm 和 0.3%，玻璃纤维的最佳纤维长度和掺量分别为 6mm 和 0.6%，玄武岩纤维的最佳纤维长度和掺量分别为 6mm 和 0.6%。

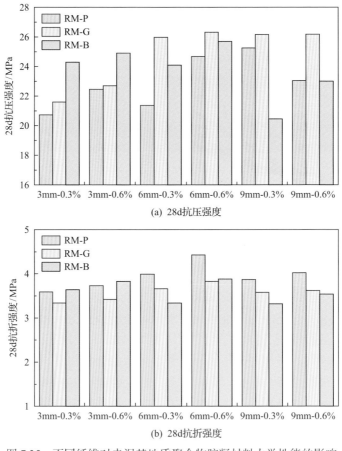

(a) 28d抗压强度

(b) 28d抗折强度

图 7.35　不同纤维对赤泥基地质聚合物胶凝材料力学性能的影响

从图 7.35(b)可以看出：

（1）与对照组试样（2.8MPa）相比，掺入不同纤维的试样 28d 抗折强度均有不同程度的提高，聚丙烯纤维、玻璃纤维、玄武岩纤维的最大增幅分别为 58.2%、36.8%和 36.5%。与抗压强度不同，聚丙烯纤维对赤泥基地质聚合物胶凝材料的抗折强度提高最大，玄武岩纤维对赤泥基地质聚合物胶凝材料的抗折强度提高最小，这是由聚丙烯纤维的低密度引起的[11]。

（2）对于聚丙烯纤维，当长度为 6mm 时，抗折强度的增强效果最高，且抗折强度均随着纤维掺量的增加而升高。对于玻璃纤维，当长度为 6mm 时，抗折强度的增强效果最高。对于玄武岩纤维，抗折强度随着纤维掺量的增加而升高。

当胶凝材料注入地层时，在地应力、施工扰动等因素的作用下，注浆结石体会被破坏。图 7.36 为注浆结石体应力分析。

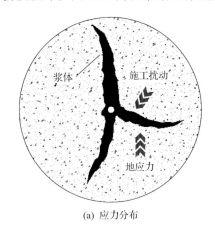

(a) 应力分布　　　　　　　　　　　　(b) 注浆材料结石体

图 7.36　注浆结石体应力分析

图 7.37 为纤维增强赤泥基地质聚合物胶凝材料应力-应变曲线。图 7.38 为纤维增强赤泥基地质聚合物胶凝材料的弹性模量。结石体的弹性模量是指岩土结构在失效时的最大应力的 50%除以其相应的应变[12]。从图 7.37 可以看出，赤泥基地质聚合物胶凝材料的抗变形能力随着纤维的添加而增加，增强效果随着纤维掺量的增加而增加。从图 7.38 可以看出，纤维掺量对结石体的抗变形能力有显著影响，纤维长度对结石体的抗变形能力有积极影响。

图 7.39 为不同纤维对赤泥基地质聚合物胶凝材料破坏模式的影响。从图中可以看出，试样表现出张力破坏模式，纤维的添加对胶凝材料的破坏模式几乎没有影响，随着纤维的掺入，结石体的破坏程度降低。

压折比（σ_c/σ_f）是反映胶凝材料柔韧性的物理量，它是抗压强度与抗折强度的比值。浆料基体的 σ_c/σ_f 越小，其柔韧性越好，产生裂纹的可能性也就越小。图 7.40 为不同纤维增强的赤泥基地质聚合物胶凝材料的压折比。从图中可以看出，纤维增强的赤泥基地质聚合物胶凝材料显示出较小的 σ_c/σ_f。这表明添加纤维后赤泥基

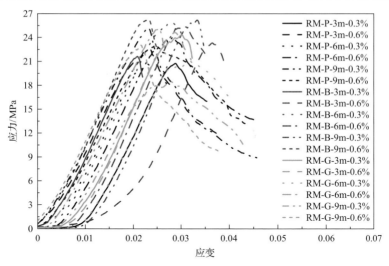

图 7.37　纤维增强赤泥基地质聚合物胶凝材料应力-应变曲线

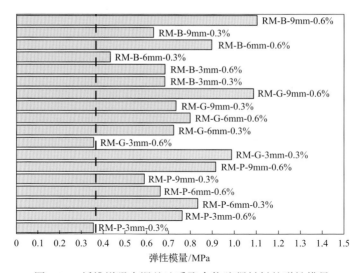

图 7.38　纤维增强赤泥基地质聚合物胶凝材料的弹性模量

(a) RM-对照　　　　　　　　　(b) RM-P

(c) RM-G　　　　　　　　　(d) RM-B

图 7.39　不同纤维对赤泥基地质聚合物胶凝材料破坏模式的影响

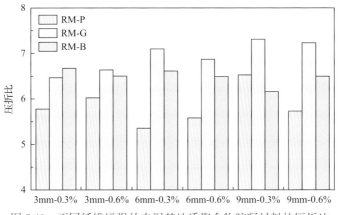

图 7.40　不同纤维增强的赤泥基地质聚合物胶凝材料的压折比

灌浆试样具有更高的韧性，说明在纤维的作用下，赤泥基地质聚合物胶凝材料在高地应力和施工扰动条件下具有更高的稳定性和耐久性。聚丙烯纤维可以更显著地提高赤泥基地质聚合物胶凝材料的柔韧性，而玻璃纤维的增强效果最低。

7.5.3　纤维对纵波速度性能的影响

超声波的速度在获得纤维增强胶凝材料的均匀性和孔隙率方面是有效的。对于给定的试样，纵波速度随着刚度的增加而增大，随着孔隙率的增加而减小。本节评估不同纤维对赤泥基地质聚合物胶凝材料纵波速度的影响。

图 7.41 为不同纤维对赤泥基地质聚合物胶凝材料纵波速度的影响。从图中可以看出，纵波速度随着纤维掺量的增加而增大，而对照组的纵波速度为 2.597km/s。这证明纤维可以降低赤泥基灌浆的孔隙率，提高其完整性，这是因为在添加适量的纤维后，赤泥基地质聚合物胶凝材料的孔隙率和有害孔隙减少，孔隙结构和致密性提升。纤维的最佳长度和用量分别为 3mm 和 0.3%，超过这个最佳值，过多的纤维会导致团聚并形成弱界面结合，从而降低赤泥基地质聚合物胶凝材料的力学性能。

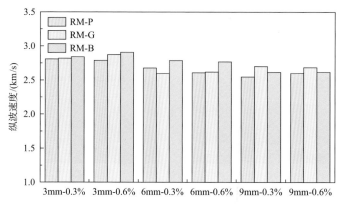

图 7.41　不同纤维对赤泥基地质聚合物胶凝材料纵波速度的影响

7.5.4　微观结构

　　本节采用 MIP 和 SEM 分析纤维对赤泥基地质聚合物胶凝材料微观结构的影响。图 7.42 为不同纤维对赤泥基地质聚合物胶凝材料的孔径分布和孔隙率的影响。

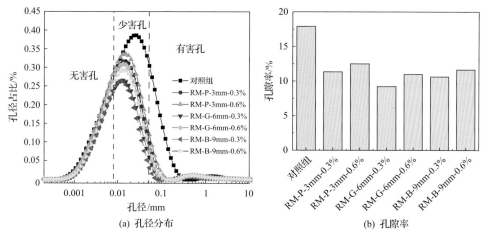

(a) 孔径分布　　　　　　　　　　(b) 孔隙率

图 7.42　不同纤维对赤泥基地质聚合物胶凝材料的孔径分布和孔隙率的影响

　　基于优化的纤维长度(聚丙烯纤维 9mm、玻璃纤维 6mm 和玄武岩纤维 6mm)分析赤泥基地质聚合物胶凝材料的孔隙结构。将胶凝材料的孔径分为无害孔(0～0.02mm)、少害孔(0.02～0.05mm)和有害孔(>0.05mm)三种。进一步分析图 7.42 中的孔径分布，有害孔和少害孔随着纤维的添加而减少，这与抗压强度结果一致，这是因为纤维的添加优化了孔结构。反之，有害孔和少害孔的比例随着纤维掺量的增加而增加，这可能是由于纤维掺量较高破坏了赤泥基浆料的均匀性，而且随着纤维长度的增加，纤维分散容易产生不均匀现象，在混合过程中发生团聚，导致浆料基体内部孔隙增加。胶凝材料的孔隙率随着纤维的添加而降低，当纤维掺量从 0.3%

增至 0.6%时，孔隙率增加。孔隙结构分析表明，赤泥基灌浆的纤维掺量应小于 0.6%。

为了进一步确定不同长度的纤维对赤泥基地质聚合物胶凝材料抗压强度的影响，对与浆料基质中纤维混合的赤泥基地质聚合物胶凝材料的结石体进行了显微分析（试样取自固化 28d）。图 7.43 为不同纤维增强的赤泥基地质聚合物胶凝材料微观形貌。从图中可以看出，具有一定角度的纤维散布在结石体内，表明分布网络无序。

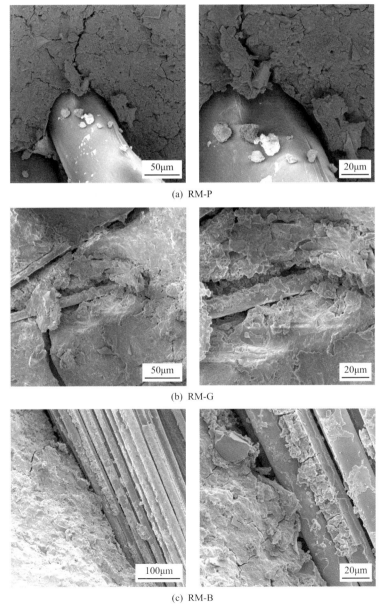

(a) RM-P

(b) RM-G

(c) RM-B

图 7.43　不同纤维增强的赤泥基地质聚合物胶凝材料微观形貌

当胶凝材料受拉或受压时，纤维可以在三维方向上承受一定的能量，防止裂缝扩展。此外，纤维表面有许多聚合产物，说明纤维与基体结合良好，共同承受载荷。

参 考 文 献

[1] Jayasree C, Gettu R. Experimental study of the flow behaviour of superplasticized cement paste. Materials and Structures, 2008, 41(9): 1581-1593.

[2] Zhuang Z H, Yao X, Zhu H J, et al. Role of water in the synthesis of calcined kaolin-based geopolymer. Applied Clay Science, 2009, 43(2): 218-223.

[3] Hu W, Nie Q K, Huang B S, et al. Mechanical and microstructural characterization of geopolymers derived from red mud and fly ashes. Journal of Cleaner Production, 2018, 186: 799-806.

[4] Fernández-Jiménez A, Palomo A, Criado M. Microstructure development of alkali-activated fly ash cement: A descriptive model. Cement and Concrete Research, 2005, 35(6): 1204-1209.

[5] Zhang Z H, Li L F, Ma X, et al. Compositional, microstructural and mechanical properties of ambient condition cured alkali-activated cement. Construction and Building Materials, 2016, 113: 237-245.

[6] El-Naggar M R, El-Dessouky M I. Re-use of waste glass in improving properties of metakaolin-based geopolymers: Mechanical and microstructure examinations. Construction and Building Materials, 2017, 132: 543-555.

[7] Zhang R, Zheng S L, Ma S H, et al. Recovery of alumina and alkali in Bayer red mud by the formation of andradite-grossular hydrogarnet in hydrothermal process. Journal of Hazardous Materials, 2011, 189(3): 827-835.

[8] Yao G, Wang Q, Wang Z M, et al. Activation of hydration properties of iron ore tailings and their application as supplementary cementitious materials in cement. Powder Technology, 2020, 360: 863-871.

[9] Hu Y, Liang S, Yang J K, et al. Role of Fe species in geopolymer synthesized from alkali-thermal pretreated Fe-rich Bayer red mud. Construction and Building Materials, 2019, 200: 398-407.

[10] Carabba L, Santandrea M, Carloni C, et al. Steel fiber reinforced geopolymer matrix (S-FRGM) composites applied to reinforced concrete structures for strengthening applications: A preliminary study. Composites Part B: Engineering, 2017, 128: 83-90.

[11] Al-mashhadani M M, Canpolat O, Aygörmez Y, et al. Mechanical and microstructural characterization of fiber reinforced fly ash based geopolymer composites. Construction and Building Materials, 2018, 167: 505-513.

[12] Wang Y, Wu A X, Wang H J, et al. Damage constitutive model of cemented tailing paste under initial temperature effect. Chinese Journal of Engineering, 2017, 39(1): 31-38.

第8章 赤泥基地质聚合物胶凝材料耐久性特征

在隧道与地下工程中，赤泥基地质聚合物胶凝材料在加固地层中长期受地下水化学场、应力场等单因素或耦合作用，尤其当有地下水存在时，结石体后期会受地下水的侵蚀。此外，应力场对结石体的长期作用也会导致其失稳破坏。因此，作为一种新型材料，赤泥基地质聚合物胶凝材料的耐久性是其工程应用的先决条件。本章分析赤泥基地质聚合物胶凝材料在离子侵蚀作用下的耐久性和在应力场作用下的失稳破坏特征。

8.1 赤泥基地质聚合物胶凝材料抗离子侵蚀性能

8.1.1 化学侵蚀机理分析

1. 传统水泥基胶凝材料化学侵蚀机理

Cl^- 侵入结石体后会吸附在水化产物上，或者以游离态的形式存在于孔溶液中，它可与 C_3A 反应生成 Friedel 盐($C_3A \cdot CaCl_2 \cdot 10H_2O$)，还可与 C_4AF 反应生成 $C_3F \cdot CaCl_2 \cdot 10H_2O$[1]。此外，$Cl^-$ 还可以与 CaO 反应生成体积膨胀的 $3CaO \cdot CaCl_2 \cdot 15H_2O$。

$$3CaO \cdot Al_2O_3 + CaCl_2 + 10H_2O \longrightarrow 3CaO \cdot Al_2O_3 \cdot CaCl_2 \cdot 10H_2O \tag{8.1}$$

硫酸盐侵蚀可以分为石膏、钙矾石和碳硫硅钙石三种类型[2]，石膏、钙矾石和碳硫硅钙石与硫酸盐的反应方程式为

$$Ca(OH)_2 + SO_4^{2-} + 2H_2O \longrightarrow CaSO_4 \cdot 2H_2O + 2OH^- \tag{8.2}$$

$$CaO \cdot 3Al_2O_3 \cdot CaSO_4 + 2CaSO_4 \cdot 2H_2O + 30H_2O \longrightarrow \\ CaO \cdot Al_2O_3 \cdot 3CaSO_4 \cdot 32H_2O + 2Al_2O_3 \cdot H_2O \tag{8.3}$$

$$Ca_3Si_2O_7 \cdot 3H_2O + 2CaSO_4 \cdot 2H_2O + 2CaCO_3 + 24H_2O \longrightarrow \\ Ca_6[Si(OH)_6]_2(CO_3)_2(SO_4)_2 \cdot 24H_2O + Ca(OH)_2 \tag{8.4}$$

$$Ca_3Si_2O_7 \cdot 3H_2O + 2CaSO_4 \cdot 2H_2O + CaCO_3 + CO_2 + 23H_2O \longrightarrow \\ Ca_6[Si(OH)_6]_2(CO_3)_2(SO_4)_2 \cdot 24H_2O \tag{8.5}$$

$$\text{Ca}_3\text{Si}_2\text{O}_7 \cdot 3\text{H}_2\text{O} + 2\text{CaSO}_4 \cdot 2\text{H}_2\text{O} + 2\text{Ca}(\text{HCO}_3)_2 + \text{Ca}(\text{OH})_2 + 20\text{H}_2\text{O} \longrightarrow$$
$$\text{Ca}_6[\text{Si}(\text{OH})_6]_2(\text{CO}_3)_2(\text{SO}_4)_2 \cdot 24\text{H}_2\text{O} + 2\text{CaCO}_3$$

$$(8.6)$$

2. 碱激发胶凝材料化学侵蚀机理

目前，普遍认为地质聚合物胶凝材料具有优于硅酸盐水泥类胶凝材料的抗侵蚀性能。

氯化物通过静水压力毛细吸收和离子扩散渗透到地质聚合物胶凝材料中。在地质聚合物胶凝材料中，较高掺量的激发剂提高了缩聚度，降低了地质聚合物胶凝材料的渗透性，进而阻止了 Cl^- 的入侵[2]。此外，高钙型地质聚合物胶凝材料水化产物主要为(N)-C-S-A-H 凝胶，其在 Cl^- 侵蚀作用下具有较高的稳定性和抗压强度。高钙型地质聚合物胶凝材料形成的(N)-C-S-A-H 凝胶比低钙型地质聚合物胶凝材料形成的 N-S-A-H 凝胶具有更小的 Cl^- 扩散系数。

当地质聚合物胶凝材料暴露于 MgSO_4 溶液时，其结石体会发生劣化，而在 Na_2SO_4 溶液中劣化程度较低。用硫酸盐溶液处理地质聚合物胶凝材料很容易导致硅铝酸盐凝胶结构中的—Si—O—Si—键断裂和 Si^{4+} 浸出，这与结石体内部酸碱度密切相关。此外，C-S-H 凝胶与 SO_4^{2-} 反应形成钙矾石，也会导致地质聚合物胶凝材料抗压强度的损失。Valencia-Saavedra 等[3]的研究结果表明，地质聚合物胶凝材料对 50g/L 的 MgSO_4 和 Na_2SO_4 溶液具有高的抵抗力。Ye 等[4]研究了不同激发剂组成的地质聚合物胶凝材料在 5% Na_2SO_4 和 MgSO_4 溶液中的降解机理，研究结果表明，硫酸盐激发剂活化的矿渣表现出比 NaOH 和 Na_2CO_3 更弱的抗 MgSO_4 侵蚀能力，但地质聚合物胶凝材料比传统的普通硅酸盐水泥具有更好的抗硫酸盐侵蚀能力。

针对砂浆和混凝土等含有钢筋的固体废弃物基胶凝材料，降低侵蚀离子的渗透系数成为提高其耐久性的关键性因素。地质聚合物胶凝材料与砂浆和混凝土的重要区别在于：一是地质聚合物胶凝材料多为净浆，其耐久性考虑的是自身水化产物的稳定性和性能演化规律；二是其高水灰比特性，地质聚合物胶凝材料高水灰比决定其孔隙率大，侵蚀离子的渗透系数较高。因此，确定赤泥基地质聚合物胶凝材料在 SO_4^{2-} 和 Cl^- 侵蚀作用下的耐久性，对其工程应用和服役性能评价尤为重要。

8.1.2 SO_4^{2-}、Cl^-对赤泥基地质聚合物胶凝材料力学性能的影响

图 8.1 为不同离子侵蚀浓度条件下赤泥基地质聚合物胶凝材料抗压强度。从图 8.1(a)可以看出：

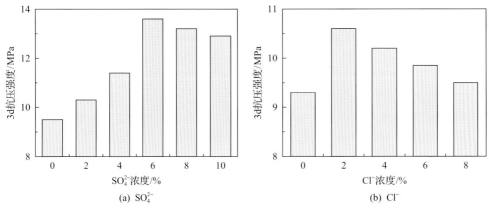

图 8.1　不同离子侵蚀浓度条件下赤泥基地质聚合物胶凝材料抗压强度

（1）赤泥基地质聚合物胶凝材料对 SO_4^{2-} 具有较强的抗侵蚀特性。这是因为 SO_4^{2-} 对固体废弃物类原料的胶凝活性具有盐激发效果，可以促进水化反应，进而生成更多的水化产物，从而提升赤泥基地质聚合物胶凝材料的力学性能。此外，侵入结石体的 SO_4^{2-} 会与水化产物 C-S-A-H 凝胶发生反应，生成钙矾石[5]，这也是 SO_4^{2-} 提升赤泥基地质聚合物胶凝材料抗压强度的原因之一。

（2）赤泥基地质聚合物胶凝材料抗压强度的提升幅度随着 SO_4^{2-} 浓度的增加呈先升高后降低的趋势。这是因为当 SO_4^{2-} 在较低浓度水平时，随着浓度的升高，其对固体废弃物类原料胶凝活性的激发效果逐渐增强，但当 SO_4^{2-} 浓度大于 6% 后，结石体抗压强度有所降低，但仍然高于无 SO_4^{2-} 的对照组，这是因为胶凝材料中过多的 SO_4^{2-} 与水化反应生成的 C-S-H 凝胶和 C-S-A-H 凝胶发生反应，生成了石膏和钙矾石，SO_4^{2-} 与水化 C-S-H 凝胶和 C-S-A-H 凝胶的反应方程式见式(8.4)，这些产物的膨胀应力可能导致结石体中产生轻微的裂缝，从而破坏了结石体的致密性和均一性，影响了赤泥基地质聚合物胶凝材料的抗压强度。

从图 8.1(b) 可以看出，当 Cl⁻ 浓度小于 4% 时，其对赤泥基地质聚合物胶凝材料的抗压强度具有提升作用，提升幅度分别为 8.1%(Cl⁻ 浓度为 2%) 和 3.1%(Cl⁻ 浓度为 4%)，当 Cl⁻ 浓度大于 4% 时，其对赤泥基地质聚合物胶凝材料的强度具有削弱效果，下降幅度分别为 0.5%(Cl⁻ 浓度为 6%) 和 4%(Cl⁻ 浓度为 8%)，这表明 Cl⁻ 浓度较低时对赤泥基地质聚合物胶凝材料抗压强度有促进作用，Cl⁻ 浓度超过 4% 则会抑制抗压强度的发展，且抑制作用随着浓度的提高更加明显。NaCl 为易溶盐，在侵蚀过程中以 Cl⁻ 和 Na⁺ 的形式进入结石体。其中，Na⁺ 具有较小的离子半径，易于穿透结石体，平衡铝氧四面体产生的负电荷；Cl⁻ 能够降低溶液中的 Zeta 电位，利于硅铝质组分的解聚和铝硅氧四面体单元的缩聚[6]。此外，生成的方钠石

$(Na_4Al_3Si_3O_{12}Cl)$ 具有与沸石相同的 β 特征笼，其共面连接的特性使方钠石具有稳定的结构，因此地质聚合物胶凝材料的抗压强度得到提升。但随着 Cl^- 浓度的提高，地质聚合物体系中 Cl^- 和 Na^+ 浓度急剧上升。Na^+ 浓度过高时，会与铝硅酸盐固体表面的 O 原子结合发生钝化效应，阻碍碱对固体原料的侵蚀和溶解；此外，过多的 Cl^- 导致溶液饱和，剩余的 Cl^- 以晶体形式存在于结石体中，不仅阻碍溶液中离子的迁移，限制水化反应的发生，还削弱了水化产物的胶结能力，增大结石体的孔径分布和孔隙体积，进而破坏微观结构，对强度造成不利影响。

进一步分析 SO_4^{2-}、Cl^- 及两种离子耦合作用对赤泥基地质聚合物胶凝材料抗压强度的长效作用规律。图 8.2 为 90d 赤泥基地质聚合物胶凝材料抗侵蚀力学强度。其中，Cl^- 浓度为 5%，SO_4^{2-} 浓度为 3.5%，耦合作用关系为二者的混合溶液。从图中可以看出，当使用 Na_2SiO_3 作为激发剂时，赤泥基地质聚合物胶凝材料的力学强度高于 NaOH 激发剂。这是因为 Na_2SiO_3 的加入在一定程度上增加了 SiO_2/Al_2O_3（摩尔比），提高了抗压强度。

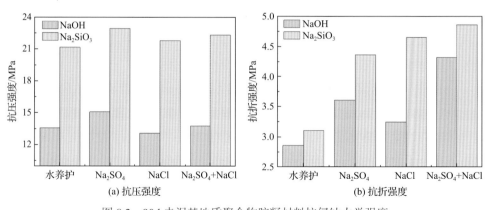

图 8.2　90d 赤泥基地质聚合物胶凝材料抗侵蚀力学强度

从图 8.2(a) 可以看出，当养护龄期为 90d 时，赤泥基地质聚合物胶凝材料抗压强度的提升幅度较小，并且当激发剂为 NaOH 时，抗压强度的提升幅度分别为 11.2%、-3.46% 和 1.33%，在 Cl^- 侵蚀作用下甚至出现了强度降低的现象，而当激发剂为 Na_2SiO_3 时，抗压强度的提升幅度分别为 8.37%、2.98% 和 5.39%，表明在 SO_4^{2-} 和 Cl^- 侵蚀作用下，赤泥基地质聚合物胶凝材料的抗压强度均有不同程度的提升。

从图 8.2(b) 可以看出，在 SO_4^{2-} 和 Cl^- 侵蚀作用下，赤泥基地质聚合物胶凝材料的抗折强度提升幅度显著，当激发剂为 NaOH 时，抗折强度提升幅度分别为 26.07%、13.6% 和 50.92%，而当激发剂为 Na_2SiO_3 时，抗折强度的提升幅度分别为 40.24%、49.68% 和 56.37%。赤泥基地质聚合物胶凝材料在 SO_4^{2-}、Cl^- 及二者耦合作用下，其抗折强度均显著提升，没有出现降低的现象，并且抗折强度的提升幅度远超抗压强度的提升幅度，赤泥基地质聚合物胶凝材料的韧性增强。

图 8.3 为 365d 赤泥基地质聚合物胶凝材料抗侵蚀力学强度。当养护龄期由 75d 增至 365d 时，赤泥基地质聚合物胶凝材料的力学强度提升幅度减小，部分出现了强度倒缩的情况，这是因为在自由水中长期浸泡，结石体中的 $Ca(OH)_2$ 及其他水化产物会部分溶解，进而增大了结石体的孔隙率，对力学强度有削弱作用。但相比在水中养护的试样，在 SO_4^{2-} 和 Cl^- 侵蚀作用下，赤泥基地质聚合物胶凝材料的力学强度均有一定程度的提升。

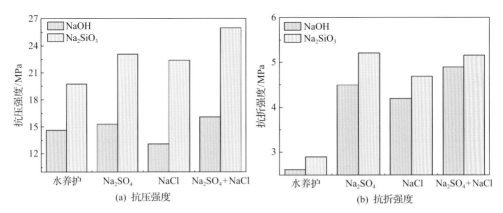

图 8.3　365d 赤泥基地质聚合物胶凝材料抗侵蚀力学强度

图 8.4 为 90d 离子侵蚀作用下赤泥基地质聚合物胶凝材料的孔径分布和体积分数。从图中可以看出，当激发剂为 Na_2SiO_3 时，结石体更为密实。在 SO_4^{2-} 和 Cl^- 侵蚀作用下，赤泥基地质聚合物胶凝材料结石体孔隙结构向小孔方向移动，并

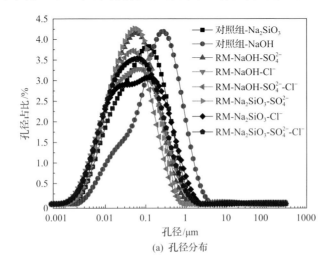

(a) 孔径分布

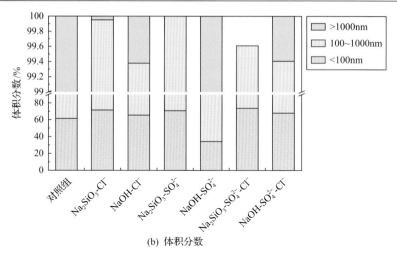

图 8.4　90d 离子侵蚀作用下赤泥基地质聚合物胶凝材料的孔径分布和体积分数

且孔隙率也大幅降低，这表明在侵蚀离子作用下赤泥基地质聚合物胶凝材料结石体中形成了更多的水化产物，侵蚀作用减小了结石体中大孔的数量，增加了凝胶孔的数量。

8.1.3　膨润土对抗侵蚀作用的影响

膨润土具有粒径小和吸附能力强的优点，作为掺合料可以减小赤泥基地质聚合物胶凝材料的孔隙结构，并对 SO_4^{2-}、Cl^- 等侵蚀离子具有吸附作用[13]。本节分析膨润土对赤泥基地质聚合物胶凝材料抗离子侵蚀能力的作用规律。其中，膨润土掺量为 3%、6%、9% 和 12%，分别用 B3、B6、B9 和 B12 表示。

图 8.5 为 Cl^-、SO_4^{2-} 侵蚀作用下赤泥-矿粉-膨润土基胶凝材料 28d 抗压强度。从图 8.5(a) 可以看出，当 Cl^- 浓度小于 4% 时，Cl^- 对赤泥基地质聚合物胶凝材料抗压强度具有增强作用；当 Cl^- 浓度大于 6% 时，Cl^- 对抗压强度具有弱化作用，这是因为 Cl^- 与结石体中的钙质组分反应生成氯铝酸钙盐水合物，产生晶体膨胀，进而造成结石体的抗压强度降低。当膨润土掺量为 9% 时，Cl^- 对赤泥-矿粉-膨润土基胶凝材料的抗压强度具有增强作用；当膨润土掺量大于 9% 时，浓度高于 6% 的 Cl^- 对赤泥-矿粉-膨润土基胶凝材料的抗压强度具有弱化作用，这是因为当膨润土掺量增加时，其吸水膨胀特性会导致结石体孔隙增大，大量 Cl^- 更易于在孔隙结构中迁移。

从图 8.5(b) 可以看出，在试验浓度范围内，SO_4^{2-} 对赤泥基地质聚合物胶凝材料的抗压强度具有增强作用，这是因为 SO_4^{2-} 相对 Cl^- 对各类原料具有更强的激发作用。而当掺入膨润土后，虽然 SO_4^{2-} 对结石体的抗压强度仍具有较强的增强作用，但是当其浓度大于 6% 后，SO_4^{2-} 的增强作用降低，这是因为膨润土对 SO_4^{2-} 具有较

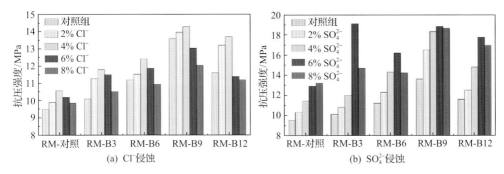

图 8.5　Cl$^-$、SO$_4^{2-}$ 侵蚀作用下赤泥-矿粉-膨润土基胶凝材料 28d 的抗压强度

强的吸附作用,进而导致其对固体废弃物原料颗粒的盐激发作用减弱。

图 8.6 为 Cl$^-$ 和 SO$_4^{2-}$ 对赤泥-矿粉-膨润土基胶凝材料侵蚀性能的影响。从图 8.6(a)可以看出,在 Cl$^-$ 侵蚀作用下,赤泥-矿粉-膨润土基胶凝材料中出现了钙铝氯化物、水铝钙石、钙铝水化物等水化产物,说明 Cl$^-$ 除对原料具有化学激发作用外,还可以参与水化反应,进而提升结石体抗压强度。从图 8.6(b)可以看出,水铝钙石、钙铝水化物等水化产物的衍射峰强度有所增强,这是因为 SO$_4^{2-}$ 对原料具有盐激发的作用效果。

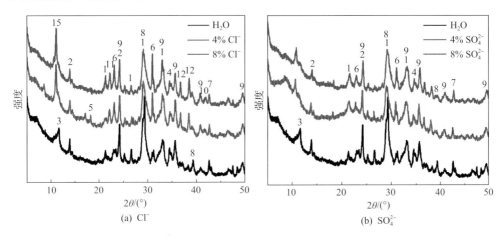

图 8.6　Cl$^-$ 和 SO$_4^{2-}$ 对赤泥-矿粉-膨润土基胶凝材料侵蚀性能的影响

1. 硅酸钙;2. 钙霞石;3. 氢氧化钙铝;4. 硅方石;5. 多伊利石;6. 水铝钙石;7. Al(OH)$_3$·CaCl$_2$;
8. 方解石;9. 赤铁矿;10. 铁氧体;11. 钙铝水化体;12. 钙铝氯化物

图 8.7 为 Cl$^-$ 和 SO$_4^{2-}$ 侵蚀作用下赤泥-矿粉-膨润土基胶凝材料的孔隙结构。从图中可以看出,在 Cl$^-$、SO$_4^{2-}$ 侵蚀作用下,结石体中少害孔的数量增多,多害孔的数量减少。这是因为 Cl$^-$、SO$_4^{2-}$ 对赤泥、矿粉和膨润土具有激发作用,进而促进了结石体中未反应组分的进一步反应,生成的水化产物填充了孔隙[4]。这表明在

Cl⁻、SO₄²⁻ 侵蚀作用下，赤泥-矿粉-膨润土基胶凝材料抗压强度升高的现象充分证明了该赤泥基地质聚合物胶凝材料的抗离子侵蚀特性强。

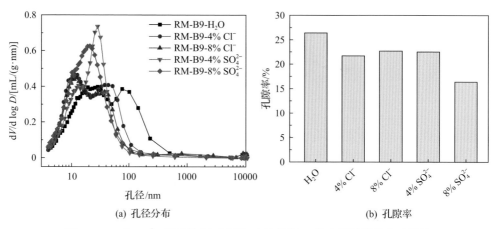

(a) 孔径分布　　　　　　　　　(b) 孔隙率

图 8.7　Cl⁻和 SO₄²⁻ 侵蚀作用下赤泥-矿粉-膨润土基胶凝材料的孔隙结构

D. 胶凝材料孔径，nm；*V*. 进汞体积，mL

8.1.4　超细集料对抗侵蚀作用的影响

超细集料在赤泥基地质聚合物胶凝材料中具有优化孔隙结构、减小结石体孔隙率、促进水化反应进程等作用。此外，超细集料的掺入会影响侵蚀离子在赤泥基地质聚合物胶凝材料结石体中的迁移，进而降低侵蚀离子对结石体抗压强度的影响幅度。本节分析超细碳酸钙和超细石英对赤泥基地质聚合物胶凝材料抗侵蚀性能的作用规律。

图 8.8 为 Cl⁻和 SO₄²⁻ 侵蚀作用下赤泥-超细集料基胶凝材料抗压强度。从图中可以看出，当向赤泥基地质聚合物胶凝材料体系中掺入超细碳酸钙时，结石体在侵蚀离子作用下抗压强度的提升幅度较小，分别为 6.51%和 5.12%；而当向赤泥基地质聚合物胶凝材料中掺入超细石英时，结石体在侵蚀离子作用下抗压强度的提升幅度比超细碳酸钙有所提高，分别为 28.32%和 10.18%，但仍然低于未掺超细集料的赤泥基地质聚合物胶凝材料。这表明当向赤泥基地质聚合物胶凝材料中掺入超细集料后，结石体密实度提高，SO₄²⁻ 和 Cl⁻ 难以进入结石体内部，因此侵蚀离子对胶凝体系的盐激发作用减弱。

图 8.9 为 Cl⁻和 SO₄²⁻ 侵蚀作用下超细集料对赤泥基地质聚合物胶凝材料 28d 抗压强度的影响。从图中可以看出，当超细石英掺量由 2%增至 10%时，Cl⁻对抗压强度的提升幅度分别为 15.55%、0.64%和 2.3%，SO₄²⁻ 对抗压强度的提升幅度分别为 24.82%、10.19%和 12.27%；当超细碳酸钙掺量由 2%增至 10%时，Cl⁻对

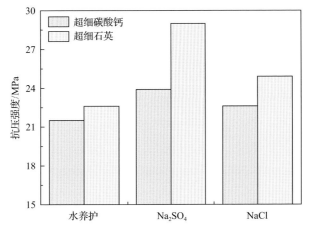

图 8.8　Cl^- 和 SO_4^{2-} 侵蚀作用下赤泥-超细集料基胶凝材料抗压强度

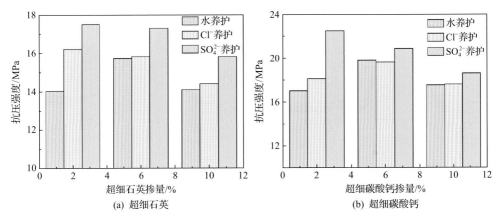

图 8.9　Cl^- 和 SO_4^{2-} 侵蚀作用下超细集料对赤泥基地质聚合物胶凝材料 28d 抗压强度的影响

抗压强度的提升幅度分别为 6.41%、–0.91% 和 0.46%，SO_4^{2-} 对抗压强度的提升幅度分别为 32.27%、5.41% 和 6.16%。这是因为当超细集料处于较低掺量时，其对赤泥基地质聚合物胶凝材料的充填作用较小，侵蚀离子进入结石体相对容易，因此当超细集料掺量为 2% 时，大量侵蚀离子进入赤泥基地质聚合物胶凝材料结石体中，在侵蚀离子对结石体的激发作用下，结石体的抗压强度提升幅度显著增加。而当超细集料掺量增加时，其对赤泥基地质聚合物胶凝材料的充填作用增强，侵蚀离子难以进入致密的结石体中，因此随着超细集料掺量的增加，侵蚀离子对结石体抗压强度的提升幅度下降，而当超细集料掺量继续增加时，赤泥基地质聚合物胶凝材料孔隙率增大，进入结石体内部的侵蚀离子数量增多，因此，其对结石体抗压强度的提升幅度呈升高趋势。

　　图 8.10 为 Cl^- 和 SO_4^{2-} 侵蚀作用下赤泥-超细集料基胶凝材料孔隙结构。从

图 8.10(a)可以看出,当超细集料为石英时,在侵蚀离子作用下,赤泥基地质聚合物胶凝材料的孔隙结构变小,孔隙率降低。从图 8.10(b)可以看出,当超细集料为碳酸钙时,Cl⁻侵蚀对赤泥基地质聚合物胶凝材料孔隙结构的影响较小,在孔径小于 1μm 范围内几乎没有变化,但是对 1~100μm 范围内的孔径具有较大影响,这是因为 Cl⁻促进了水化反应,进而生成更多的水化产物,使得赤泥基地质聚合物胶凝材料结石体更为密实;SO_4^{2-} 侵蚀对赤泥基地质聚合物胶凝材料孔隙结构的影响较为显著,虽然孔隙率变化很小,但是在 SO_4^{2-} 侵蚀作用下,结石体中孔径分布向小孔方向移动,并且 1~10μm 处的大孔显著减少,这是因为 SO_4^{2-} 对赤泥基地质聚合物胶凝材料的激发作用。

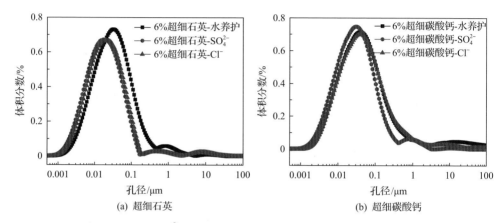

(a) 超细石英　　　　　　　　　　(b) 超细碳酸钙

图 8.10　Cl⁻和 SO_4^{2-} 侵蚀作用下赤泥-超细集料基胶凝材料孔隙结构

　　赤泥-超细石英基胶凝材料被 SO_4^{2-}、Cl⁻侵蚀后,其孔隙结构变化幅度较小,这主要是因为超细集料对赤泥基地质聚合物胶凝材料有充填作用,SO_4^{2-} 和 Cl⁻难以向致密的结石体中迁移,因此在二者作用下,赤泥基地质聚合物胶凝材料的抗压强度提升幅度较小,对孔隙结构的影响也较小。

　　图 8.11 为不同掺量超细集料对抗侵蚀后赤泥基地质聚合物胶凝材料孔隙结构的影响。从图中可以看出:

　　(1)随着超细集料掺量的增加,赤泥基地质聚合物胶凝材料结石体孔径先减小后增大。当超细集料为石英时,侵蚀离子对赤泥基地质聚合物胶凝材料结石体孔隙结构的影响较大;而当超细集料为碳酸钙时,侵蚀离子没有改变结石体的孔径大小,只是轻微改变了孔隙率,这说明超细石英对赤泥基地质聚合物胶凝材料的充填效果较弱。

　　(2)当超细集料掺量由 2%增至 10%时,侵蚀离子对结石体孔隙结构的影响先增大后减小。

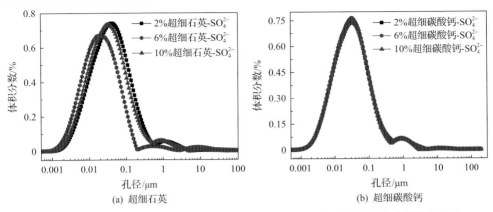

图 8.11　不同掺量超细集料对抗侵蚀后赤泥基地质聚合物胶凝材料孔隙结构的影响

8.2　赤泥基地质聚合物胶凝材料失稳破坏本构关系

赤泥基地质聚合物胶凝材料结石体的失稳破坏方式和应力-应变的本构关系对其服役安全性能预测及服役周期的评判有重要作用。本节分析不同条件下赤泥基地质聚合物胶凝材料结石体的破坏模式及本构关系，揭示其在地质条件下的破坏机理。

8.2.1　超细集料对失稳破坏模式的影响

图 8.12 为不同超细集料的赤泥基地质聚合物胶凝材料结石体应力-应变曲线。从图中可以看出，在不同超细集料条件下，赤泥基地质聚合物胶凝材料结石体的失稳破坏过程与对照组类似。超细集料的掺入可以提升赤泥基地质聚合物胶凝材

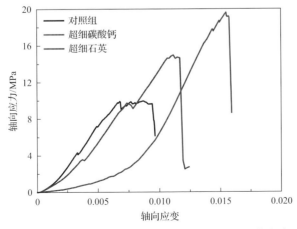

图 8.12　不同超细集料的赤泥基地质聚合物胶凝材料结石体应力-应变曲线

料的峰值应力，并且超细碳酸钙对结石体抗压强度的提升幅度高于超细石英。超细集料的掺入可以提升赤泥基地质聚合物胶凝材料的弹性模量。

图 8.13 为超细集料作用下赤泥基地质聚合物胶凝材料失稳破坏过程。在不同激发剂模数条件下，赤泥基地质聚合物胶凝材料结石体的失稳破坏过程分为孔隙裂隙压密、线弹性变形、非稳定破裂发展和破坏四个阶段。从图 8.13 可以看出，当掺入超细碳酸钙后，赤泥基地质聚合物胶凝材料结石体的破坏方式为拉伸破坏，产生破坏的主要原因是破坏面上的拉应力超过极限应力。当掺入超细石英后，赤泥基地质聚合物胶凝材料结石体在加载过程中没有出现明显的拉伸裂纹或剪切裂纹，而是在试块上出现了结石体剥离现象，这是因为结石体为多相非均质材料，裂纹的形成规律与其构造的不均匀性密切相关。当缺陷胚胎的尺寸超过某一值时，其在一定条件下会增加自己的尺寸而成为微裂纹。当掺入超细石英后，结石体并未出现连通的裂隙破坏，而是出现了多处结石体的片状剥离，这可能是因为超细集料的掺入增加了结石体的脆性。

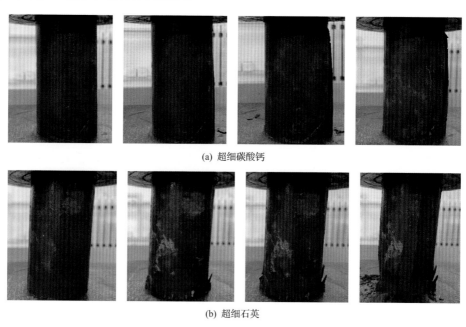

(a) 超细碳酸钙

(b) 超细石英

图 8.13　超细集料作用下赤泥基地质聚合物胶凝材料失稳破坏过程

根据单轴压缩试验结果，获得赤泥基地质聚合物胶凝材料结石体全应力-应变曲线。由于赤泥基地质聚合物胶凝材料结石体试样在加载过程中的损伤是连续性过程，假设：结石体表现为各向同性；结石体破坏前服从胡克定律；结石体破坏概率符合 Weibull 函数分布。基于统计损伤理论，引入结石体损伤变量 D，即 $D=V_d/V(0 \leqslant D \leqslant 1)$，假设其服从 Weibull 分布，损伤变量与应变的关系为

$$D = 1 - \exp\left[-\frac{1}{k}\left(\frac{\varepsilon}{\varepsilon_\mathrm{p}}\right)^{|k|}\right] \tag{8.7}$$

根据 Lemaitre 应变等效原理，单轴压缩状态下损伤应力为

$$\sigma = E\varepsilon(1-D) \tag{8.8}$$

将式(8.7)代入式(8.8)，可得结石体损伤本构模型为

$$\sigma = E\varepsilon \exp\left[-\frac{1}{k}\left(\frac{\varepsilon}{\varepsilon_\mathrm{p}}\right)^{|k|}\right] \tag{8.9}$$

式中，ε 为轴向应变；ε_p 为峰值应变；k 为与材料有关的参数。

$$k = \left(\ln\frac{E\varepsilon_\mathrm{p}}{\sigma_\mathrm{p}}\right)^{-1} \tag{8.10}$$

根据试验结果，计算得到弹性模量 E、性状参数 k，获得掺入超细集料的赤泥基地质聚合物胶凝材料结石体的损伤本构方程，如表 8.1 所示。从表中可以看出，掺入超细集料后，结石体弹性模量均有所降低，且超细碳酸钙对弹性模量的降低作用高于超细石英。这表明超细集料的掺入除可提升抗压强度外，还具有提高结石体塑性的作用。

表 8.1　掺入超细集料的赤泥基地质聚合物胶凝材料结石体损伤本构方程

超细集料	k^{-1}	k	弹性模量 E/MPa	本构方程
对照组	0.3170	3.1546	1060.54	$\sigma = 1060.54\varepsilon \exp\left(\dfrac{-0.3170\varepsilon}{0.00736}\right)^{3.1546}$
超细石英	−0.3785	−2.6420	1039.34	$\sigma = 1039.34\varepsilon \exp\left(\dfrac{0.3785\varepsilon}{0.02584}\right)^{2.6420}$
超细碳酸钙	−0.2990	−3.3445	328.5	$\sigma = 328.5\varepsilon \exp\left(\dfrac{0.2990\varepsilon}{0.01693}\right)^{3.3445}$

图 8.14 为超细集料作用下结石体的应力-应变理论曲线与试验曲线比较。结石体的应力-应变试验曲线与理论曲线的拟合优度较高，这验证了模型的可靠性，表明基于应变等效的不同激发剂模数条件下结石体的本构模型能够客观地描述单轴压缩条件下掺入超细集料的结石体的损伤变形过程，进行结石体的力学特性分析，并且考虑弹性模量变化对本构方程的影响，从而有效预测结石体的峰值强度，在

模拟地质环境下结石体服役性能演化方面具有指导价值。

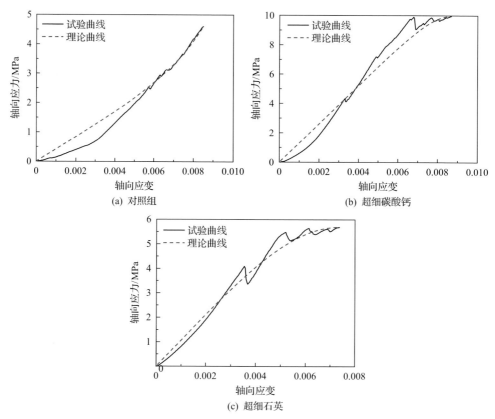

图 8.14　超细集料作用下结石体的应力-应变理论曲线与试验曲线比较

8.2.2　离子侵蚀对失稳破坏模式的影响

图 8.15 为离子侵蚀作用下结石体的应力-应变曲线。从图中可以看出，在 Cl^- 和 SO_4^{2-} 侵蚀作用下，峰值应力显著提升，表明 SO_4^{2-} 和 Cl^- 可以大幅提升赤泥基地质聚合物胶凝材料的抗压强度，离子侵蚀作用下结石体的弹性模量变化较小。

图 8.16 为离子侵蚀作用下赤泥基地质聚合物胶凝材料室温破坏过程。从图中可以看出，侵蚀后结石体破坏的主要原因是破坏面上的剪应力超过结石体的极限应力，进而形成剪切破坏。随着荷载的逐渐增加，侵蚀后的结石体在破坏过程中伴随着大量的结石体块体剥落。这是因为在离子侵蚀作用下，结石体中形成了钙矾石、Freidel 盐等具有膨胀应力的水化产物。

根据试验数据，得到弹性模量 E、性状参数 k，获得离子侵蚀作用下赤泥基地质聚合物胶凝材料结石体损伤本构方程，如表 8.2 所示。从表中可以看出，离子侵蚀作用下，结石体弹性模量呈升高趋势，即结石体材料刚度增加，抵抗弹性变形的能力增强。

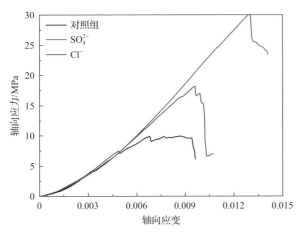

图 8.15　离子侵蚀作用下结石体的应力-应变曲线

(a) SO_4^{2-}

(b) Cl^-

图 8.16　离子侵蚀作用下赤泥基地质聚合物胶凝材料室温破坏过程

表 8.2　离子侵蚀作用下赤泥基地质聚合物胶凝材料结石体损伤本构方程

条件	k^{-1}	k	弹性模量 E/MPa	本构方程
水养护	0.3170	3.1546	1060.54	$\sigma = 1060.54\varepsilon \exp\left(\dfrac{-0.3170\varepsilon}{0.00736}\right)^{3.1546}$

续表

条件	k^{-1}	k	弹性模量 E/MPa	本构方程
SO_4^{2-}	−0.1946	−5.1387	1071.68	$\sigma = 1071.68\exp\left(\dfrac{0.1946\varepsilon}{0.00459}\right)^{5.1387}$
Cl^-	−0.1672	−5.9809	1893.85	$\sigma = 1893.85\varepsilon\exp\left(\dfrac{0.1672\varepsilon}{0.00961}\right)^{5.9809}$

图 8.17 为不同侵蚀离子作用下结石体的应力-应变理论曲线与试验曲线比较。从图中可以看出，结石体的试验曲线与理论曲线的拟合优度较高，验证了模型的可靠性，表明基于应变等效的本构模型能够客观描述单轴压缩条件下离子侵蚀的结石体的损伤变形过程，进行结石体力学特性分析，考虑弹性模量变化对本构方程的影响，从而有效预测结石体的峰值强度，在模拟结石体服役性能方面具有指导意义。

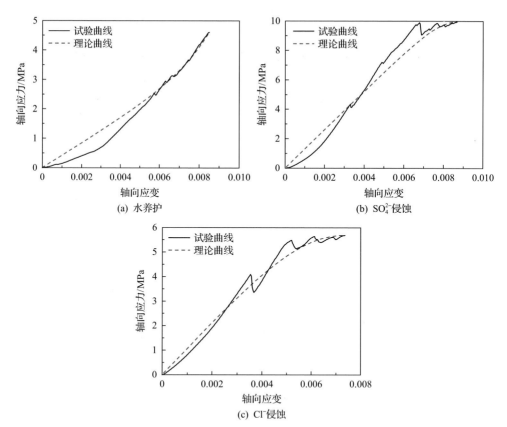

图 8.17　不同侵蚀离子作用下结石体的应力-应变理论曲线与试验曲线比较

参 考 文 献

[1] Herrera-Mesen C, Salvador R P, Ikumi T, et al. External sulphate attack of sprayed mortars with sulphate-resisting cement: Influence of accelerator and age of exposition. Cement and Concrete Composites, 2020, 114: 1-14.

[2] Osio-Norgaard J, Gevaudan J P, Srubar W V. A review of chloride transport in alkali-activated cement paste, mortar, and concrete. Construction and Building Materials, 2018, 186: 191-206.

[3] Valencia-Saavedra W G, de Gutiérrez R M, Puertas F. Performance of FA-based geopolymer concretes exposed to acetic and sulfuric acids. Construction and Building Materials, 2020, 257: 1-12.

[4] Ye H L, Chen Z J, Huang L. Mechanism of sulfate attack on alkali-activated slag: The role of activator composition. Cement and Concrete Research, 2019, 125: 1-17.

[5] Gijbels K, Pontikes Y, Samyn P, et al. Effect of NaOH content on hydration, mineralogy, porosity and strength in alkali/sulfate-activated binders from ground granulated blast furnace slag and phosphogypsum. Cement and Concrete Research, 2020, 132: 1-13.

[6] Liu M, Hu Y, Lai Z, et al. Influence of various bentonites on the mechanical properties and impermeability of cement mortars. Construction and Building Materials, 2020, 241: 1-12.

第9章　赤泥基地质聚合物胶凝材料环境相容性

9.1　赤泥基地质聚合物胶凝材料碱性组分固化机制

泛碱现象是空气中的 CO_2 与结石体中的 OH^- 之间发生反应，生成白色沉淀物的一种现象，尤其是水分从试样内部迁移到表面时更易发生。赤泥基地质聚合物胶凝材料结石体中的碱性组分从结石体中浸出，将会污染地下水，对生态环境造成影响。因此，抑制赤泥基地质聚合物胶凝材料泛碱对提高赤泥基地质聚合物胶凝材料耐久性及环保特性具有重要意义。

9.1.1　赤泥基地质聚合物胶凝材料碱浸出特性

本节采用 XRD、SEM-EDS 等方法分析高钙型赤泥基地质聚合物胶凝材料表面泛出的白色粉末。图 9.1 为赤泥基地质聚合物胶凝材料浸出的碱性物质分析图。从图中可以看出，赤泥基地质聚合物胶凝材料泛碱产物主要由 Na_2CO_3 组成，其形成的机理可以概括为

$$CO_2 + 2OH^- \longrightarrow CO_3^{2-} + H_2O \tag{9.1}$$

$$CO_3^{2-} + CO_2 + H_2O \longrightarrow 2HCO_3^- \tag{9.2}$$

$$SO_4^{2-} + 2Na^+ + H_2O \longrightarrow Na_2SO_4 \cdot H_2O \tag{9.3}$$

因此，可以通过测定赤泥基地质聚合物胶凝材料结石体中 HCO_3^-、CO_3^{2-}、Na^+ 的含量和 pH，来表征赤泥基地质聚合物胶凝材料中碱性物质的浸出量。

采用 SEM 对赤泥基地质聚合物胶凝材料泛碱物质进行分析。图 9.2 为泛碱物质微观形貌。从图中可以看出，泛碱物质主要为棒状的晶体。图 9.3 为赤泥基地质聚合物胶凝材料泛碱物质的 SEM-EDS 分析，表 9.1 为其能谱元素分析。可以看出，Na 元素与 C 元素的比例为 0.7～2.2，排除试验误差，这表明泛碱物质为 Na_2CO_3 或者是 $NaHCO_3$。

1. 激发剂模数对泛碱特性的影响

随着激发剂模数的升高，赤泥基地质聚合物胶凝材料抗压强度呈先升高后降低的趋势，这主要是因为赤泥、高炉矿渣中存在的活性 SiO_2 会增强其他非晶相

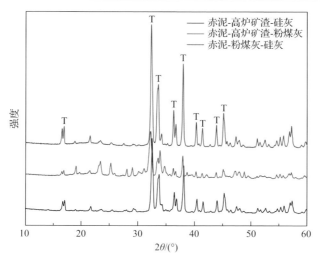

图 9.1　赤泥基地质聚合物胶凝材料浸出的碱性物质分析

T. Na₂CO₃

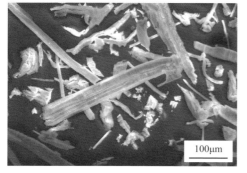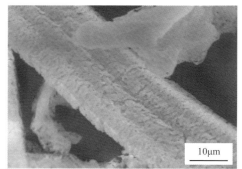

图 9.2　赤泥基地质聚合物胶凝材料泛碱物质微观形貌

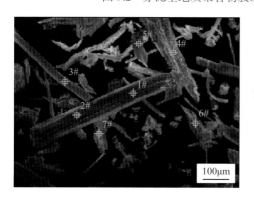

(a) SEM图

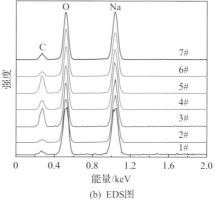

(b) EDS图

图 9.3　赤泥基地质聚合物胶凝材料泛碱物质的 SEM-EDS 图

表 9.1　赤泥基地质聚合物胶凝材料泛碱物质的能谱元素分析　（单位：%）

位置	C	O	Na	S
1#	13.43	53.55	29.75	0.00
2#	15.36	56.76	27.87	0.00
3#	29.80	46.55	22.11	0.00
4#	21.16	49.99	26.97	0.41
5#	28.01	51.06	20.53	0.12
6#	12.88	56.64	30.11	0.00
7#	15.16	55.67	29.02	0.15

物质的稳定性，而降低水玻璃模数等同于降低活性 SiO_2 与 Na_2O 的摩尔比，从而增加水玻璃溶液 pH，促进活性 SiO_2 溶解，进而激发原料中硅铝质矿物的活性。但模数过低的激发剂碱性过强，会导致材料后期强度出现倒缩现象，主要原因是赤泥基地质聚合物胶凝材料在高碱性环境下反应速率过快，使得未反应的赤泥颗粒表面被生成的凝胶物质包裹，各类离子迁移受阻，导致水化反应不充分。此外，激发剂模数直接影响赤泥基地质聚合物胶凝材料结石体的孔隙结构及碱性特征。因此，本节研究不同激发剂模数对赤泥基地质聚合物胶凝材料泛碱性能的影响机制。

　　本节采用测试 pH 的方式对泛碱的程度进行定量表征。将赤泥基地质聚合物胶凝材料浇筑 24h 脱模后，置于 250mL 的蒸馏水中浸泡至一定龄期，采用 pH 测定仪测试溶液的 pH。

　　图 9.4 为激发剂模数对赤泥基地质聚合物胶凝材料泛碱特性的影响。从图中可以看出，随着激发剂模数的增加，赤泥基地质聚合物胶凝材料 28d 的碱性组分浸出量呈先降低后升高的趋势，这与其对抗压强度的影响规律刚好相反。当激

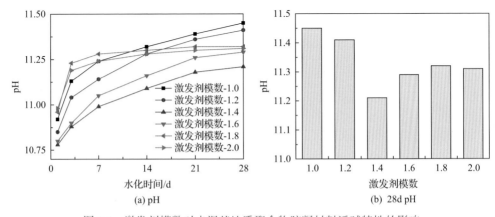

图 9.4　激发剂模数对赤泥基地质聚合物胶凝材料泛碱特性的影响

发剂模数为 1 和 1.2 时，赤泥基地质聚合物胶凝材料碱性组分浸出量较大，这是因为当激发剂模数较低时，赤泥基地质聚合物胶凝材料中含有较多的 Na_2O，体系 pH 较高，而此时结石体的抗压强度较低，更易于碱性组分的浸出。当激发剂模数为 1.4 和 1.6 时，赤泥基地质聚合物胶凝材料碱性组分浸出量较小，这是因为当模数为 1.4 和 1.6 时，赤泥基地质聚合物胶凝材料抗压强度较高，一方面生成了大量的 N-(C)-S-A-H 凝胶，Na^+ 被铝氧四面体固化而难以浸出；另一方面，此时的结石体结构致密，孔隙较小，不利于碱性组分的浸出。当激发剂模数继续增加时，碱性组分的浸出量也随之增长，这是因为当激发剂模数较高时，赤泥基地质聚合物胶凝材料中含有的 Na_2O 较少，但此时的结石体抗压强度较低，易于碱性组分的浸出。

2. 水灰比对泛碱特性的影响

　　结石体孔隙结构和自由水分布特征直接决定其碱性组分浸出量的大小。赤泥基地质聚合物胶凝材料水灰比对结石体的孔隙结构具有显著影响。本节分析不同水灰比对赤泥基地质聚合物胶凝材料碱性组分浸出量的作用关系。图 9.5 为水灰比对赤泥基地质聚合物胶凝材料泛碱特性的影响。

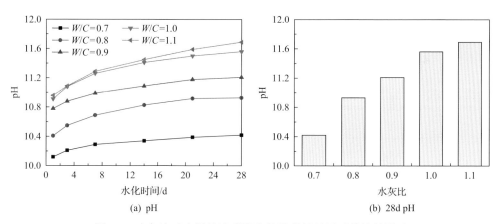

(a) pH　　　　　　　　　　(b) 28d pH

图 9.5　水灰比对赤泥基地质聚合物胶凝材料泛碱特性的影响

　　从图 9.5 可以看出，随着水灰比的增加，赤泥基地质聚合物胶凝材料的碱性组分浸出量逐渐升高，这是因为水灰比的增加将导致孔隙增大，易于结石体中碱性组分的迁移扩散和浸出。从图 9.5(a) 可以看出，当水灰比由 0.7 增至 1 时，结石体的碱性组分浸出量 pH 的变化幅度变大；当水灰比由 1 增至 1.1 时，碱性组分浸出量的变化幅度减小。试验结果表明，赤泥基地质聚合物胶凝材料中碱性组分浸出量与结石体孔隙结构密切相关。

对不同水灰比条件下赤泥基地质聚合物胶凝材料的孔隙结构进行分析。图 9.6 为水灰比对赤泥基地质聚合物胶凝材料孔隙结构的影响。图 9.7 为不同水灰比的赤泥基地质聚合物胶凝材料孔径分布特征，孔径分布见表 9.2。赤泥基地质聚合物胶凝材料的孔径分布和孔隙率随着水灰比的增加而增加。随着水灰比从 0.7 增至 1.1，孔隙率和孔径分布峰值显著增加，孔径峰值从 71nm 增至 177nm，孔隙率从 33.75%增至 42.03%。结石体的孔隙主要是由不参与反应的游离水蒸发造成的。因此，自由水数量随着水灰比的增加而增加，结石体的孔隙率增加。从图 9.7 可以看出，随着水灰比的增大，小孔比例减小，大孔比例增大。当水灰比增加时，固体废弃物颗粒周围的自由水增加，并且赤泥基地质聚合物胶凝材料固化后自由水蒸发留下的孔径增加。

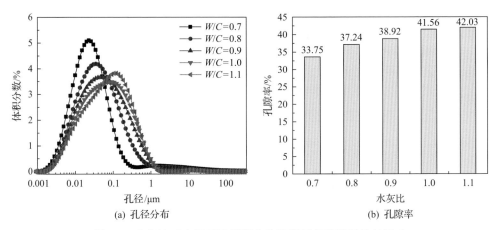

(a) 孔径分布   (b) 孔隙率

图 9.6 水灰比对赤泥基地质聚合物胶凝材料孔隙结构的影响

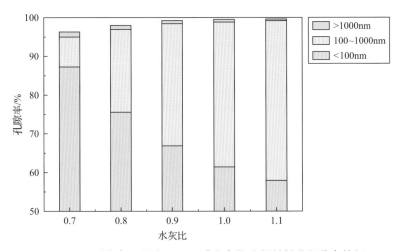

图 9.7 不同水灰比的赤泥基地质聚合物胶凝材料孔径分布特征

表 9.2　赤泥基地质聚合物胶凝材料孔径分布

W/C	孔径占比/%			总孔隙率/%
	<100nm	100~1000nm	>1000nm	
0.7	87.23	7.76	1.33	33.75
0.8	75.53	21.42	1.04	37.24
0.9	66.88	31.53	0.79	38.92
1.0	61.43	37.41	0.70	41.56
1.1	57.94	41.20	0.44	42.03

9.1.2　赤泥基地质聚合物胶凝材料碱性组分固化方法

1. 保水剂对泛碱特性的影响

保水剂分子结构中的羟基、羧基、氨基等官能团对赤泥基地质聚合物胶凝材料中的碱性组分有化学键合和物理吸附作用，对抑制泛碱具有一定的积极作用。本节研究黄原胶(xanthan gum，XG)、聚丙烯酰胺(polyacrylamide，PMA)和羟丙基甲基纤维素(hydroxypropyl methyl cellulose，MC)对赤泥基地质聚合物胶凝材料泛碱特性的作用机制。

图 9.8 为不同类型化学外加剂对赤泥基地质聚合物胶凝材料中碱的固化率。从图中可以看出，化学外加剂的掺入可以有效降低赤泥基地质聚合物胶凝材料中碱性组分的浸出量，其对泛碱作用的抑制效率为 1.3%~2.8%，其中聚丙烯酰胺的抑制效果最好，羟丙基甲基纤维素的抑制效果最差。

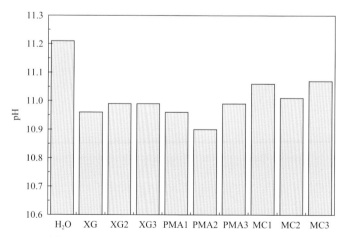

图 9.8　不同类型化学外加剂对赤泥基地质聚合物胶凝材料中碱的固化率

图 9.9 为不同掺量化学外加剂对赤泥基地质聚合物胶凝材料中碱的固化时效性。从图 9.9(a)可以看出，黄原胶的掺入可降低赤泥基地质聚合物胶凝材料中碱性组分浸出量，这是因为黄原胶的分子结构上含有的大量—OH 可以吸附结石体

中游离的 Na^+，进而对碱性组分进行有效的固定。在养护初期（＜3d），赤泥基地质聚合物胶凝材料碱性组分浸出量与黄原胶掺量有负相关关系，这可能是因为在养护初期，Na^+ 吸附量与黄原胶掺量成正比，因此黄原胶掺量越高，赤泥基地质聚合物胶凝材料中碱性组分浸出量越低。但随着养护龄期的延长，高掺量黄原胶对赤泥基地质聚合物胶凝材料泛碱特性的抑制作用减弱，这是因为随着养护龄期的延长，黄原胶对 Na^+ 的固化反应达到饱和，结石体中剩余的游离态 Na^+ 会进一步浸出，进而增加了碱性组分浸出量。此外，随着黄原胶掺量的增加，结石体孔隙率增大，也加快了碱性组分的浸出速率。

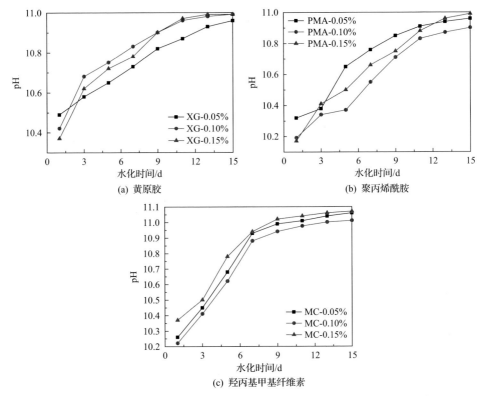

(a) 黄原胶 (b) 聚丙烯酰胺

(c) 羟丙基甲基纤维素

图 9.9 不同掺量化学外加剂对赤泥基地质聚合物胶凝材料中碱的固化时效性

从图 9.9(b) 可以看出，与黄原胶的作用规律类似，聚丙烯酰胺对赤泥基地质聚合物胶凝材料泛碱特性的抑制具有积极作用，但聚丙烯酰胺的抑制效率略低于黄原胶，且当养护龄期为 28d 时，碱性物质浸出量仍在持续增长，这是因为掺入聚丙烯酰胺后，结石体中的游离 Na^+ 与聚丙烯酰胺的作用力主要为范德瓦耳斯力、表面吸附力以及分子基团的氢键作用，这些物理作用力低于黄原胶与 Na^+ 的结合力的作用，因此其抑制作用略低。

从图 9.9(c) 可以看出，羟丙基甲基纤维素对赤泥基地质聚合物胶凝材料的泛碱特性具有一定的抑制效果，但抑制作用随着其掺量的增加呈先升高后降低的趋势。这主要是因为羟丙基甲基纤维素分子结构中的羟基对 Na$^+$有吸附作用，因而降低了结石体中碱性组分的浸出量，羟丙基甲基纤维素对赤泥基地质聚合物胶凝材料的抗压强度具有一定的削弱，较低的抗压强度和疏松的孔隙结构为结石体中碱性组分的浸出提供了便利的条件，因而随着羟丙基甲基纤维素掺量的增加，赤泥基地质聚合物胶凝材料泛碱特性先降低后升高。

2. 超细集料对泛碱特性的影响

超细集料可以调节结石体的孔隙结构，提升胶凝材料的抗压强度。

图 9.10 为不同掺量超细集料对赤泥基地质聚合物胶凝材料泛碱特性的抑制作用。从图中可以看出，超细碳酸钙对赤泥基地质聚合物胶凝材料泛碱特性的作用机制优于超细石英。Aboulayt 等[1]的研究结果表明，碳酸钙和石英可以有效提升地质聚合物胶凝材料的抗压强度，优化孔隙结构。泛碱现象是结石体中的碱性物质沿着孔隙结构迁移至结石体表面，超细碳酸钙和超细石英的使用可以降低结石体的孔隙率，进而抑制结石体中碱性组分的浸出。

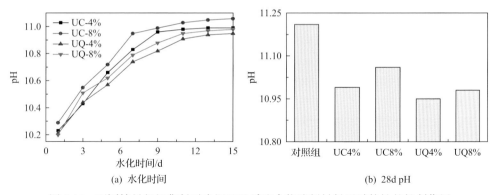

(a) 水化时间　　　　　　　　　　(b) 28d pH

图 9.10　不同掺量超细集料对赤泥基地质聚合物胶凝材料泛碱特性的抑制作用

图 9.11 为不同类型超细集料对赤泥基地质聚合物胶凝材料水化产物微观形貌

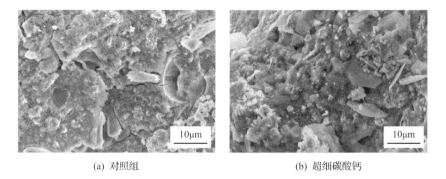

(a) 对照组　　　　　　　　　　　(b) 超细碳酸钙

(c) 超细石英

图 9.11 不同类型超细集料对赤泥基地质聚合物胶凝材料水化产物微观形貌的影响

的影响。从图中可以看出，当赤泥基地质聚合物胶凝材料中掺入超细集料后，结石体中形成了更多的片状 N-C-S-A-H 凝胶，Na^+ 通过化学键合的方式被固定。

3. 吸附类组分对泛碱特性的影响

赤泥基地质聚合物胶凝材料体系中的大部分 Na^+ 都用于平衡铝氧四面体中的负电荷，剩余的游离态 Na^+ 通过结石体的孔隙通道浸出，导致终端产品的泛碱现象。加入的各类外加剂均为赤泥基地质聚合物胶凝材料性能调控所用组分，但研究结果表明它们对结石体的泛碱特性具有一定抑制作用。本节采用吸附性能优异的膨润土、滑石粉、沸石和离子交换树脂对赤泥基地质聚合物胶凝材料中的碱性组分进行固定，并研究吸附类外加剂对碱性组分的固化机制。

图 9.12 为四种吸附类外加剂对赤泥基地质聚合物胶凝材料泛碱特性的影响。从图中可以看出，四种吸附类外加剂均可以显著降低赤泥基地质聚合物胶凝材料的泛碱特性，其抑制效果均优于各类保水剂及超细集料，其对泛碱特性抑制作用的大小顺序为：膨润土＞离子交换树脂＞沸石＞滑石粉。

膨润土的主要成分是蒙脱石，蒙脱石是由双层的铝氧四面体和单层的铝氧四面体组成的，在晶胞结构内，高价态的 Si^{4+}、Al^{3+} 被低价态的 Na^+ 同晶置换，致使

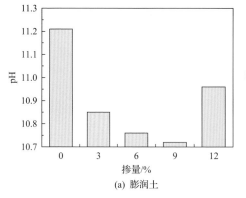

(a) 膨润土

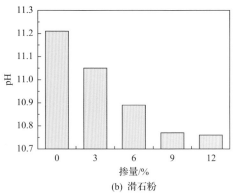

(b) 滑石粉

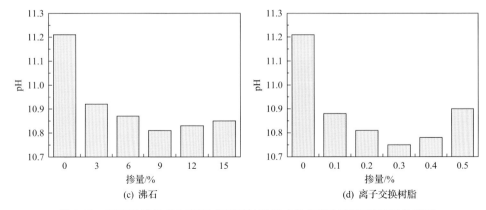

图 9.12　四种吸附类外加剂对赤泥基地质聚合物胶凝材料泛碱特性的影响

单位晶层中的电荷不平衡，出现过剩的负电荷可以吸附结石体中的 Na$^+$，进而对赤泥基地质聚合物胶凝材料中的物质具有抑制作用。另外，被置换出的 Si^{4+}、Al^{3+}可以参与水化反应，进而提升赤泥基地质聚合物胶凝材料的抗压强度，进一步提升了对其泛碱特性的抑制作用。随着膨润土掺量的增加，其对泛碱特性的抑制效率呈先降低后升高的趋势。这是因为随着膨润土掺量的增加，其对 Na$^+$的固化吸附效果增强，但其吸水膨胀特性导致结石体出现的孔隙及裂缝增多，碱性组分浸出量进一步增大。

滑石粉类材料由于其特殊的离子交换特性和结构重建能力，已经广泛应用于大量需要吸附废弃离子的领域，滑石粉比表面积较大，其对赤泥基地质聚合物胶凝材料中碱性组分的抑制作用主要为物理吸附。此外，因为水滑石对碳酸根离子的强离子交换能力，其对结石体碱性组分的浸出起到了决定性的作用。从图 9.12(b)可以看出，随着滑石粉掺量的增加，赤泥基地质聚合物胶凝材料的泛碱特性逐渐降低，当其掺量为 12%时，抑制作用的提升幅度变化较小。

沸石是一类含有铝硅酸盐矿物的多孔类材料，其骨架内含有可交换阳离子的孔道和空洞。从图 9.12(c)可以看出，随着沸石掺量的增加，其对泛碱的抑制作用呈先降低后升高的趋势，此外四类吸附类外加剂中，沸石对泛碱特性的抑制作用相对较差，这是因为所用的沸石在水溶液中呈碱性，pH 为 9～11，此外，所用的沸石对胶凝材料中的 Ca^{2+}具有较强的交换能力，进一步增加了胶凝材料中 Na$^+$的含量。

从图 9.12(d)可以看出，离子交换树脂对赤泥基地质聚合物胶凝材料的泛碱特性具有较强的抑制作用，其抑制效果随着其掺量的增加呈先升高后降低的趋势。

图 9.13 为不同类型吸附类外加剂对赤泥基地质聚合物胶凝材料水化产物微观形貌的影响。从图中可以看出，沸石和滑石粉的掺入致使结石体更为致密，这是因为二者结构中的硅、铝、钙、镁等组分可以参与水化反应，进而增加水化产物

的产生量，而离子交换树脂的掺入导致结石体孔隙结构增大，这是因为离子交换树脂阻碍了赤泥基地质聚合物胶凝材料的水化反应，破坏了结石体的均质性。

(a) 膨润土　　　　　　　　　　　　　　　(b) 滑石粉

(c) 沸石　　　　　　　　　　　　　　　(d) 离子交换树脂

图 9.13　不同类型吸附类外加剂对赤泥基地质聚合物胶凝材料水化产物微观形貌的影响

9.1.3 赤泥基地质聚合物胶凝材料碱性组分固化效果

地质聚合物胶凝材料具有水化反应速率快的特点，因此只研究固化前 3d 的赤泥基地质聚合物胶凝材料 Na^+ 固化反应方程，旨在揭示反应前期 Na^+ 固化速率的关键影响因素。在赤泥基地质聚合物胶凝材料中分别加入 3% 的 732H 型阳离子交换树脂、腐殖酸钠、壳聚糖、羟基磷灰石作为固化剂，分别记为编号 A3#、H3#、C3#、P3#，参照赖胜强等[2]的吸附试验过程，测试赤泥基地质聚合物胶凝材料在不同固化时间(5min、15min、30min、40min、60min、1.5h、2h、3h、4h、8h、12h、24h、36h、48h 和 72h)浸提液 Na^+ 含量，计算出不同固化时间的 Na^+ 固化率。图 9.14 为固化时间对 Na^+ 固化效果的影响。

从图 9.14(a)可以看出，在赤泥基地质聚合物胶凝材料 Na^+ 固化的前 60min 内，地质聚合反应迅速，Na^+ 固化率迅速上升，在固化时间为 60min 时，Na^+ 的固化率达到 27.98%。固化 120min 后，Na^+ 固化率达到 38.97%，此后 Na^+ 固化率增长缓慢。随着固化时间的继续延长，Na^+ 固化率以较低的增长速率持续升高，固化 1d 时 Na^+

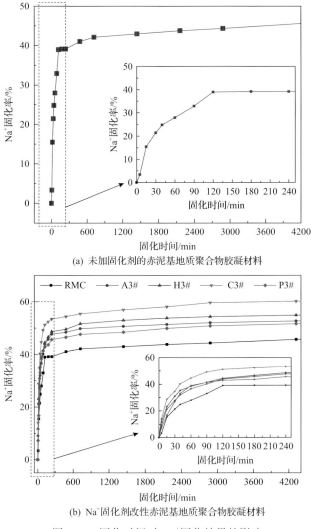

(a) 未加固化剂的赤泥基地质聚合物胶凝材料

(b) Na⁺固化剂改性赤泥基地质聚合物胶凝材料

图 9.14　固化时间对 Na⁺固化效果的影响

固化率为 42.96%，固化 3d 时 Na⁺固化率为 45.7%。从图 9.14(b)可以看出，随着 Na⁺固化剂的掺入，Na⁺固化率均有所提高，固化 2h 后 Na⁺固化率提升幅度减小，相同固化时间内，壳聚糖改性赤泥基地质聚合物胶凝材料 Na⁺固化率始终保持最大值，腐殖酸钠改性赤泥胶凝材料次之，羟基磷灰石改性赤泥基地质聚合物胶凝材料 Na⁺固化率增长速率最先趋于平缓。其中壳聚糖改性胶凝材料 Na⁺固化率提升最为显著，固化时间为 60min 时，Na⁺固化率达到 44.67%，固化 120min 后，Na⁺固化率为 51.3%，此后 Na⁺固化率虽增长缓慢，但固化 1d 时达到 56.75%，固化 3d 时达到 60.26%。

图 9.15 为固化时间对赤泥基地质聚合物胶凝材料 Na⁺固化量的影响。从图中

可以看出，在固化时间为 3d 时，赤泥基地质聚合物胶凝材料 Na$^+$固化量达到 1.5660mmol/g。由于 Na$^+$固化剂的掺入，Na$^+$固化率均有所提升，732H 型阳离子

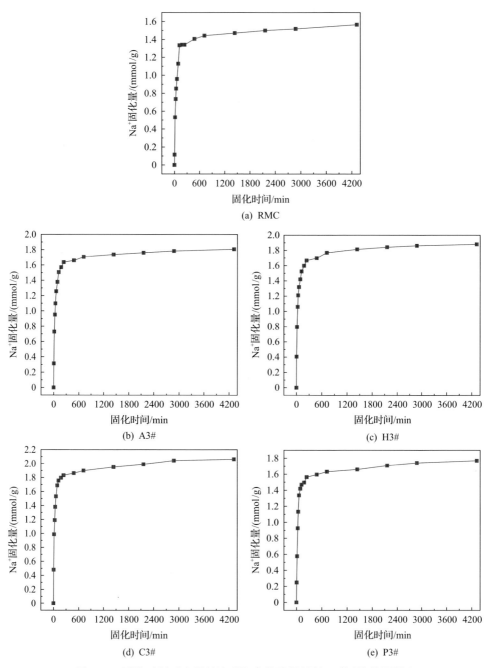

(a) RMC

(b) A3#

(c) H3#

(d) C3#

(e) P3#

图 9.15　固化时间对赤泥基地质聚合物胶凝材料 Na$^+$固化量的影响

交换树脂改性赤泥基地质聚合物胶凝材料、腐殖酸钠改性赤泥基地质聚合物胶凝材料、壳聚糖改性赤泥基地质聚合物胶凝材料、羟基磷灰石改性赤泥基地质聚合物胶凝材料 Na$^+$固化量分别达到 1.8077mmol/g、1.8810mmol/g、2.0638mmol/g、1.7697mmol/g，这说明赤泥基地质聚合物胶凝材料对 Na$^+$有较强的离子交换能力。

准二级反应假定吸附速率受化学吸附机制的控制，即吸附质与吸附剂表面原子或分子发生电子的转移、交换或共有，形成吸附化学键。对所得的数据进行准二级反应方程拟合，图 9.16 为赤泥基地质聚合物胶凝材料 Na$^+$的准二级反应拟合曲线。赤泥基地质聚合物胶凝材料实际最大吸附量和准二级反应拟合曲线参数如表 9.3 所示。准二级反应方程为

$$Q_t = \frac{K_2 Q_e^2 t}{1 + K_2 Q_e t}$$

(9.4)

式中，K_2 为准二级反应常数，g/(mmol·min)；Q_e 为赤泥基地质聚合物胶凝材料 Na$^+$的平衡固化量，mmol/g；Q_t 为赤泥基地质聚合物胶凝材料 t 时刻 Na$^+$固化量，mmol/g；t 为固化时间，min。

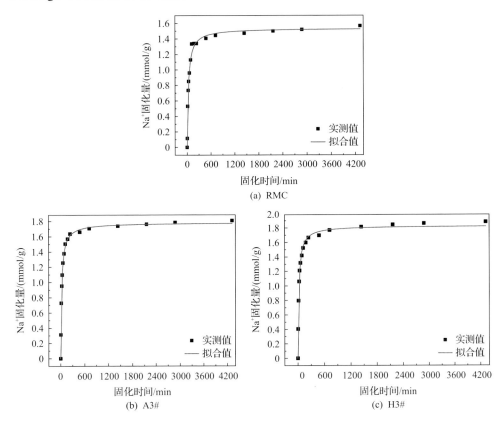

(a) RMC

(b) A3#

(c) H3#

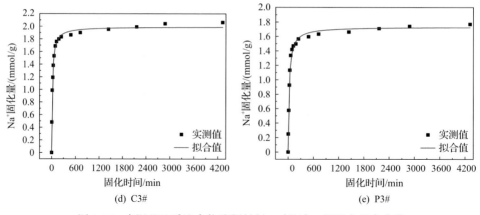

(d) C3#　　　　　　　　　　　　　　　(e) P3#

图 9.16　赤泥基地质聚合物胶凝材料 Na$^+$的准二级反应拟合曲线

表 9.3　赤泥基地质聚合物胶凝材料实际最大吸附量和准二级反应拟合曲线参数

试样	$Q_{m,exp}$ /(mmol/g)	准二级反应拟合曲线参数		
		Q_e /(mmol/g)	K_2/[g/(mmol·min)]	R^2
RMC	1.5660	1.5368	0.0205	0.9906
A3#	1.8077	1.7812	0.0231	0.9980
H3#	1.8810	1.8291	0.0255	0.9949
C3#	2.0638	1.9921	0.0289	0.9942
P3#	1.7697	1.7317	0.0240	0.9909

从图 9.16 和表 9.3 可以看出，赤泥基地质聚合物胶凝材料和 Na$^+$固化剂改性赤泥基地质聚合物胶凝材料的 Na$^+$交换数据与准二级反应曲线较吻合（$R^2 > 0.99$），这表明赤泥基地质聚合物胶凝材料对 Na$^+$的固化率受化学吸附机制控制，即 Na$^+$与水化产物发生电子的转移、交换或共有，形成吸附化学键，实现了赤泥基地质聚合物胶凝材料 Na$^+$固化。

采用 XRD 研究不同养护龄期对赤泥基地质聚合物胶凝材料水化产物的影响。图 9.17 为 Na$^+$固化剂改性赤泥基地质聚合物胶凝材料 XRD 谱图。赤泥基地质聚合物胶凝材料的主要水化产物是 N(C)-S-A-H 无定形凝胶、钙矾石、斜方钙沸石和铝水钙石。与对照组相比，掺入 732H 型阳离子交换树脂、腐殖酸钠、壳聚糖和羟基磷灰石的改性赤泥基地质聚合物胶凝材料 XRD 谱图中并没有出现新的特征峰，说明没有产生新的水化产物类型。而 XRD 谱图中以 27°～29°为中心的驼型峰为 N(C)-S-A-H 无定形凝胶，驼型峰强度随着固化剂掺量的增加而增强。这表明 Na$^+$固化剂的掺入增加了赤泥基地质聚合物胶凝材料体系的活性位点，改变了赤泥表面的电荷分布，促进了钠硅铝钙质组分参与水化反应，生成更多的水化产物形成致密的结构，提高了 Na$^+$固化率。

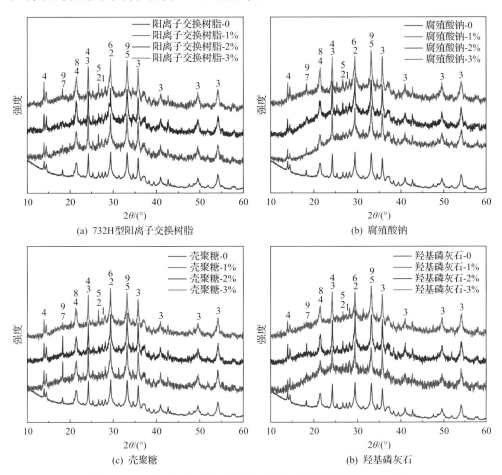

图 9.17　Na$^+$固化剂改性赤泥基地质聚合物胶凝材料 XRD 谱图

1.氧化铝；2.二氧化硅；3.赤铁矿；4.钙霞石；5.斜方钙沸石；6.方解石；7.三水铝石；8.铝水钙石；9.钙矾石

9.2　赤泥基地质聚合物胶凝材料重金属固化机制

9.2.1　赤泥基地质聚合物胶凝材料重金属赋存形态

采用 Tessier 五步提取法分析不同龄期赤泥基地质聚合物胶凝材料重金属组分赋存形态(可交换态、碳酸盐结合态、铁锰氧化态、有机态、残渣态)的变化规律，研究不同龄期赤泥基地质聚合物胶凝材料对重金属的固化效果。可交换态在自然环境中更容易浸出，碳酸盐结合态在酸性水环境中易于释放，被认为是有效态；而铁锰氧化态、有机态和残渣态在一般环境条件下趋于稳定，被认为是稳定态，

所以可交换态和碳酸盐结合态是重金属对周边环境产生污染的主要形态，赤泥基地质聚合物胶凝材料重金属组分固化率计算式为

$$S_{hm} = \left(1 - \frac{c_{ex} + c_{cb}}{c_{hm}} \right) \times 100\%$$ (9.5)

式中，c_{cb} 为赤泥基地质聚合物胶凝材料重金属组分碳酸盐结合态含量，mg/kg；c_{hm} 为赤泥基地质聚合物胶凝材料重金属组分总含量，mg/kg；c_{ex} 为赤泥基地质聚合物胶凝材料重金属组分可交换态含量，mg/kg；S_{hm} 为赤泥基地质聚合物胶凝材料重金属组分固化率，%。

表 9.4 为不同养护龄期赤泥基地质聚合物胶凝材料重金属组分赋存形态。图 9.18 为不同养护龄期赤泥基地质聚合物胶凝材料重金属组分固化率。原状赤泥重金属组分 Cr、Pb、Cu、Ni、Cd、As 的固化率分别为 66.66%、82.73%、92.96%、95.84%、92.41%、87.98%。当养护龄期为 28d 时，碱激发赤泥基地质聚合物胶凝材料中，重金属组分 Cr、Pb、Cu、Ni、Cd、As 的可交换态含量分别为 21.84mg/kg、0.88mg/kg、<0.01mg/kg、0.12mg/kg、<0.01mg/kg、<0.01mg/kg，其碳酸盐结合态含量分别为 2.83mg/kg、1.71mg/kg、0.47mg/kg、0.46mg/kg、0.01mg/kg、<0.01mg/kg，固化率分别为 95.12%、90.88%、97.38%、96.83%、96.83%、

表 9.4 不同养护龄期赤泥基地质聚合物胶凝材料重金属组分赋存形态

重金属	养护龄期/d	重金属组分总含量/(mg/kg)	重金属组分含量/(mg/kg)				
			可交换态	碳酸盐结合态	铁锰氧化态	有机态	残渣态
Cr	28	505.44	21.84	2.83	2.63	8.74	469.40
	60	513.06	19.96	1.23	3.58	9.31	478.98
	90	510.38	18.78	2.14	3.01	9.03	477.42
	120	512.67	18.95	1.02	3.82	8.04	480.84
Pb	28	28.39	0.88	1.71	0.67	2.89	22.24
	60	27.61	0.77	1.68	0.86	2.34	21.96
	90	30.31	0.96	1.75	0.53	3.30	23.77
	120	28.39	0.88	1.71	0.67	2.89	22.24
Cu	28	18.34	<0.01	0.47	<0.01	2.63	15.22
	60	18.14	<0.01	0.46	<0.01	2.41	15.27
	90	17.22	<0.01	0.42	<0.01	2.33	14.47
	120	18.26	<0.01	0.42	<0.01	2.29	15.09
Ni	28	18.32	0.12	0.46	0.94	0.85	15.95
	60	19.96	0.15	0.47	1.06	1.27	17.01

重金属	养护龄期/d	重金属组分总含量/(mg/kg)	重金属组分含量/(mg/kg)				
			可交换态	碳酸盐结合态	铁锰氧化态	有机态	残渣态
Ni	90	20.67	0.14	0.49	1.17	1.15	17.72
	120	19.79	0.17	0.42	1.03	0.86	17.30
Cd	28	0.63	<0.01	0.01	0.02	0.04	0.56
	60	0.62	<0.01	0.01	0.02	0.06	0.53
	90	0.65	<0.01	0.01	0.02	0.05	0.57
	120	0.63	<0.01	0.01	0.02	0.06	0.53
As	28	23.89	<0.01	<0.01	0.41	2.20	21.28
	60	23.62	<0.01	<0.01	0.40	2.12	21.10
	90	23.38	<0.01	<0.01	0.38	2.34	20.66
	120	23.31	<0.01	<0.01	0.39	2.41	20.49

注：赤泥基地质聚合物胶凝材料养护溶液中重金属组分总含量均小于 0.01mg/kg，可以忽略不计，因此重金属组分赋存形态为赤泥基地质聚合物胶凝材料结石体中所含有的重金属组分。

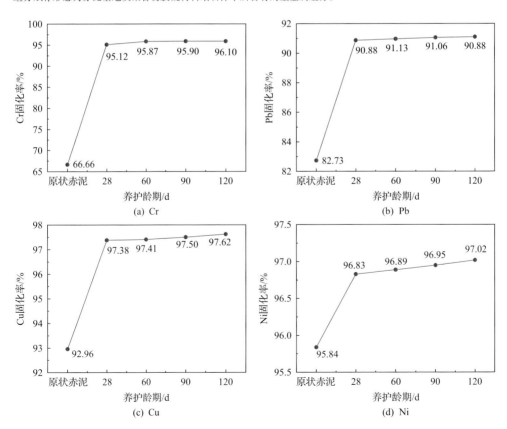

(a) Cr
(b) Pb
(c) Cu
(d) Ni

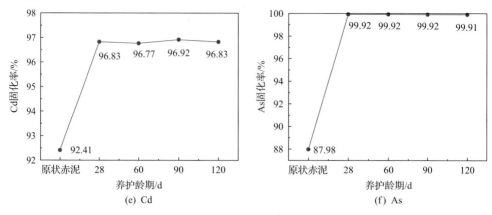

图 9.18　不同养护龄期赤泥基地质聚合物胶凝材料重金属组分固化率

99.92%。当养护龄期从 60d 增至 120d 时，重金属固化率趋于稳定，其中 As 固化率达到 99.91%，Cu 固化率达到 97.62%，Ni 固化率达到 97.02%，Cd 固化率达到 96.83%，Cr 固化率为 96.1%，Pb 固化率为 90.88%。

　　相较于原状赤泥，赤泥基地质聚合物胶凝材料水化后重金属组分固化率显著提升。这是因为水化产物为 N(C)-S-A-H 无定形凝胶，它具有吸附特性和离子交换能力，可以通过电荷平衡反应固定赤泥基地质聚合物胶凝材料体系中的重金属组分。此外，一些重金属离子可以键合到水合产物的骨架结构中或取代部分阳离子和部分聚合物链的基团，从而实现重金属组分的固化。

9.2.2　赤泥基地质聚合物胶凝材料重金属固化效果

　　在有地下水存在时，赤泥基地质聚合物胶凝材料中存在的重金属组分可能会在地下水等作用下迁移进入土体。本节分析固体废弃物原料中重金属组分的种类及赋存形态，以及在水化硬化过程中赤泥基地质聚合物胶凝材料水化产物对 Pb、Cr 两种重金属组分的固化机制，进而在外掺氯化铅($PbCl_2$)和硝酸铬($Cr(NO_3)_3$)两种物质的条件下，分析赤泥基地质聚合物胶凝材料对重金属组分的固化率。

1. 赤泥基地质聚合物胶凝材料对重金属的固化机制

　　将赤泥基地质聚合物胶凝材料结石体在水中养护 28d 后，通过 Tessier 五步提取法分析赤泥基地质聚合物胶凝材料结石体中各类重金属组分的含量。表 9.5 为赤泥基地质聚合物胶凝材料结石体中重金属组分赋存形态。图 9.19 为赤泥基地质聚合物胶凝材料固化前后重金属存在形态。从图中可以看出，在赤泥基地质聚合物胶凝材料结石体中，水溶态的重金属组分已经不存在，并且可交换态和碳酸盐结合态的重金属组分含量也降低。这是因为赤泥基地质聚合物胶凝材料在水化过程中形成的 N-C-S-A-H 凝胶、N-S-A-H 凝胶、C-S-A-H 凝胶和 C-S-A 凝胶对重金属具有吸附固化作用[3]，此外，N-C-S-A-H 凝胶、N-S-A-H 凝胶为三维网络结构，它们在形成过程中对重金属组分具有物理封裹效应，Pb、Ni 等重金属组分会参与铝氧四面体上负电荷的平衡反应[4]，所以赤泥基地质聚合物胶凝材料可以对其中存在的重金属组分进行有效的固化。因此，可以认为采用赤泥等固体废弃物制备的赤泥基地质聚合物胶凝材料在胶凝工程中没有重金属方面的环境污染。

表 9.5　赤泥基地质聚合物胶凝材料结石体中重金属组分赋存形态

赋存形态	重金属元素含量/(mg/kg)					
	Cr	Ni	Cu	As	Cd	Pb
水溶态	0	0	0	0	0	0
可交换态	0.14	0.05	0.11	0.03	0.05	0.17
碳酸盐结合态	1.56	1.07	0.19	0.14	0.11	0.52
铁锰氧化态	6.14	83.0	57.7	27.1	4.0	2.17
有机态	7.15	25.5	153.4	1.7	2.8	2.15
残渣态	632.01	83.0	153.4	27.1	4.0	169.57

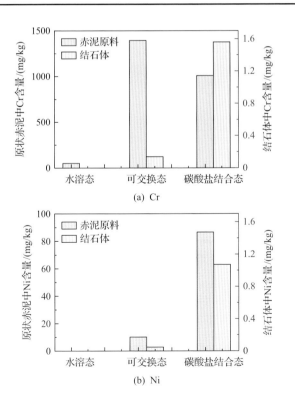

(a) Cr

(b) Ni

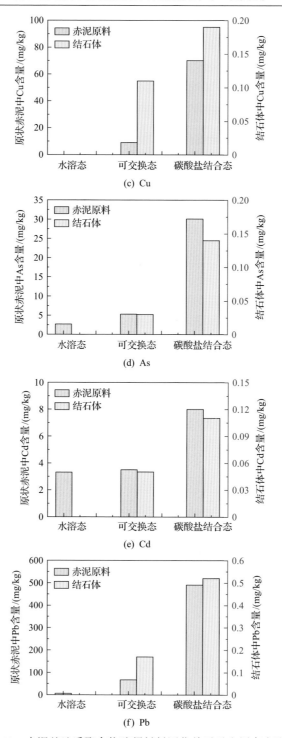

图 9.19　赤泥基地质聚合物胶凝材料固化前后重金属存在形态

由于赤泥基地质聚合物胶凝材料中重金属含量较低，难以准确分析水化产物对重金属组分的固化方式。本节向赤泥基地质聚合物胶凝材料中掺入 $PbCl_2$ 和 $Cr(NO_3)_3$ 两种重金属添加剂，含量分别为 0.2%、0.4%、0.6%、0.8% 和 1%，分别研究重金属添加剂对赤泥基地质聚合物胶凝材料力学性能的作用规律，进而分析赤泥基地质聚合物胶凝材料对不同掺量重金属添加剂的固化率。

图 9.20 为重金属添加剂作用下赤泥基地质聚合物胶凝材料抗压强度。从图中可以看出，随着重金属添加剂掺量的增加，赤泥基地质聚合物胶凝材料抗压强度呈先升高后降低的趋势，当 $PbCl_2$ 掺量为 0.4%、$Cr(NO_3)_3$ 掺量为 0.6% 时，结石体的抗压强度达到最大值，这表明重金属添加剂对赤泥基地质聚合物胶凝材料的抗压强度有一定的提升作用。这一方面是因为添加剂中存在的 Cl^- 和 NO_3^- 对固废原料的胶凝活性具有激发作用[5]；另一方面是因为 Pb、Cr 参与了水化反应，进而提升了结石体的抗压强度。

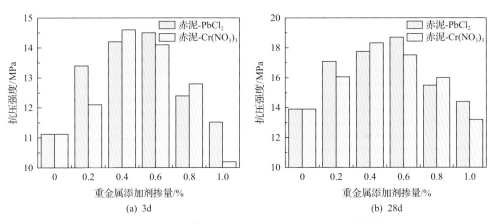

图 9.20　重金属添加剂作用下赤泥基地质聚合物胶凝材料抗压强度

通过 Tessier 五步提取法分析掺入 $PbCl_2$ 和 $Cr(NO_3)_3$ 的赤泥基地质聚合物胶凝材料中 Pb 和 Cr 的赋存形态及固化率。表 9.6 为重金属在赤泥基地质聚合物胶凝材料中的赋存形态。图 9.21 为重金属添加剂作用下赤泥基地质聚合物胶凝材料固化前后重金属 Pb、Cr 的存在形态。可以看出，当赤泥基地质聚合物胶凝材料硬化后，结石体中已经不存在水溶态的重金属离子，且可交换态的 Cr 含量仅为 1.39mg/kg，碳酸盐结合态的 Cr 含量为 18.38mg/kg，而掺入 $Cr(NO_3)_3$ 的含量为 0.2g/L，固化率为 99%。此外，结石体中可交换态的 Pb 含量为 0.19mg/kg，碳酸盐结合态的 Pb 含量为 1.46mg/kg，而掺入 $PbCl_2$ 的含量为 0.2%，固化率为 99.5%，由此可以说明，赤泥基地质聚合物胶凝材料对 Pb、Cr 两种重金属元素具有较高的固化率，且其对 Pb 的固化率高于 Cr。

表 9.6　重金属在赤泥基地质聚合物胶凝材料中的赋存形态

重金属	重金属组分含量/(mg/kg)					
	水溶态	可交换态	碳酸盐结合态	铁锰氧化态	有机态	残渣态
Pb	0	0.19	1.46	0.63	1.01	632.46
Cr	0	1.39	18.38	34.61	28.26	664.06

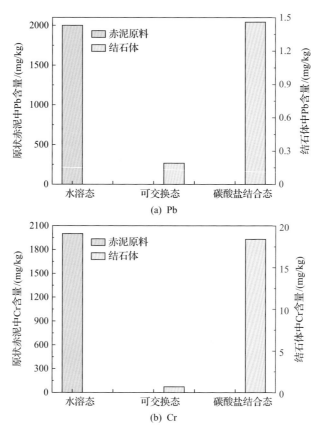

图 9.21　重金属添加剂作用下赤泥基地质聚合物胶凝材料固化前后重金属 Pb 和 Cr 的存在形态

　　为了分析 Pb、Cr 两种重金属组分在赤泥基地质聚合物胶凝材料中的固化方式，通过 X 射线光电子能谱分析（X-ray photoelectron spectroscopy，XPS）测试二者的表面价态。图 9.22 为赤泥基地质聚合物胶凝材料固化 Pb 和 Cr 的 XPS 谱图分析。从图中可以看到 Pb、Cr 两种重金属组分的特征峰，可知 Pb、Cr 两种重金属组分在结石体中的价态和配位情况。掺入 $PbCl_2$ 的结合能为 138.8eV，掺入 $Cr(NO_3)_3$ 的结合能为 580.1eV。

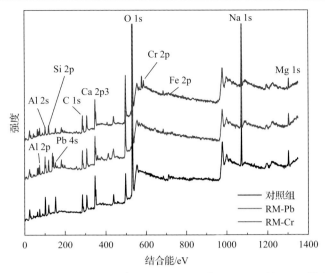

图 9.22 赤泥基地质聚合物胶凝材料固化 Pb 和 Cr 的 XPS 谱图

图 9.23 为赤泥基地质聚合物胶凝材料固化 Pb 和 Cr 的 XPS 谱图。从图中可以看出，掺入 $PbCl_2$ 的结合能峰值为 137.2eV、139.2eV 和 143.8eV，掺入 $Cr(NO_3)_3$ 的结合能峰值为 576.6eV、577.8eV、586.5eV 和 587.6eV。Pb、Cr 结合能峰位置的改变表明了二者的元素价态和配位环境在赤泥基地质聚合物胶凝材料水化过程中发生了改变。XPS 分析结果表明，Pb、Cr 两种重金属组分在结石体中发生了物理化学反应，改变了其原有的价态及配位环境。

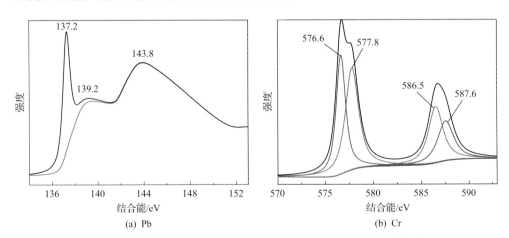

(a) Pb   (b) Cr

图 9.23 赤泥基地质聚合物胶凝材料固化 Pb 和 Cr 的 XPS 谱图

通过 XPS 进一步分析掺有 Pb 和 Cr 的赤泥基地质聚合物胶凝材料水化硬化前后 Si、Al、Na、Fe 四种组分价态及配位环境的变化情况。图 9.24 为赤泥基地质聚合物胶凝材料固化 Pb 和 Cr 后 Si、Al、Na、Fe 的 XPS 谱图。从图中可以看出，向赤泥基地质聚合物胶凝材料中掺入 Pb 和 Cr 后，Si、Al、Fe 三种组分的结合能发生了改变。这表明 Pb 和 Cr 的掺入改变了三种组分的配位环境，进一步说明两种重金属离子参与了赤泥基地质聚合物胶凝材料的水化反应过程，并且证实了重金属组分以化学键合及物理吸附的方式固定在结石体中。

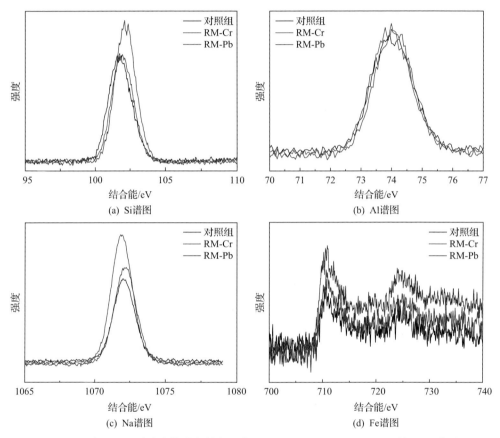

图 9.24　赤泥基地质聚合物胶凝材料固化 Pb 和 Cr 后 Si、Al、Na、Fe 的 XPS 谱图

图 9.25 为掺有重金属添加剂的赤泥基地质聚合物胶凝材料水化产物 XRD 谱图。从图中可以看出，掺入 Pb、Cr 后赤泥基地质聚合物胶凝材料水化产物没有发生较大改变，主要为索伦石、斜方钙沸石、类沸石类结构等，还有未反应的钙霞石和赤铁矿。相比于对照组的 XRD 谱图，当向赤泥基地质聚合物胶凝材料掺入 $PbCl_2$ 和 $Cr(NO_3)_3$ 时，水化产物中衍射峰发生了偏移，表明原有水化产物中化学键合情况发生了改变，这表明向赤泥基地质聚合物胶凝材料中掺入的 Cr 和 Pb 在水化过程中已由水溶态和可交换态的形式转换成为残渣态。

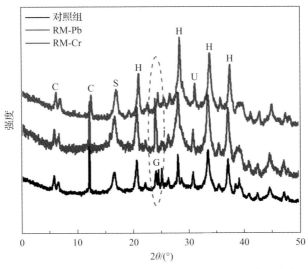

图 9.25　掺有重金属添加剂的赤泥基地质聚合物胶凝材料水化产物 XRD 谱图

C. 钙霞石；G. 斜方钙沸石；H. 赤铁矿；S. 索伦石；U. 类沸石类结构

　　通过 SEM 观测掺有重金属添加剂的赤泥基地质聚合物胶凝材料水化产物的微观形貌，并结合 EDS 揭示 Pb、Cr 两种重金属组分在赤泥基地质聚合物胶凝材料结石体中的赋存形态和分布规律。图 9.26 为赤泥基地质聚合物胶凝材料固化 Pb 的 SEM-EDS 分析。表 9.7 为 Pb 赋存形态能谱分析（扫描一个点的物质的能谱）。可以看出，Pb 参与了赤泥基地质聚合物胶凝材料的水化反应，其中 Pb 与 N-C-S-A-H 凝胶共存。

　　图 9.27 为赤泥基地质聚合物胶凝材料固化 Pb 的 SEM-EDS 图（面扫）。从图中可以看出，Pb 均匀分布在赤泥基地质聚合物胶凝材料结石体中。这表明它不是以某一种形态形成了沉淀或稳定体，而是参与了水化反应中凝胶产物的生成反应，进而均匀分布在水化产物中。

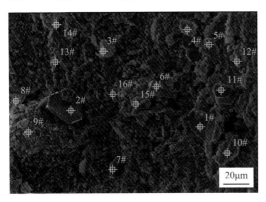
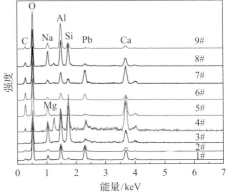

图 9.26　赤泥基地质聚合物胶凝材料固化 Pb 的 SEM-EDS 图

表 9.7　Pb 赋存形态能谱分析（点扫）　　　　（单位：%）

位置	O	Na	Mg	Al	Si	S	Ca	Pb
1#	60.17	2.48	0	7.17	1.02	10.68	15.68	0
2#	71.62	1.93	0	5.80	0.18	7.62	9.79	0
3#	39.46	10.09	0	11.83	19.99	0	16.90	0.64
4#	28.64	4.43	4.55	8.28	14.21	1.92	33.65	1.73
5#	59.46	4.70	0	0.65	0.59	0.64	26.79	0.16
6#	66.55	1.75	0	4.72	0.64	6.11	9.29	0
7#	52.80	1.69	0	4.83	2.19	8.94	22.95	0
8#	47.63	8.14	1.09	12.06	11.62	1.37	11.83	0.20
9#	59.68	4.36	0.45	19.31	5.54	0.42	5.82	0.26

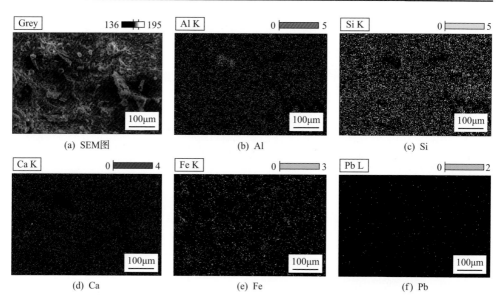

图 9.27　赤泥基地质聚合物胶凝材料固化 Pb 的 SEM-EDS 图（面扫）

　　图 9.28 为赤泥基地质聚合物胶凝材料固化 Cr 的 SEM-EDS 分析（点扫）。表 9.8 为 Cr 赋存形态能谱分析（点扫）。可以看出，Cr 的含量与 Al、Si、Ca、Fe 等组分的分布及含量密切相关。随着 Cr 含量的增加，水化产物中 Al 含量减少，而 Ca、Fe 元素的含量均呈升高的趋势。这一方面是因为掺入 $Cr(NO_3)_3$ 后，水化产物 N-C-S-A-H 凝胶中的 Al 被 Cr 代替；另一方面是因为 Cr 与 Ca 等组分发生反应，生成了 $CaCrO_4·2H_2O$。此外，因为赤铁矿的高吸附性，部分掺入的 $Cr(NO_3)_3$ 可能以物理吸附的方式存在于赤铁矿上。

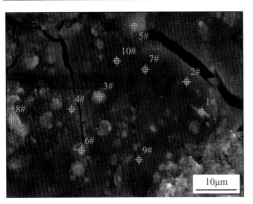
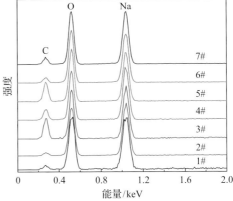

图 9.28　赤泥基地质聚合物胶凝材料固化 Cr 的 SEM-EDS 分析(点扫)

表 9.8　**Cr 赋存形态能谱分析(点扫)**　　　(单位：%)

位置	O	Na	Mg	Al	Si	K	Ca	Cr	Fe
1#	49.40	7.49	0.36	7.65	12.07	0.12	14.63	0.37	2.10
2#	43.22	10.28	0.22	5.27	12.94	0	13.56	1.33	6.38
3#	49.58	10.77	0.83	8.65	10.28	0	4.86	0.35	5.00
4#	46.40	10.28	3.95	6.88	12.21	0.08	11.22	0.67	6.41
5#	41.30	7.70	1.43	11.39	7.16	0.11	8.35	0.77	16.51
6#	41.72	9.70	0.90	8.44	9.24	0.13	5.47	0.59	18.95
7#	46.78	7.67	0.42	5.65	12.07	0.05	20.50	1.24	2.50

图 9.29 为赤泥基地质聚合物胶凝材料固化 Cr 的 SEM-EDS 图(面扫)。从图中可以看出，Cr 均匀分布在结石体中，表明它在水化产物凝胶、赤铁矿上均有分布。这表明 Cr 参与了水化反应中凝胶产物的生成反应，并有部分吸附在赤铁矿上。

2. 离子侵蚀作用对重金属固化率的影响

胶凝材料在服役过程中将长期处于复杂地质环境中，地下水、离子侵蚀、地应力等对胶凝材料结石体的耐久性具有严重的破坏作用。此外，在复杂的服役环

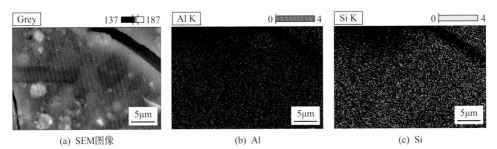

(a) SEM图像　　　　　　　(b) Al　　　　　　　(c) Si

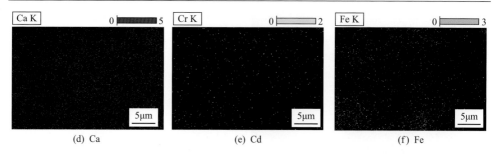

图 9.29　赤泥基地质聚合物胶凝材料固化 Cr 的 SEM-EDS 图(面扫)

境下，赤泥基地质聚合物胶凝材料中重金属的浸出特性同样是其服役耐久性的一个重要方面。因此，本节分析 Cl^- 和 SO_4^{2-} 侵蚀作用下，掺有重金属添加剂的赤泥基地质聚合物胶凝材料的重金属浸出率及其对 Pb、Cr 两种重金属元素固化率的影响，进而验证赤泥基地质聚合物胶凝材料对重金属的固化机制。

表 9.9 为 Cl^- 和 SO_4^{2-} 侵蚀作用下赤泥基地质聚合物胶凝材料中重金属元素的赋存形态。从表中可以看出，在 Cl^- 和 SO_4^{2-} 侵蚀作用下，赤泥基地质聚合物胶凝材料中可交换态的 Cr 含量分别为 1.28mg/kg 和 1.06mg/kg，碳酸盐结合态的 Cr 含量分别为 18.07mg/kg 和 18.25mg/kg，可交换态的 Pb 含量分别为 0.19mg/kg 和 0.17mg/kg，碳酸盐结合态的 Pb 含量分别为 1.45mg/kg 和 1.43mg/kg，而掺入 $PbCl_2$ 的含量为 0.2%。这说明在 Cl^- 和 SO_4^{2-} 侵蚀作用下，赤泥基地质聚合物胶凝材料对 Pb、Cr 两种重金属的固化率稍有提高。这是因为在 Cl^- 和 SO_4^{2-} 侵蚀作用下，水化凝胶生成量增多，结石体孔隙率降低，进一步阻碍了重金属的浸出。

表 9.9　Cl^- 和 SO_4^{2-} 侵蚀作用下赤泥基地质聚合物胶凝材料中重金属元素的赋存形态

离子类型	重金属元素含量/(mg/kg)					
	水溶态	可交换态	碳酸盐结合态	铁锰氧化态	有机态	残渣态
$Cr-SO_4^{2-}$	0	1.28	18.07	92.16	30.43	711.75
$Cr-Cl^-$	0	1.06	18.25	74.49	39.24	687.77
$Pb-SO_4^{2-}$	0	0.19	1.45	2.39	8.23	195.24
$Pb-Cl^-$	0	0.17	1.43	2.17	2.15	169.57

9.3　赤泥基地质聚合物胶凝材料生态相容性分析模型

随着社会对生态环境安全要求的不断提高，胶凝材料的环境友好特性越来越得到广泛关注。赤泥基地质聚合物胶凝材料作为一种新型胶凝材料，其重金属浸出特性、碱性组分浸出特性在前面已得到系统分析，但是其制备需经过烘干、粉磨等预处理过程，其能耗的定量分析尚待明晰。本节通过与传统水泥材料进行对比，分析赤泥基地质聚合物胶凝材料制备过程中的环境效益。

9.3.1　生命周期评价模型介绍

1. 生命周期的定义

生命周期评价(life cycle assessment, LCA)是通过识别、评估能量和资源的输入及环境排放所产生的影响，定量确定赤泥基地质聚合物胶凝材料或过程的环境负荷量大小的方法。该评价贯穿产品原材料获取、生产、使用、生命末期的处理、循环和最终处置，本节采用 eBalance 软件对赤泥基地质聚合物胶凝材料进行全寿命周期评价分析，并与传统水泥材料进行对比。

2. 技术框架及评价方法的选择

1)清单分析

生命周期清单是评价方法中客观数据的具体表现形式,清单分析是生命周期环境影响评价的基础。参考《环境管理　生命周期评价原则与框架》(GB/T 24040—2008)[6]，分析步骤如下：

(1)由单元过程进行清单描述，系统所有的输入均来自于能源、资源等外部环境，向外输出废水、废气等到外部环境，并定义基准流使系统内所有组成部分横向可比。

(2)清单的设置流程应遵循物质流动，产品流由上一环节流入下一环节，同时确定工艺水平，且纵向可比。

(3)综合前两部分的清单数据，汇总得到功能单位的生命周期清单表，对所收集的数据审定、分析各类资源能源造成的环境影响。

2)影响评价

影响评价的目的是提供进一步的信息来帮助分析清单结果。通常通过选择影响类型、类型参数及特征化模型将影响评价结果归类，进行参数结果的计算及归一化。其中前三步不可省略，分组、加权等归一化处理为可选步骤。

3)结果解释

结果解释是生命周期评价的汇总及总结，该结果表明被评估对象和评估目的的环境影响并形成研究报告。研究报告主要围绕清单内容和影响评价进行分析并得出结论。

9.3.2　环境影响计算模型

环境影响是指产品从原材料生产开始直至产品报废或再生的全部过程中与环境交互的影响。环境影响评价通常预测评价对象及构成评价对象的原材料生产、运输、拆除等全生命过程中覆盖的范围，根据范围中可能产生的环境变化识别出环境影响因素，该影响因素构成主要污染并可通过该污染间接产生其他影响。

1. 环境影响因素识别

赤泥基地质聚合物胶凝材料的全生命周期以原料预处理、材料制备和运输为主，由以下几个方面的因素共同构成环境影响：

（1）土地利用。赤泥基地质聚合物胶凝材料的原材料为工业固体废弃物，这些原材料以自然堆积为主，其中的有害物质对土壤、空气及地下水产生严重污染，并且占用大量土地资源。

（2）工业生产及运输过程中产生的废气、尾气。本节只考虑二氧化碳、二氧化硫和氮氧化物这三种。

（3）颗粒污染物。大气污染评价指标中重要的一项总悬浮颗粒物（如加工生产中燃料燃烧产生的灰尘、粉尘、烟筒排放物）称为一次颗粒物。

（4）制备原料。如激发剂、外加剂等，激发剂和外加剂属于赤泥基地质聚合物胶凝材料制备过程中的重要组分，本节将这些组分以资源属性的划分考虑在内。

2. 边界选择

在使用工业固体废弃物制备胶凝材料过程中主要考虑利用工业固体废弃物对环境产生的有益影响以及制备过程中对环境造成的负面作用。硅酸盐水泥基胶凝材料的制备主要为硅酸盐水泥制备过程中所产生的环境影响，为了比较赤泥基地质聚合物胶凝材料和传统水泥类胶凝材料，对两种材料生产方式进行边界定义。图9.30为1t胶凝材料边界确定及生产流程图。传统水泥材料边界定义包括原材料开采、运输、原材料制备、煤磨和回转窑中的熟料煅烧，且包括水泥研磨、包装、水泥运输和水泥产品的使用。赤泥基地质聚合物胶凝材料边界定义包括工业固体废弃物运输、原材料准备、煤磨和回转窑内煅烧。这两种技术的功能单元被确定为1t胶凝材料生产，所有材料、排放和能耗都基于该功能单元。

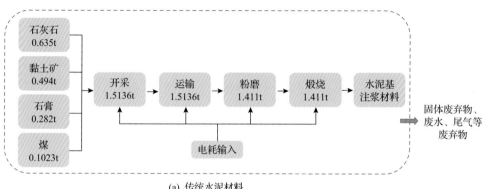

(a) 传统水泥材料

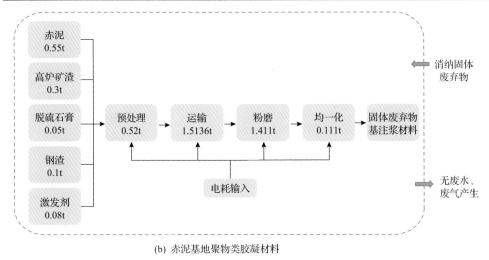

(b) 赤泥基地聚物类胶凝材料

图 9.30　1t 胶凝材料边界确定及生产流程图

9.4　赤泥基地质聚合物胶凝材料节能降耗容量

本节采用 eBalance 软件进行赤泥基地质聚合物胶凝材料制备及应用过程中的环境效益分析，煤炭、电力等能耗及环境排放数据取自中国生命周期数据库（China life cycle database），电力取全国平均电网数据。本节计算 1t 赤泥基地质聚合物胶凝材料的非生物资源消耗（abiotic depletion potential，ADP）、全寿命周期的酸化潜值（acidification potential，AP）、能源消耗（energy consumption，EC）、富营养化潜值（eutrophication potential，EP）、全球变暖潜值（global warming potential，GWP）、工业用水量（industrial water consumption，IWC）、不可再生资源消耗（nonrenewable resources consumption，NRC）、呼吸无机物（respiratory inorganic compound，RIC）等指标，对其进行特征化、归一化处理。特征化指标如表 9.10 和表 9.11 所示，特征化指标归一化结果如表 9.12 和表 9.13 所示。

表 9.10　传统水泥基胶凝材料特征化指标

工艺	ADP	AP	EC	EP	GWP	IWC	NRC	RIC
开采	1.58×10^{-5}	0.5731	324.7145	0.0349	44.9318	448.1818	25.0688	0.0633
生料粉磨	1.23×10^{-5}	0.4322	319.3222	0.0266	33.9432	97.2727	15.2727	0.0477
煅烧	9.57×10^{-5}	1.1923	2476.6476	0.1252	607.0909	985.4545	118.4545	0.1613
熟料粉磨	1.50×10^{-5}	0.5251	387.7484	0.0324	41.2727	118.18182	18.5455	0.0580
总计	1.39×10^{-4}	2.7227	3508.4327	0.2191	727.2386	1649.0909	177.3415	0.3303

表 9.11　赤泥基地质聚合物胶凝材料特征化指标

工艺	ADP	AP	EC	EP	GWP	IWC	NRC	RIC
烘干	4.70×10^{-6}	0.1646	121.6029	0.0102	12.9292	36.9677	5.816	0.0182
压滤	1.54×10^{-6}	0.0538	39.7751	0.0033	4.2290	12.0918	1.9024	0.0059
粉磨	1.44×10^{-5}	0.5058	373.6255	0.0312	39.7250	113.5835	17.8700	0.0559
均一化	1.22×10^{-6}	0.0428	31.5981	0.0026	3.3596	45.6059	1.5113	0.0047
总计	2.19×10^{-5}	0.7671	566.6016	0.0473	60.2428	208.2489	27.0997	0.0847

表 9.12　传统水泥基胶凝材料特征化指标归一化结果

工艺	ADP	AP	EC	EP	GWP	IWC	NRC	RIC
开采	2.09×10^{-12}	1.57×10^{-11}	3.68×10^{-12}	9.28×10^{-12}	4.26×10^{-12}	3.11×10^{-12}	1.62×10^{-12}	3.36×10^{-12}
生料粉磨	1.64×10^{-12}	1.19×10^{-11}	3.62×10^{-12}	7.09×10^{-12}	3.22×10^{-12}	6.74×10^{-13}	9.88×10^{-13}	2.54×10^{-12}
煅烧	1.27×10^{-11}	3.27×10^{-11}	2.80×10^{-11}	3.33×10^{-11}	5.76×10^{-11}	6.83×10^{-12}	7.66×10^{-12}	8.57×10^{-12}
熟料粉磨	1.99×10^{-12}	1.44×10^{-11}	4.39×10^{-12}	8.63×10^{-12}	3.92×10^{-12}	8.19×10^{-13}	1.20×10^{-12}	3.08×10^{-12}
总计	1.84×10^{-11}	7.47×10^{-11}	3.97×10^{-11}	5.83×10^{-11}	6.90×10^{-11}	1.14×10^{-11}	1.15×10^{-11}	1.76×10^{-11}

表 9.13　赤泥基地质聚合物胶凝材料特征化指标归一化结果

工艺	ADP	AP	EC	EP	GWP	IWC	NRC	RIC
烘干	6.23×10^{-13}	4.52×10^{-12}	1.38×10^{-12}	2.71×10^{-12}	1.23×10^{-12}	2.56×10^{-13}	3.76×10^{-13}	9.66×10^{-13}
压滤	2.04×10^{-13}	1.48×10^{-12}	4.50×10^{-13}	8.85×10^{-13}	4.01×10^{-13}	8.38×10^{-14}	1.23×10^{-13}	3.16×10^{-13}
粉磨	1.91×10^{-12}	1.39×10^{-11}	4.23×10^{-12}	8.31×10^{-12}	3.77×10^{-12}	7.87×10^{-13}	1.16×10^{-12}	2.97×10^{-12}
均一化	1.62×10^{-13}	1.17×10^{-12}	3.58×10^{-13}	7.03×10^{-13}	3.19×10^{-13}	3.16×10^{-13}	9.77×10^{-14}	2.51×10^{-13}
总计	2.90×10^{-12}	2.11×10^{-11}	6.42×10^{-12}	1.26×10^{-11}	5.72×10^{-12}	1.44×10^{-12}	1.76×10^{-12}	4.50×10^{-12}

表 9.14 为归一化数据对比分析。图 9.31 为赤泥基地质聚合物胶凝材料与传统水泥基胶凝材料能耗分析。可以看出，赤泥基地质聚合物胶凝材料在 ADP、AP、EC、EP、GWP、IWC、NRC、RIC 等指标上均优于传统水泥基胶凝材料。其中，

表 9.14　归一化数据对比分析

材料类别	ADP	AP	EC	EP	GWP	IWC	NRC	RIC
水泥基胶凝材料	1.84×10^{-11}	7.48×10^{-11}	3.97×10^{-11}	5.83×10^{-11}	6.90×10^{-11}	1.14×10^{-11}	1.15×10^{-11}	1.76×10^{-11}
赤泥基地质聚合物胶凝材料	2.90×10^{-12}	2.11×10^{-11}	6.42×10^{-12}	1.26×10^{-11}	5.72×10^{-12}	1.44×10^{-12}	1.75×10^{-12}	4.50×10^{-12}

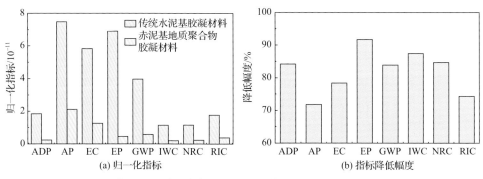

图 9.31　赤泥基地质聚合物胶凝材料与传统水泥基胶凝材料能耗分析

每生产 1t 赤泥基地质聚合物胶凝材料将消耗不可再生资源 27.09975kg，消耗能源 566.6016MJ，比传统水泥基胶凝材料降低了 84.8% 和 83.8%。分析结果表明，赤泥基地质聚合物胶凝材料除可以大宗量消纳工业固体废弃物外，在制备过程中还具有能耗低的优点。

参 考 文 献

[1] Aboulayt A, Riahi M, Touhami Q M, et al. Properties of metakaolin based geopolymer incorporating calcium carbonate. Advanced Powder Technology, 2017, 28(9): 2393-2401.

[2] 赖胜强, 林亲铁, 项江欣, 等. 氧化镁基固化剂对铅离子的吸附作用及其影响因素. 环境工程学报, 2016, 10(7): 3859-3865.

[3] Zhang P P, Muhammad F, Yu L, et al. Self-cementation solidification of heavy metals in lead-zinc smelting slag through alkali-activated materials. Construction and Building Materials, 2020, 249: 1-8.

[4] Nikolić V, Komljenović M, Džunuzović N, et al. The influence of Pb addition on the properties of fly ash-based geopolymers. Journal of Hazardous Materials, 2018, 350: 98-107.

[5] 吕擎峰, 王子帅, 陈臆, 等. 氯化钠对碱激发地聚物强度影响机理研究. 功能材料, 2020, 51(2): 2067-2071, 2092.

[6] 中华人民共和国国家质量监督检验检疫总局, 中国国家标准化管理委员会. 环境管理 生命周期评价原则与框架(GB/T 24040—2008). 北京: 中国标准出版社, 2008.

第 10 章　赤泥基地质聚合物胶凝材料稳定碎石配合比设计及路用性能研究

10.1　配合比设计方法

赤泥基地质聚合物胶凝材料稳定碎石混合料配合比设计方法与常规水泥稳定碎石混合料配合比设计方法基本一致，没有明显差别。图 10.1 为赤泥基地质聚合物胶凝材料稳定碎石配合比设计流程。

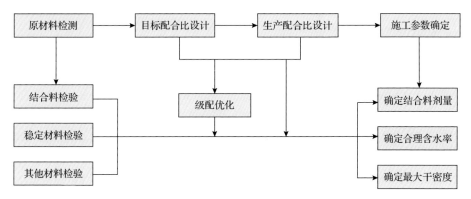

图 10.1　赤泥基地质聚合物胶凝材料稳定碎石配合比设计流程

1. 级配设计理念

堆积理论是级配理论的基础。堆积理论是指为了达到混合料的最大密实度，将各种不同粒径的集料以一定的配合比混合形成稳定的复合结构，由此产生了两种常见的级配理论，即粒子干涉理论和最大密度曲线理论。粒子干涉理论为级配的计算提供了依据，最大密度曲线理论描述了级配的粒径分布情况，其主要描绘连续级配的粒径分布，不考虑混合材料是否形成稳定的骨架结构，因此只能对连续型级配进行计算设计。粒子干涉理论可用于计算间断级配，对骨架密实型结构进行计算设计。粒子干涉理论认为前一级颗粒形成的空隙应由次一级颗粒填充，剩余的空隙再由更次一级颗粒填充，但填隙的颗粒粒径不得大于其间隙的距离，否则大小颗粒之间势必发生干涉现象，这种填充方式受颗粒形状、颗粒分布、颗粒大小的影响。

在混合料结构中，最常见的有悬浮密实型、骨架密实型、骨架空隙型三种结构类型。悬浮密实型结构是根据最大密度曲线理论设计，采用连续级配，混合料中集料粒径从大到小组合排列，细集料较多，粗集料相对较少，无法形成骨架嵌挤结构；骨架密实型结构依据嵌挤密实原则设计，粗集料较多，形成骨架嵌挤结构，较细的集料能填充于骨架的孔隙内，形成更小的骨架结构，赤泥基地质聚合物胶凝材料和细集料将这些细小的孔隙填充起来，就形成了既有粗集料作为骨架又有细集料和胶凝材料填充的密实结构；骨架空隙型结构是由大量的粗集料和较少的细集料组成的，粗集料形成嵌挤，较少的细集料填充于其中，孔隙率较大。这三种结构类型中，悬浮密实型结构有较大的密实度和较小的孔隙率，但抗开裂性能较差；骨架空隙型结构具有良好的抗压强度和抗裂性，但抗疲劳性能较差；骨架密实型结构既具有较大的密度、较小的孔隙率、较高的强度，还有良好的抗裂和抗疲劳性能，因此赤泥基地质聚合物胶凝材料稳定碎石级配推荐采用骨架密实型结构。

2. 级配曲线

1）级配范围

与常规级配相比，骨架密实型结构具有较高的密度，较小的含水率，嵌挤形成的结构强度高，具有较好的抗裂性能和力学性能，能提高基层抗裂性能、承载力和耐久性能，是稳定碎石混合料设计普遍采用的级配类型。

冯德成等[1]采用体积设计法，以空隙率为控制指标进行试验筛选，研究矿料配合比的优化问题，优化后的混合料具备更高的抗压强度和更好的干缩性能。何昌轩[2]以 4.75mm 的筛孔通过率为变量因素，探讨水泥稳定碎石的优化设计方法，研究结果表明，当通过率为 30% 时，干密度最大、抗压强度最佳且温缩变形最小。彭波等[3]提出双动态平衡参数和分形级配算法，以关键筛孔及其通过率作为级配算法的基本依据，给出两种算法的计算公式，并采用正交试验优化水泥稳定碎石级配方案。王峰等[4]采用贝雷法，通过水泥砂浆填充粗集料骨架空隙计算细集料与水泥用量，获得骨架密实结构的水稳碎石。目前，工程上规范层面的设计方法是基于《公路路面基层施工技术细则》(JTG/T F20—2015)[5]的级配范围，拟定级配曲线后通过试验进行水泥掺量的设计，但对骨架密实级配的具体设计缺乏更为细致的指导。山东省应用较广泛的水泥稳定碎石骨架密实型水泥稳定碎石混合料级配范围如表 10.1 所示[5]。

2）级配曲线选取

(1) 应根据当地原材料特点、交通量等级、设计文件等相关规定，确定合适的混合料配合比设计强度。

(2) 根据《公路路面基层施工技术细则》(JTG/T F20—2015)[5]相关规定，在目

表 10.1 骨架密实型水泥稳定碎石混合料级配范围[5]

组中值	不同筛孔尺寸下骨料级配/%							
	31.5mm	26.5mm	19mm	9.5mm	4.75mm	2.36mm	0.6mm	0.075mm
上限	0	100	86	55	36	26	16	5
下限	0	90	76	43	26	16	8	2
中值	0	95	81	49	31	21	12	3.5

标级配曲线优化选择过程中，应选择不少于 4 条级配曲线。

（3）选择目标级配区间后，应对各档材料进行多次筛分，确定其平均筛分曲线及对应的变异系数，并按 2 倍标准差计算出各档材料筛分级配的波动范围。

（4）在目标配合比设计中，应选择不少于 3 个胶凝材料掺量，分别确定混合料的最佳含水率和最大干密度。

（5）应根据试验确定的最佳含水率、最大干密度及压实度要求成型标准试样，验证不同胶凝材料掺量条件下混合料的技术性能，确定满足设计要求的最佳胶凝材料掺量。

（6）应按下列步骤合成目标级配曲线并进行性能验证：

①根据各档材料的平均筛分曲线进行目标级配的合成，确定其使用比例，得到混合料的合成级配。

②根据合成级配进行混合料重型击实试验和 7d 龄期无侧限抗压强度试验，验证混合料性能。

10.2 设计原则及设计文件要求

1. 设计原则

无机结合料稳定碎石混合料作为（底）基层，首先应保证强度满足要求。工程实践证明，用同一掺量的胶凝材料，级配良好的混合料的强度和耐久性比级配较差的混合料高得多。因此，在工程中要综合考虑添加的胶凝材料掺量和改善集料级配两方面因素，改善集料级配并控制胶凝材料用量是减少无机结合料稳定碎石（底）基层裂缝的主要措施之一，无机结合料稳定碎石（底）基层应采用骨架密实型结构。

2. 设计文件要求

设计施工控制主要参照《济南至高青高速公路工程 JGSG-2 合同段两阶段施工图设计》[6]文件相关规定要求。表 10.2 为水泥稳定碎石 7d 无侧限抗压强度标准[6]。

表 10.2　水泥稳定碎石 7d 无侧限抗压强度标准[6]

结构层	设计要求值/MPa
基层	≥5.0
底基层	≥3.5

10.3　原材料性质

1. 赤泥基地质聚合物胶凝材料

表 10.3 为赤泥基地质聚合物胶凝材料技术指标要求。

表 10.3　赤泥基地质聚合物胶凝材料技术指标要求

技术指标	文献[7]参数
标准稠度用水量	实测
凝结时间	初凝时间应不小于 180min，终凝时间应大于 6h 且小于 10h
安定性(标准法)	<5mm
表观密度	实测
比表面积	$360\sim450\text{g/cm}^2$
3d 胶砂抗压强度	≥9MPa
28d 胶砂抗压强度	≥20MPa
3d 胶砂抗压强度	≥2MPa
28d 胶砂抗压强度	≥3.5MPa

2. 粗集料

粗集料应洁净、干燥、表面粗糙、形状接近立方体，且无风化、无杂质，并有足够的强度、耐磨耗性。表 10.4 为粗集料技术指标要求[5]。

表 10.4　粗集料技术指标要求[5]

检测指标	技术要求
压碎值/%	≤26
表观相对密度	≥2.5
吸水率/%	≤3
坚固性/%	≤12
水洗法 0.075mm 以下含量/%	≤3

续表

检测指标		技术要求
针片状含量/%	4.75～9.5mm	≤25
	＞9.5mm	≤15
软石含量/%		≤5

3. 细集料

细集料应洁净、干燥、无风化、无杂质，并有适当的颗粒级配。细集料的砂当量应不小于50%。在细集料规格中，需要对0～3mm 和0～5mm 的细集料分别严格控制2.36mm 和4.75mm 的颗粒含量。同时，细集料中＜0.075mm 的颗粒含量应不大于15%。

10.4　路用性能研究

1. 赤泥基地质聚合物胶凝材料掺量对7d 无侧限抗压强度的影响

根据《公路路面基层施工技术细则》(JTG/T F20—2015)[5]，结合高速公路路面基层工程经验，采用赤泥基地质聚合物胶凝材料掺量分别为4%、5%、6%、7%、8%的成型标准试件进行无侧限抗压强度试验。图10.2 为无侧限抗压强度随赤泥基地质聚合物胶凝材料掺量的变化规律。图10.3 为无侧限抗压强度测试照片。试验结果表明，随着赤泥基地质聚合物胶凝材料掺量的增加，7d 无侧限抗压强度不断升高，与水泥稳定碎石变化规律相似。

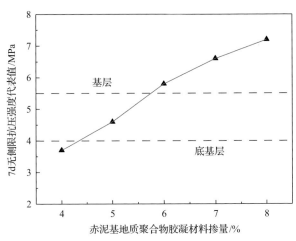

图10.2　无侧限抗压强度随赤泥基地质聚合物胶凝材料掺量的变化规律

图 10.3 无侧限抗压强度测试照片

2. 抗拉强度

本书用劈裂强度表征赤泥基地质聚合物胶凝材料稳定碎石混合料间接抗拉强度，主要与水泥稳定碎石混合料劈裂强度进行对比。表 10.5 为赤泥基地质聚合物胶凝材料稳定碎石抗拉强度试验结果。图 10.4 为抗拉强度随赤泥基地质聚合物胶凝材料掺量的变化规律。图 10.5 为抗拉强度试验测试照片。试验结果表明，在抗压强度相当的条件下，赤泥基地质聚合物胶凝材料稳定碎石混合料劈裂强度略高一点。

表 10.5 赤泥基地质聚合物胶凝材料稳定碎石抗拉强度试验结果

胶凝材料类型	掺量/%	7d 抗压强度/MPa	7d 劈裂强度/MPa	强度比/%
水泥	4.5	6.7	0.48	7.2
赤泥基地质聚合物胶凝材料	5	4.6	0.37	8.0
赤泥基地质聚合物胶凝材料	6	5.8	0.46	7.9

注：强度比=7d 劈裂强度/7d 抗压强度。

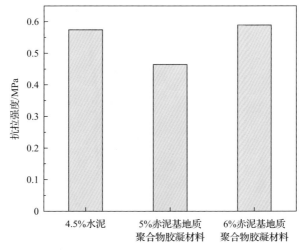

图 10.4　抗拉强度随赤泥基地质聚合物胶凝材料掺量的变化规律

图 10.5　抗拉强度试验测试照片

3. 水稳定性

基层的水稳定性直接关系到其承载能力和耐久性,水稳定性系数=饱水抗压强度/非饱水抗压强度。表 10.6 为赤泥基地质聚合物胶凝材料稳定碎石水稳定性强度

试验结果。图 10.6 为水稳定性随地质聚合物胶凝材料掺量的变化规律。图 10.7
为水稳定性试样浸水过程。虽然掺量为 5%的赤泥基地质聚合物胶凝材料稳定碎石
混合料水稳定性系数相对较低，但考虑到水稳定性系数与抗压强度有关，由于掺
量为 4.5%的水泥稳定碎石和掺量为 6%的赤泥基地质聚合物胶凝材料稳定碎石强
度更高一些，在抗压强度相当的条件下，两种材料的水稳定性系数相差不大。

表 10.6　赤泥基地质聚合物胶凝材料稳定碎石水稳定性强度试验结果

胶凝材料类型	掺量/%	养护龄期/d	水稳定性系数
水泥	4.5	7	0.9412
		14	0.9740
		28	0.9878
赤泥基地质聚合物胶凝材料	5	7	0.9200
		14	0.9667
		28	0.9697
赤泥基地质聚合物胶凝材料	6	7	0.9508
		14	0.9565
		28	0.9726

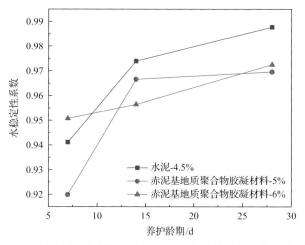

图 10.6　水稳定性随赤泥基地质聚合物胶凝材料掺量的变化规律

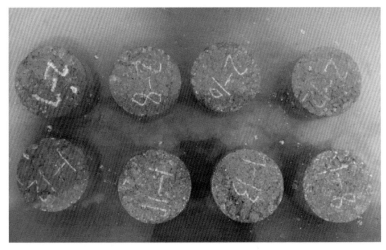

图 10.7　水稳定性试样浸水过程

4. 干缩、温缩特性

半刚性基层开裂是由其干燥收缩(干缩)、温度收缩(温缩)及疲劳荷载作用产生的,而疲劳荷载作用是次要的,主要因素是干燥收缩和温度收缩。而干燥失水、温度影响基层的规律与材料组成和结构关系密切。试验目的在于对比分析赤泥基地质聚合物胶凝材料稳定碎石与水泥稳定材料在干燥收缩、温度收缩方面的差异,以判断其抗裂性能的优劣。表 10.7 为赤泥基地质聚合物胶凝材料稳定碎石温缩试验结果。表 10.8 为干缩试验结果。图 10.8 为干缩、温缩试样收缩率测试照片。试验结果表明,两种材料的稳定碎石干缩系数、温缩系数相差不大,抗裂性能基本相当。

表 10.7　赤泥基地质聚合物胶凝材料稳定碎石温缩试验结果

胶凝材料类型	掺量/%	养护龄期/d	温缩系数/10^{-6}
水泥	4.5	7	11.5
赤泥基地质聚合物胶凝材料	5	7	11.9
赤泥基地质聚合物胶凝材料	6	7	12.0

表 10.8　赤泥基地质聚合物胶凝材料稳定碎石干缩试验结果

胶凝材料类型	掺量/%	养护龄期/d	干缩系数/10^{-6}
水泥	4.5	7	72
赤泥基地质聚合物胶凝材料	5	7	68
赤泥基地质聚合物胶凝材料	6	7	79

图 10.8　干缩、温缩试样收缩率测试照片

5. 容许延迟时间

满足设计要求强度的施工时间范围取决于赤泥基地质聚合物胶凝材料稳定碎石的延迟时间。本次试验分别按 0h、3h、5h、7h 进行成型检测。表 10.9 为赤泥基地质聚合物胶凝材料稳定碎石容许延迟时间试验结果。试验结果表明，赤泥基地质聚合物胶凝材料稳定碎石延迟时间可达 7h。

表 10.9　容许延迟时间试验结果

容许延迟时间/h	7d 无侧限抗压强度/MPa	
	掺量 5%	掺量 6%
0	4.6	5.8
3	4.7	6.0
5	4.4	5.7
7	4.1	5.5

参 考 文 献

[1] 冯德成, 于飞, 巩春伟. 基于体积法的水泥稳定级配碎石配合比设计方法. 公路交通科技, 2012, 29(10): 22-27, 32.

[2] 何昌轩. 骨架密实型水泥稳定碎石合理级配范围优化研究. 公路, 2012, 57(6): 228-232.

[3] 彭波, 尹光凯, 李海宁, 等. 骨架密实型水泥稳定碎石级配设计与分形评价. 中外公路, 2016, 36(3): 284-288.

[4] 王峰, 熊永松, 冯珀楠, 等. 骨架密实型水泥稳定碎石集料级配设计方法综述. 建材技术与

应用, 2016, (6): 1-3.

[5] 中华人民共和国交通运输部. 公路路面基层施工技术细则(JTG/T F20—2015). 北京: 人民
交通出版社, 2015.

[6] 山东高速集团有限公司. 济南至高青高速公路工程 JGSG-2 合同段两阶段施工图设计. 济南:
山东高速集团有限公司, 2019.

[7] 山东高速集团有限公司企业标准. 赤泥基地质聚合物胶凝材料稳定碎石应用技术规程. 济南:
山东高速集团有限公司, 2021.

第 11 章　赤泥基地质聚合物胶凝材料稳定碎石施工铺筑工艺研究

11.1　施 工 准 备

1. 施工现场准备

(1) 为了保证试验路施工所需材料、机械及人员的运输调配需要，需对施工便道情况进行全面详尽的调查，根据具体情况对局部路段进行维修，并安排施工机械进行养护，确保施工顺畅。

(2) 作业面检查、清理及修整，确保路基表面平整、密实，具有规定的横坡，无任何松散、翻浆和积水等现象。

(3) 摊铺时采用直径 3mm 的钢丝绳作为导线，两端用紧线器进行固定，紧线器张力不小于 1000N，钢丝绳放于基准线钢钎支架凹口中，并用细扎丝固定，钢线张拉长度为 100m，基准线钢钎桩采用长 0.7m、直径 16mm 的圆钢制作，下部打尖，基准线钢钎支架长 10cm，支架 9.5cm 处设置凹槽，基准线钢钎必须埋设牢固，在整个作业期间应有专人看管，严禁碰钢丝，发现异常时立即校正。

(4) 边部纵向模板采用高 16.5cm、长 6m 的钢模，在钢模背部设有钢筋支撑固定，防止压路机碾压跑模，两侧根据设计宽度及边桩进行纵向立模，采用拉线控制，保证线形的平顺。

(5) 防渗层的铺设。赤泥基地质聚合物胶凝材料稳定碎石底基层下部采取防渗隔离措施，其中底基层与路基之间采用复合土工膜进行隔离防渗，(底) 基层侧面采用 C25 混凝土浇筑处理。

2. 施工设备要求

施工铺筑过程中用到的主要检测设备及施工机械设备，如表 11.1 和表 11.2 所示。

表 11.1　检测设备

设备名称	单位	数量
全球定位系统 (GPS)	台	1
水准仪	台	2

设备名称	单位	数量
钢卷尺	把	2
3m 直尺/塞尺	把	2
滴定管	台	2
滴定架	台	2
数显路强仪	台	1
多功能电动击实仪	台	2
无侧限抗压模具	组	4
液压脱模器	台	2
秒表	台	1
弯沉仪	台	1
取芯机	台	1
电子天平	台	1
灌砂筒	台	2
烘箱	台	1

表 11.2 施工机械设备

机具名称	单位	数量
稳定粒料拌和机	台	1
稳定粒料摊铺机	台	2
单钢轮振动压路机	台	4
双钢轮振动压路机	台	1
胶轮压路机	台	2
装载机	台	3
洒水车	辆	1
自卸汽车	辆	15
小型振动平板夯	台	1

3. 施工原材料及配合比准备

1)拌和用水检测

(1)拌和用水符合饮用水标准可直接用作基层、底基层材料拌和与养生用水。

(2) 若采用其他用水, 则应进行水质检测。表 11.3 为水质检测技术要求。

表 11.3　水质检测技术要求

检测参数	技术要求	试验参考标准
pH	≥4.5	GB/T 6920—1986[1]
Cl⁻含量	≤3500mg/L	GB/T 11896—1989[2]
SO_4^{2-} 含量	≤2700mg/L	GB/T 11899—1989[3]
碱含量	≤1500mg/L	GB/T 176—2017[4]
可溶物含量	≤10000mg/L	GB/T 5750.1—2023 [5]
不溶物含量	≤5000mg/L	GB/T 11901—1989[6]
其他杂质	不应有漂浮的油脂和泡沫及明显的颜色和异味	—

2) 进场原材料检测

表 11.4 为进场原材料检测指标及频率。检测结果满足设计要求后, 方可使用。

表 11.4　进场原材料检测指标及频率

检测指标	材料名称	目的	频率
含水率	集料	确定原始含水率	每次使用前测 2 个试样
颗粒分析	集料	确定级配是否符合要求	每种集料使用前测 2 个试样, 过程中 2000m³ 测 2 个试样
有机质和硫酸盐含量	细集料	确定是否适用于调节赤泥基地质聚合物胶凝材料稳定性	对该指标有怀疑时做此试验
相对密度	集料	评定粒料质量, 计算固体体积率	每种集料使用前测 2 个试样
压碎值	集料	评定石料的抗压碎能力	使用过程中每 2000m³ 测 2 个试样
粉尘含量	集料	评定集料质量	使用过程中每 2000m³ 测 2 个试样
针片状颗粒含量	粗集料	评定集料质量	使用过程中每 2000m³ 测 2 个试样
软石含量	粗集料	评定集料质量	使用过程中每 2000m³ 测 2 个试样
赤泥基地质聚合物胶凝材料强度和初、终凝时间	赤泥基地质聚合物胶凝材料	确定赤泥基地质聚合物胶凝材料质量	组成设计时测一组试样, 按批抽样检测

4. 技术交底

赤泥基地质聚合物胶凝材料稳定碎石混合料作为一种新型材料，在生产、施工过程中可能遇到一系列不可预见的问题。在这种情况下，一定要做好施工技术交底工作，借鉴水泥稳定碎石(底)基层技术交底文件，编制赤泥基地质聚合物胶凝材料稳定碎石(底)基层试验段技术交底方案。技术交底方案主要包括以下内容：

(1)编制目的、依据和编制范围。

(2)试验段方案，包括工程概况、主要技术指标、典型设计图与防渗措施、赤泥基地质聚合物胶凝材料稳定碎石(底)基层试验段工程量、施工主要环节等方面。

(3)施工准备，包括施工现场准备、施工设备要求、施工原材料及配合比准备等方面。

(4)施工管理，包括主要施工方法及技术措施，质量控制及检测，施工注意事项、施工环保措施等方面。

(5)赤泥基地质聚合物胶凝材料稳定碎石(底)基层检测与评定验收。

(6)环保要求，包括一般规格、放射性指标要求、浸水毒性控制要求、检测方法、环境监测、监测工作的组织与实施、监测点布设、试样采集、试样测试分析。

(7)长期监测，包括监测依据、监测仪器、监测内容及频率、地下水水质污染检测等方面。

5. 专项施工组织方案

项目根据相关设计文件及规范编制专项施工组织方案，方案应涵盖以下内容：①编制依据和编制原则；②工程概况和基层施工技术参数；③施工组织和施工安排，包括管理及施工人员配备表、施工主要机械配置表、赤泥基地质聚合物胶凝材料稳定碎石混合料(底)基层施工计划、施工准备(包括试验准备、拌和场地准备、机械准备、工地实验室准备、技术准备)；④(底)基层施工，包括工艺流程、施工方法(包括下承层准备、现场施工放样、施工工艺说明)、成品养护、试验检测及压实度控制。

11.2　施　工　管　理

1. 施工工艺

1)施工方案及工艺流程

根据赤泥基地质聚合物胶凝材料稳定碎石混合料延迟时间试验结果，结合试验路铺筑长度，施工采用三层连铺的方案进行，施工完底基层后，根据表面干湿程度，确定是否喷洒适量赤泥基地质聚合物胶凝材料，然后继续铺筑第二层，直至三层全部铺筑完。赤泥基地质聚合物胶凝材料稳定碎石(底)基层施工工艺流程为：下承层准备→防渗复合土工布铺设→测量放样→挂线、安装侧模→混合料拌和→运输→底基层摊铺→压实→检测→下基层摊铺→压实→检测→中基层摊铺→压实→检测→养生→侧面防渗混凝土浇筑。图 11.1 为赤泥基地质聚合物胶凝材料稳定碎石(底)基层施工工艺框图。

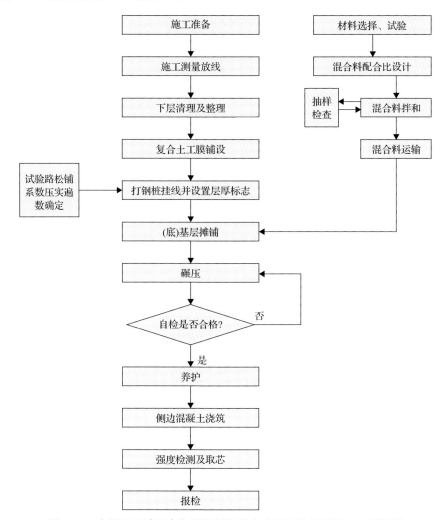

图 11.1　赤泥基地质聚合物胶凝材料稳定碎石(底)基层施工工艺框图

2)下承层准备

(1)对下承层提前进行检查和验收，经第三方检测验收，各技术指标均满足设计和规范要求。

(2)摊铺前先清除下承层表面的杂物和浮土，施工前用洒水车进行洒水湿润，并铺好防渗复合土工膜。

(3)导线两端用紧线器进行固定,紧线器张力不小于 1000N,钢丝绳放于基准线钢钎支架凹口中,并用细扎丝固定,钢丝绳张拉长度为 100m,基准线钢钎桩采用长 0.7m、直径 16mm 的带肋钢筋制作,下部打尖,基准线钢钎支架长 10cm,支架 9.5cm 处设置凹槽,基准线钢钎必须埋设牢固,在整个作业期间应有专人看管,严禁触碰钢丝绳,发现异常时立即校正。

3)测量放样

(1)在下承层顶上恢复中线,每 20m 设一桩,并在两侧路肩边缘外设控制桩,对下承层进行高程测量。

(2)根据摊铺宽度,在内边缘处,工人以测量组放出的内边线打上短钢钎定位。

(3)根据复测后的导线点、水准点,按设计图纸要求,每隔 10m 设一桩,并在路基全幅宽度两侧钉钉子(系红布条),作为指示桩,在钉子外侧 10cm 处打钢钎,使钢钎支架于钉子正上方,根据该点位的设计标高计算出松铺标高厚度,再加上线下预留高度,即为该点挂线标高。

(4)前台摊铺机采用路侧钢丝和设置在路中的导梁控制路面高程,后台摊铺机路侧采用钢丝、路中采用滑靴控制高程和厚度的方式。

4)挂线、侧模安装

施工现场不得出现弯曲变形的模板。路基单幅两侧根据设计宽度及放样边桩进行纵向立模。

纵向模板采用高 16.5cm、长 6m 的钢模,在钢模背部(模板 1m 处、3m 处、5m 处)和相邻模板搭接位置设有角钢支撑;角钢尾部 10～20cm 处和 30～40cm 处穿孔并使用 Φ25mm 钢钎(上平下尖)固定,钢钎嵌入路肩深度不得小于 15cm,防止压路机碾压导致模板跑模。如果上述方法未能将模板支撑牢固,在模板外侧边部再进行深砸 Φ25mm 钢钎(上平下尖)固定,钢钎砸实后高度不得超出模板高度,防止胶轮压路机边部压实时扎胎。严格把控基层厚度及线形的平顺,为后期沥青面层及路缘石施工做好基础工作。

5)混合料拌和

根据高速公路的技术要求和摊铺进度,配置产量不小于 600t/h 的拌和机,拌和机的数量要保证其实际出料(生产量的 80%)能力超过实际摊铺能力的 10%～15%,为使混合料拌和均匀,拌缸要满足一定长度,建议采用二级拌和设备或振动拌和设备。拌和站具有自动计量系统,使用的设备计量精确,性能稳定,混合料的配合比符合要求。拌和站应确保胶凝材料掺量、碎石级配、含水率的准确性。实际操作的工艺流程为:开机前准备→上料→首次拌和→二次拌和→出料→运输车运输到现场。

(1)根据施工前赤泥基地质聚合物胶凝材料流量标定结果,设置初始胶凝材料下料频率，出料 2～3 车后，根据拌和站胶凝材料的质量与矿料质量的比值计算胶凝材料掺量，并与设计掺量比较，若结果偏小，则增大胶凝材料下料频率，反之，减小胶凝材料下料频率。

(2)上料仓加料应配备足够数量的装载机(不少于 4 辆)，以确保拌和机各仓集料充足；上料仓应增加超粒径筛网，并配备专人清理。

(3)拌和过程中，不定时地对拌和料的含水率进行检查，根据天气变化、原材料含水率的变化等因素，及时调整混合料的用水量，确保混合料的含水率均匀、适当。

(4)拌和生产时专人巡视检查机组运转情况，加强对混合料传送皮带、出料口进行实时监控，确保拌料均匀、色泽一致、无花料，且水分合适均匀、没有离析现象，严禁不合格混合料运输至施工现场。

(5)混合料拌和，随机从混合料传送皮带上截取 1m 长混合料进行筛分、含水率检测。

(6)混合料出料时安排专人指挥车辆装车，装车时车辆按前→后→中顺序分三次装料，避免混合料离析。

6)混合料运输

(1)为避免载重过大，压坏下承层和初始成型的新铺(底)基层，建议采用载重 30～50t、性能良好、厢板密封的自卸汽车进行运输，运输前车厢清理干净，严禁出现车厢内存在积水现象。

(2)已拌和的混合料及时运往工地。运输车辆必须使用篷布+车顶篷布双层覆盖，减少水分散失或污染。马道已进行硬化处理，并覆盖土工布。马道口处设有专人对车辆轮胎进行清洗。

(3)过磅单采用三联式，备注好出料时间。从装车到运输到现场，时间不得超过 2h。

(4)对驾驶员进行安全交底，严格执行操作规程，按照道路行驶标准行车，做到安全出行，对自己负责，对工程项目负责。运输车辆在路基上行驶时，车速控制在 20km/h 以内，禁止超车、禁止急刹车。

(5)运输车辆到达摊铺现场后，安排专人指挥运输车卸料，并记录混合料到场时间，每辆车上用数字编号，运输时按编号顺序发车，遵从交通员指挥，在调头区进行调头，低速倒车至摊铺机前 20～30cm 停车，严禁撞击摊铺机。前车卸料剩余 2/3 后，下辆运输车再打开篷布准备卸料，严禁提前打开篷布。

7)混合料摊铺

采用具有自动调平、夯实功能的摊铺机进行混合料摊铺。摊铺机起步时熨平板工作仰角高度为 23°，螺旋布料器中轴距地面高度为 45cm。开始摊铺时在施工现场等候卸料的运料车不少于 5 辆，施工过程中摊铺机前方始终有 2～4 辆运料车等候卸料。摊铺工作连续进行，不得停顿。

(1) 每 10m 检查一次松铺厚度，每个断面三个点；先测量下承层顶层的高程 a，再测量松铺后高程 b，最后测量压实后水稳顶层的高程 c。松铺系数计算公式为

$$K = \frac{b-a}{c-a} \tag{11.1}$$

(2) 摊铺机夯锤的夯实频率均匀一致，当摊铺机正常行走后，摊铺机传感器自动控制标高。摊铺机夯锤夯实频率为 15Hz。调整料位器，使混合料处于布料器 2/3 位置，保持螺旋布料器全范围内物料分布均匀，使物料从中间向两边整体移动，从而保证在摊铺机全宽度断面上不发生离析。

(3) (底) 基层混合料摊铺采用两台摊铺机，两台摊铺机的间距控制在 5～10m，一前一后，摊铺机拼接重叠宽度为 30cm 左右。两台摊铺机速度、摊铺厚度、松铺系数、横坡、平整度、振动频率均保持一致，两机摊铺接缝平整，摊铺机后采取挂加重金属滚轮来消除台阶，且避开车道轮迹带。摊铺时保持匀速摊铺，速度控制在 1.5～2m/min，摊铺机前设专人指挥倒车。

(4) 摊铺过程中应随时检查摊铺厚度及路拱、横坡，边部若有缺料、漏料现象，人工及时填补处理。

(5) 试验段采用三层连铺施工工艺，当下层混合料摊铺碾压完成并检测压实度合格后，将摊铺机退回到起点进行上一层混合料的摊铺。

8) 混合料碾压

(1) 压路机应紧跟"厚度检测区"进行全幅范围内碾压。碾压应遵循先轻后重、先慢后快、从低到高、紧跟慢压的原则。为防止压实区域出现漏压、错压的现象，对所有压实设备进行编号排序，每台碾压设备安装压实遍数手翻牌，有利于施工人员对压实遍数的确认，所有碾压设备必须安装蜂鸣器和倒车影像功能，使压实工艺安全、有序进行，以保证施工安全和工程质量。

(2) 现场摊铺 40～50m 即进行碾压，摊铺一段，碾压一段，在碾压成型区与非碾压区之间撒灰线进行明确区分，设置摊铺碾压标示牌(摊铺区、初压、复压、终压、成型养生区)，防止漏压。从开始拌和到压实成型，时间均控制在 4h 以内。试验段中三种碾压组合每次碾压接头错成横向 45°的阶梯形状。设置碾压区域，用彩旗或锥标进行安全隔离，碾压作业区禁止人员随意进入。

(3) 碾压应在赤泥基地质聚合物胶凝材料的延迟时间内完成，为了保证现场的压实效果，将重型击实法得到的最大干密度乘以 1.01～1.03 的系数作为现场压实度控制的标准最大干密度，具体采用的系数应根据试验段压实度检测结果及取芯情况综合确定。

(4) 碾压时压路机应将驱动轮面向摊铺机。碾压路线及碾压方向不应突然改变

而导致混合料产生推移，压路机起动、停止必须减速缓慢进行。

(5)压路机应从低处向高度碾压，由两侧路肩开始向路中心碾压；在设超高的平曲线段，由内侧路肩向外侧路肩进行碾压。相邻三钢轮压路机、双钢轮压路机、单钢轮振动压路机碾压带重叠 1/3 碾压轮宽度；胶轮压路机碾压带应重叠 1/2 碾压轮宽度，压路机沿相同或相近轮迹往、返碾压各 1 次为 1 遍。

(6)振动压路机倒车时应先停止振动，并在向另一方向运动后再开始振动，以避免混合料形成鼓包。振动压路机必须设置钢丝绳，防止黏轮现象。

(7)压路机换挡要轻且平顺，不要拉动铺面，在第一遍初步稳压时，倒车后原路返回，换挡位置应在已压好的段落上，在未碾压的一头换挡倒车位置应错开。

(8)应设专人监督压路机作业，保证压路机按照技术交底碾压方案进行碾压，同时检测压实后路面平整度，及时发现缺陷，及时弥补。

(9)胶轮压路机必须配备喷水设施。观察碾压区水稳表面的含水情况，如果发现混合料表面偏干，应开启胶轮压路机喷水功能，及时使用小型雾炮进行补水处理。

(10)对碾压后发现具备翻浆时，对翻浆部位划方格线标识，铲除翻浆部位混合料，用新拌和的混合料填补，并碾压密实。

(11)赤泥基地质聚合物胶凝材料稳定碎石(底)基层建议施工碾压方式及组合如表 11.5 所示。

表 11.5　赤泥基地质聚合物胶凝材料稳定碎石(底)基层建议施工碾压方式及组合

碾压区	机型	压实方式	压实遍数	速度/(km/h)
初压	胶轮压路机	静压	1	1.5～1.7
复压	单钢轮压路机	重振	4	2.4～2.6
终压	双钢轮压路机	静压	无轮迹	1.5～1.7

注：初压为先用胶轮压路机静压 1 遍(错 1/2 轮)，行驶速度为 1.5～1.7km/h；复压为再用单钢轮压路机重振 4 遍(错 1/3 轮)，重振前进碾压，静压后退碾压，行驶速度为 2.4～2.6km/h；终压为使用双钢轮压路机静压直至消除轮迹(错 1/2 轮)，行驶速度为 1.5～1.7km/h。

9)养生

(1)养生方式既可以采用养生薄膜加土工布方式，也可采用土工洒水方式。养护期间始终封闭交通，施工负责人先仔细检查外观质量，所用土工布均结实完整，无破损。边部覆盖严密，底基层无暴露现象。水泥达到初凝后开始洒水，在 7d 养生期内始终保持基层处于湿润状态。

(2)土工布覆盖时由外侧边部开始覆盖，纵、横向搭接宽度均为 30cm，盖完后用沙袋将土工布搭接处压好，防止被风刮起和洒水养护时被水冲开，覆盖后经检查，两侧边部覆盖严密。

(3)洒水车养护时对养护路段进行侧喷，如果出现局部喷洒不到位的地方，人工进行喷洒养护。

(4)洒水车的喷头为喷雾式喷头，以免破坏底基层结构，整个养生期间应始终保持底基层表面湿润。

(5)赤泥基地质聚合物胶凝材料稳定碎石(底)基层养生 7d，养生期间每天喷洒水次数视天气而定，整个养生期间应始终保持基层表面湿润。

10)施工注意事项

(1)拌和。拌和之前，试验人员检测原材料的含水率，混合料拌和过程中，设专职试验员对胶凝材料下料频率进行校准调整，设专人看管拌和机运转及下料情况，检查混合料是否拌和均匀。

(2)含水率控制。开机后由试验人员全程跟踪取样检测，根据检测结果调整加水量，并根据气温和风速等外界条件变化情况及时与现场进行沟通调整，拌和时原材料宜加强翻拌，尽量使材料含水率均匀。

(3)运输。保证充足的运料车辆，合理安排运输车辆。运输车在给摊铺机上料时，应避免冲撞摊铺机。运输时混合料要使用双层篷布覆盖，以防止水分蒸发和混合料受污染。

(4)碾压。胶轮压路机必须配备喷水设施，发现混合料表面偏干时，及时开启胶轮压路机喷水功能，使用小雾炮进行补水处理。

(5)集料堆积和运输。尽可能减少料堆的高度，发现离析严重时应将该集料清理出场，首件中未发现有离析情况出现。

①汽车装卸混合料。在装载过程中分三次装载，按前、后、中的顺序装料，形成"山"字形，这种方法基本上消除了因装料形成的离析现象。

现场设专人指挥，保证便道的平整、密实，减少车辆的颠簸，车辆行驶时避免急刹车。

②严禁空仓收斗，无特殊情况不得每车次都收斗，减少收斗频率，仅当料斗内粘附较多混合料时方可收斗。收斗应在运料车离去、料斗内尚存较多混合料时进行，收斗后应立即连接满载的运料车向摊铺机内喂料。在摊铺机底部安装了胶皮挡板，减少底部离析。

2. 质量控制及检验

1)基本要求

(1)碎石应符合设计和施工规范要求，并应根据当地料源选择质地坚硬干净的碎石。

(2)赤泥基地质聚合物胶凝材料掺量碎石级配按设计控制准确。

(3)摊铺时要注意消除粗集料离析现象。

(4)混合料处于最佳含水率状况下,用重型压路机碾压至要求的压实度。

(5)碾压检查合格后,立即覆膜养生,养生期间符合规范要求。

2)质量检查

表 11.6 为赤泥基地质聚合物胶凝材料稳定碎石(底)基层生产过程检测标准。

表 11.6　赤泥基地质聚合物胶凝材料稳定碎石(底)基层生产过程检测标准

检测项目		规定值或允许偏差	检测频率	检测方法
压实度/%	代表值	≥98	200m/2 点	《公路工程质量检验评定标准》
	极值	≥92		(JTG F80/1—2017)附录 B
平整度/mm		≤12	每 200m 测 2 处	3m 直尺
纵断高程/mm		+5,−15	200m/2 个断面	水准仪
宽度/mm		符合设计要求	200m/4 处	尺量
厚度/mm	代表值	−10	200m/2 点	《公路工程质量检验评定标准》
	合格值	−25		(JTG F80/1—2017)附录 H
横坡/%		±0.3	200m/2 个断面	水准仪
强度/MPa		符合设计要求	每天一组 13 个试样	《公路工程质量检验评定标准》 (JTG F80/1—2017)附录 G

3. 施工注意事项

1)赤泥基地质聚合物胶凝材料稳定碎石混合料

(1)混合料拌和均匀性。

混合料拌和过程中,设专人看管拌和机运转及下料情况,检查混合料是否拌和均匀。

(2)混合料含水率控制。

含水率要于开机后由试验人员全程跟踪取样检测,根据检测结果调整加水量,拌和好的混合料含水率一般在最佳含水率 0.5%～1%,并根据气温和风速等外界条件变化情况及时进行调整,拌和时原材料宜加强翻拌,尽量使材料含水率均匀。

(3)混合料运输。

根据拌和站距离施工现场的距离、运输车辆的行驶速度及摊铺速度的因素,合理安排运输车辆。为防止水分过快蒸发和混合料被污染,运输车辆必须采用篷布覆盖。

(4)摊铺离析控制。

为减少摊铺离析,根据摊铺厚度合理设置摊铺机绞龙高度,控制摊铺机摊铺速度的均匀性,在摊铺机前挡板下缘增设橡胶挡板,确保摊铺机螺旋布料器不少于 2/3 埋入混合料中,减少非必要收料斗的次数,运输车辆卸料速度应尽可能快。

2)基层/底基层厚度不均匀

(1)形成原因。

①路床顶面平整度差。

②赤泥基地质聚合物胶凝材料稳定碎石摊铺的钢丝设置放样误差过大。

③混合料级配不稳定，松铺系数波动较大。

④摊铺机摊铺速度不同。

(2)防治措施。

①对灰土路床按标准进行检测验收。

②控制摊铺厚度钢丝的设置，对其高程应进行复核。

③调试生产设备，确保各档料下料比例稳定。

④确保摊铺机摊铺速度均匀性，减少不必要的停机。

4. 施工环境保护措施

为确保施工过程中的环境保护，采取以下措施杜绝施工过程中对环境产生污染与破坏。

(1)施工过程中产生的废料应回收，并集中处理。

(2)优化设计方案并采取先进的施工工艺，确保事故情况下不对沿线地表水体造成污染。

(3)完善环境保护计划，进一步细化并落实各项环境保护措施，环境保护投资纳入工程投资概算。

(4)严格执行配套建设的环境保护设施与主体工程同时设计、同时施工、同时投入使用的"三同时"制度。

同时，依据"预防为主、保护优先、开发与保护并重"的原则，采取相关措施进行环境保护，确保将周边环境影响降至最低限度。

参 考 文 献

[1] 国家国家环境保护局. 水质 pH 值的测定 玻璃电极法(GB/T 6920—1986). 北京: 中国标准出版社, 1987.

[2] 国家国家环境保护局. 水质 氯化物的测定 硝酸银滴定法(GB/T 11896—1989). 北京: 中国标准出版社, 1990.

[3] 国家国家环境保护局. 水质 硫酸盐的测定 重量法(GB/T 11899—1989). 北京: 中国标准出版社, 1990.

[4] 中华人民共和国国家质量监督检验检疫总局, 中国国家标准化管理委员会. 水泥化学分析方法(GB/T 176—2017). 北京: 中国标准出版社, 2017.

[5] 中华人民共和国国家市场监督管理总局, 中国国家标准化管理委员会. 生活饮用水标准检

验方法(GB/T 5750.1—2023). 北京: 中国标准出版社, 2023.

[6] 国家环境保护局. 水质　悬浮物的测定　重量法(GB/T 11901—1989). 北京: 中国标准出版社, 1990.

第 12 章　赤泥基地质聚合物胶凝材料稳定碎石应用效果评价

12.1　试验段概况

1. 试验段技术标准依据

(1)《公路工程无机结合料稳定材料试验规程》(JTG E51—2009)[1]。

(2)《公路土工试验规程》(JTG 3430—2020)[2]。

(3)《公路工程集料试验规程》(JTG E42—2005)[3]。

(4)《公路路面基层施工技术细则》(JTG/T F20—2015)[4]。

(5)《公路工程水泥及水泥混凝土试验规程》(JTG 3420—2020)[5]。

(6)《通用硅酸盐水泥》(GB 175—2007)[6]。

2. 工程概况

济南至高青高速公路工程施工二合同段起点桩号为 K9+000，终点桩号为 K27+795，全长 18.795km，本合同段内为双向六车道，(底)基层半幅宽度为 16.52m，基层半幅宽度为 15.31m，全线水泥稳定碎石(底)基层共 59.2 万 m²，基层共 112.6 万 m²，水稳混合料共 68 万 t。

主线路面结构层为 4cm SBS 改性 SMA-13 沥青马蹄脂碎石混合料+6cm SBS 改性 AC-20C 沥青混凝土+8cm AC-25C 沥青混凝土+10cm LSPM-25 大粒径透水性沥青碎石+34cm 水稳碎石基层+17cm 水稳碎石(底)基层，路面总厚度 79cm。

试验路情况：4cm SBS 改性 SMA-13 沥青马蹄脂碎石混合料+6cm SBS 改性 AC-20C 沥青混凝土+10cm LSPM-25 大粒径透水性沥青碎石+34cm 水稳碎石基层+17cm 水稳碎石(底)基层，路面总厚度 71cm。

项目部技术管理人员对赤泥基地质聚合物胶凝材料稳定碎石(底)基层的位置进行了现场实地考察，综合考虑各项因素，最终选定章丘北服务区 A 匝道作为试验路施工的段落位置。施工段落总长度 110m，底基层宽度 10.38m，基层宽度分别为 10.04m、9.24m，厚度 17cm(底)基层+17cm×2 基层，初步计算出料数量约为 1500t。

3. 主要技术指标

参照原设计水泥稳定碎石(底)基层的要求，赤泥基地质聚合物胶凝材料稳定碎石(底)基层级配要求如表 12.1 所示，底基层 7d 无侧限抗压强度≥4MPa，基层 7d 无侧限抗压强度≥5.5MPa。

表 12.1　赤泥基地质聚合物胶凝材料稳定碎石(底)基层级配要求

筛孔尺寸/mm	通过率/%
31.5	100
26.5	90～100
19	76～86
9.5	43～55
4.75	26～36
2.36	16～26
0.6	8～16
0.075	2～5

12.2　试验段应用方案

1. 典型设计图与防渗措施

章丘北服务区 A 匝道设计为单向单车道匝道路。为将赤泥基地质聚合物胶凝材料稳定碎石(底)基层进行隔离封闭，采取的方式为在路床顶面与底基层之间铺设复合土工膜，对(底)基层侧面浇筑 C25 混凝土加固。图 12.1 为赤泥基地质聚合物胶凝材料稳定碎石设计图。图 12.2 为现场复合土工膜铺设。图 12.3 为现场侧边 C25 混凝土浇筑。

2. 赤泥基地质聚合物胶凝材料稳定碎石(底)基层工程量

表 12.2 为赤泥基地质聚合物胶凝材料稳定碎石(底)基层工程量。

3. 环保要求

赤泥基稳定碎石材料在应用于路基铺筑之前，其环保控制指标应符合相关规定，重金属浸出浓度要优于《地下水质量标准》(GB/T 14848—2017)[7]中的地下水质量分类标准。赤泥基稳定碎石材料浸出液的主要污染物含量要优于《污水综合排放标准》(GB 8978—1996)[8]中的一级排放标准。

表 12.3 为赤泥基稳定碎石材料放射性核素控制指标要求。

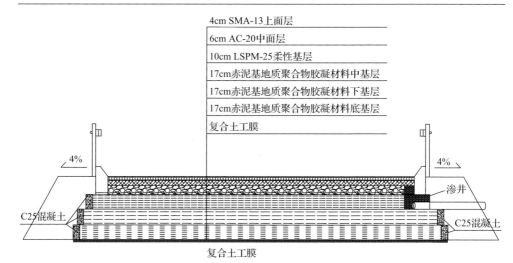

图 12.1　赤泥基地质聚合物胶凝材料稳定碎石设计图

图 12.2　现场复合土工膜铺设

图 12.3　现场侧边 C25 混凝土浇筑

表 12.2　赤泥基地质聚合物胶凝材料稳定碎石(底)基层工程量

区间桩号	层位	长度/m	宽度/m	厚度/cm	摊铺方量/m³
	(底)基层	110	10.38	17	194
章丘北服务区 A 匝道	基层	110	10.04	17	361
		110	9.24		

表 12.3　赤泥基稳定碎石材料放射性核素控制指标要求

检测项目	参考标准	控制指标
内照射	GB 6566—2010[9]	≤1.0
外照射	GB 6566—2010[9]	≤1.3

表 12.4 为赤泥基稳定碎石材料浸出液毒性控制指标。赤泥基稳定碎石材料按照《固体废物　浸出毒性浸出方法　硫酸硝酸法》(HJ/T 299—2007)[10]制备的固体废物浸出液中的任何一种危害成分的含量均不应超过表 12.4 中所列的浓度限值要求。

表 12.4　赤泥基稳定碎石材料浸出液毒性控制指标

检测项目	控制指标限值/(mg/L)	试验参考标准
总 Hg	≤0.05	GB 5085.3—2007[11]
总 Cr	≤1.5	GB 5085.3—2007[11]
Cr(Ⅵ)	≤0.5	GB/T 15555.4—1995[12]
Pb	≤1.0	GB 5085.3—2007[11]
Cd	≤0.1	GB 5085.3—2007[11]
Cu	≤1.0	GB 5085.3—2007[11]
Zn	≤5.0	GB 5085.3—2007[11]
Be	≤0.005	GB 5085.3—2007[11]
Ba	≤1.0	GB 5085.3—2007[11]
Ni	≤1.0	GB 5085.3—2007[11]
As	≤0.5	GB 5085.3—2007[11]
Co	≤0.05	GB 5085.3—2007[11]
Se	≤0.01	GB 5085.3—2007[11]
Mn	≤2.0	GB 5085.3—2007[11]
无机氟化物	≤50.0	GB 5085.3—2007[11]

4. 环境监测

对于建设完成的赤泥基稳定碎石(底)基层，应进行环境影响监测。监测范围包括可能对地下水、地表水产生的环境影响。监测对象主要为地下水，必要时也应包括地表水、土壤等。监测项目应根据前期环境调查，在阶段性结论与实施阶段工作计划确定，包括环境调查时所确定的场地污染物和场地特征参数等，可能涉及的危险废物监测项目参照《危险废物鉴别标准浸出毒性鉴别》(GB 5085.3—2007)[11]中的精标确定。

图 12.4 为雨水采集装置实物图。雨水采集装置由环保部门专门定制，主要由集水盒、排水管和储水装置三部分构成，用于收集(底)基层内部的水。集水盒腔体内部均采用惰性材料，以避免对水样中危害物质的浓度产生干扰。

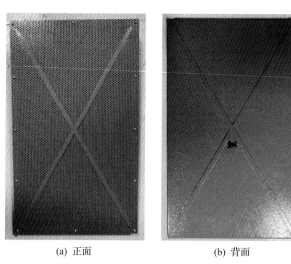

(a) 正面　　　　　　　　(b) 背面

图 12.4　雨水采集装置实物图

赤泥基地质聚合物胶凝材料稳定碎石基层试验段埋设 2 个雨水采集装置。集水盒尺寸为 500mm×300mm×20mm，集水盒的平面位置位于行车道边侧，埋设位置为 AK0+289、AK0+229。图 12.5 和图 12.6 为雨水收集装置的埋设平面、剖面示意图。其中，AK0+229 处集水盒埋设于上路床顶面，需在底基层施工前预埋，盒顶与稳定碎石底基层底面齐平，AK0+289 处集水盒埋设于中基层顶面，盒顶与稳定碎石中基层顶面齐平，需中基层施工完成后开挖埋设。

图 12.7 为地下水监测井平面示意图。现场环保监测共设置 1 个地下水监测取样井，布设位置为 AK0+269 排水侧土路肩外侧 5m 处，监测井直径为 300mm，布设在赤泥基地质聚合物胶凝材料稳定碎石基层试验段排水侧土路肩外侧 5m 处。

　　监测井底部应达到地下水位线以下，用取样水泵对井内地下水水样定期进行采集，按照环保标准方法测试水样的 pH、危害物质的浓度。施工结束后，每两周进行一次取样测试，两个月后每月进行一次取样测试。

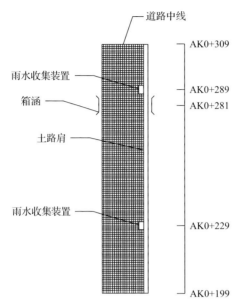

图 12.5　雨水收集装置埋设平面示意图

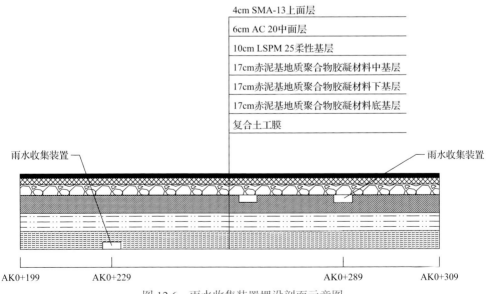

图 12.6　雨水收集装置埋设剖面示意图

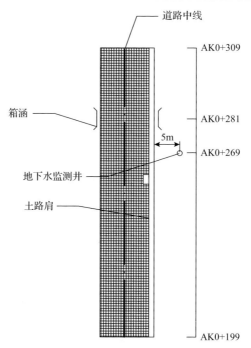

图 12.7　地下水监测井平面示意图

12.3　赤泥基地质聚合物胶凝材料稳定碎石(底)基层检验与评定验收

1. 一般规定

(1)碎石应符合设计和施工规范要求,并应根据当地料源选择质地坚硬干净的碎石。

(2)赤泥基地质聚合物胶凝材料、碎石级配按设计控制准确。

(3)摊铺时要注意消除粗集料离析现象。

(4)混合料处于最佳含水率状况下,用重型压路机碾压至要求的压实度。

(5)碾压检查合格后立即覆盖并覆膜养生,养生期间符合规范要求。

(6)集料符合图纸和招标文件要求。

(7)赤泥基地质聚合物胶凝材料稳定碎石混合料按设计要求控制准确。

2. 外观鉴定

(1)表面应无松散、无坑洼、无碾压轮迹。

(2)表面连续离析不得超过 10m,累计离析不得超过 50m。

3. 评定与验收

(1) 检查验收的目的是判定完成的路面结构是否满足设计文件及《公路工程质量检验评定标准》(JTG F80/1—2017)[13]的要求。

(2) 判定路面结构层质量是否合格时，以 1km 长度路段作为评定单位，采用大流水作业法施工时，也可以每天完成的段落为评定单位。检查施工原始记录，对上述检查内容进行初步评审。进行抽样检查，抽样采取随机取样，不能带有任何倾向性。

(3) 压实度、厚度等现场检测取样位置应严格遵守随机取样的原则。

(4) 采用双层或三层连续摊铺施工工艺，取芯检验时，除对芯样完整性进行描述外，还要对层间的连接效果进行描述。

(5) 赤泥基地质聚合物胶凝材料稳定碎石(底)基层生产过程检测标准见表 11.6。

12.4　试验路铺筑与检测

1. 试验路铺筑

通过前期室内配合比试验及现场原材料情况，试验段最终确定混合料级配比例为碎石(20～30mm)：碎石(10～20mm)：碎石(5～10mm)：石屑(0～5mm)= 18：38：15：29。胶凝材料用量在设计用量的基础上增加 0.5%，底基层、基层用量分别为 5.5%和 6.5%。含水率在最佳含水率(底基层为 4.6%、基层为 4.8%)基础上增加 0.5%～1%。

试验段暂定松铺系数为 1.20，松铺系数测定的具体操作如下：每 10m 一个断面，每个断面三个点，每个断面的两端设有标志；先测量下承层顶面进行读数，再测量松铺后的水准尺读数，最后测量压实后水准尺读数。计算各点的松铺系数后，求平均值确定最终的松铺系数为 1.20。图 12.8 为现场松铺系数测定。

2. 试验路检测

1) 压实度检测

施工碾压完成后对现场压实度分别进行检测。表 12.5 和表 12.6 为底基层、基层压实度检测结果，压实度均满足设计及规范要求。图 12.9 为现场压实度测定。

2) 厚度检测

图 12.10 为试验段施工 6d 后进行现场取芯检测的结果，芯样完整，层间黏结好。表 12.7 为(底)基层厚度检测结果。

图 12.8　现场松铺系数测定

表 12.5　底基层压实度检测结果

检测位置	AK0+227 距路边 2.5m	AK0+227 距路边 2.5m
湿试样质量/g	11906	11929
试坑体积/cm^3	4607.3	4605.8
湿密度/(g/cm^3)	2.584	2.590
含水率/%	5.2	4.8
干密度/(g/cm^3)	2.456	2.471
实验室击实密度/(g/cm^3)	2.412	2.412
压实度/%	101.8	102.5

表 12.6　基层压实度检测结果

检测位置	AK0+247 距路边 2m(下基层)	AK0+249 距路边 3.5m(中基层)
湿试样质量/g	13383	12089
试坑体积/cm^3	5158.4	4669.5
湿密度/(g/cm^3)	2.594	2.589
含水率/%	4.6	4.8
干密度/(g/cm^3)	2.480	2.470
实验室击实密度/(g/cm^3)	2.416	2.416
压实度/%	102.7	102.3

图 12.9　现场压实度测定

图 12.10　现场芯样

表 12.7　（底）基层厚度检测结果

取芯位置	AK0+200 距路边 2.5m	AK0+230 距路边 2.5m	AK0+250 距路边 2m
底基层厚度/cm	—	17.5	18.0
下基层厚度/cm	16.6	16.7	17.5
中基层厚度/cm	16.5	17.5	17.5
总厚度/cm	33.1	51.7	53.0
备注	薄膜养生	薄膜养生	土工布养生

3）无侧限强度检测

试验段取拌和站生产混合料成型无侧限试样。表 12.8 为试样 7d 无侧限强度检测结果，检测结果满足设计要求。

表 12.8　试样 7d 无侧限强度检测结果

层位	试样数量	强度最大值/MPa	强度最小值/MPa	强度平均值/MPa	变异系数/%	强度代表值/MPa	设计强度代表值/MPa
底基层	13	7.1	4.8	5.9	12.08	4.8	≥4.0
基层	13	13.8	9.7	11.2	10.50	9.2	≥5.5

4)不同养生条件下强度对比

试验路采取两种不同的养生方式进行养护,一种是覆盖薄膜养生,现场 15d 基层芯样强度代表值为 10.1MPa,底基层芯样强度代表值为 7.8MPa,另一种是覆盖土工布养生,现场 15d 基层芯样强度代表值为 9.2MPa,底基层芯样强度代表值为 6.7MPa,试验结果显示,覆盖薄膜养生的早期强度比覆盖土工布养生要高一些。图 12.11 为现场薄膜养生层铺设,图 12.12 为现场土工布养生层铺设。

图 12.11　现场薄膜养生层铺设

图 12.12　现场土工布养生层铺设

参 考 文 献

[1] 中华人民共和国交通运输部. 公路工程无机结合料稳定材料试验规程(JTG E51—2009). 北京: 人民交通出版社, 2009.

[2] 中华人民共和国交通运输部. 公路土工试验规程(JTG 3430—2020). 北京: 人民交通出版社, 2020.

[3] 中华人民共和国交通运输部. 公路工程集料试验规程(JTG E42—2005). 北京: 人民交通出版社, 2005.

[4] 中华人民共和国交通运输部. 公路路面基层施工技术细则(JTG/T F20—2015). 北京: 人民交通出版社, 2015.

[5] 中华人民共和国交通运输部. 公路工程水泥及水泥混凝土试验规程(JTG 3420—2020). 北京: 人民交通出版社, 2021.

[6] 中华人民共和国国家质量监督检验检疫总局, 中国国家标准化管理委员会. 通用硅酸盐水泥(GB 175—2007). 北京: 中国标准出版社, 2008.

[7] 中华人民共和国国家质量监督检验检疫总局, 中国国家标准化管理委员会. 地下水质量标准(GB/T 14848—2017). 北京: 中国标准出版社, 2017.

[8] 国家环境保护总局. 污水综合排放标准(GB 8978—1996). 北京: 中国标准出版社, 1998.

[9] 中华人民共和国国家质量监督检验检疫总局, 中国国家标准化管理委员会. 建筑材料放射性核素限量(GB 6566—2010). 北京: 中国标准出版社, 2011.

[10] 国家环境保护总局. 固体废物　浸出毒性浸出方法　硫酸硝酸法(HJ/T 299—2007). 北京: 中国环境科学出版社, 2007.

[11] 国家环境保护总局. 危险废物鉴别标准　浸出毒性鉴别(GB 5085.3—2007). 北京: 中国环境出版社, 2007.

[12] 国家环境保护总局, 国家技术监督局. 固体废物　六价铬的测定　二苯碳酰二肼分光光度法(GB/T 15555.4—1995). 北京: 中国标准出版社, 1996.

[13] 中华人民共和国交通运输部. 公路工程质量检验评定标准　第一册　土建工程(JTG F80/1—2017). 北京: 人民交通出版社, 2018.